普通高等教育农业农村部“十三五”规划教材

分子生物学实验教程

梁荣奇　主编
陈旭君　叶建荣　胡兆荣　郭新梅　副主编

中国农业大学出版社
·北京·

内容简介

本教材参照我国农业人才培养目标和教学要求，设置了核酸提取和检测，蛋白质提取、纯化和检测，目的基因的检测及其表达分析，重组质粒的构建及其遗传转化，分子杂交和互作相关技术五部分内容，包括25个目前常用的分子生物学实验。这些实验技术比较符合当前农学学科特点和农业科研机构的需求。每个实验都包括背景知识、实验原理、实验目的、实验材料、试剂与仪器、实验步骤及其解析、实验结果与报告、思考题、研究案例、附录、拓展知识和参考文献等内容。附录主要介绍实验室常用溶液和培养基的配制过程，以期为学生和实验员提供方便和较为全面的参考资料。

本教材内容适当，编排合理，专业适用面宽，适用于农学、植物保护、园艺、种子科学与工程、草业科学和生物技术等农业科学专业的本科生分子生物学实验教学和初进实验室研究生的实验参考。

图书在版编目(CIP)数据

分子生物学实验教程/梁荣奇主编．—北京：中国农业大学出版社，2020.12
ISBN 978-7-5655-2497-4

Ⅰ.①分…　Ⅱ.①梁…　Ⅲ.①分子生物学-实验-教材　Ⅳ.①Q7-33

中国版本图书馆CIP数据核字(2020)第273263号

书　名　分子生物学实验教程
作　者　梁荣奇　主编

策划编辑　张秀环　　**责任编辑**　张秀环
封面设计　郑　川
出版发行　中国农业大学出版社
社　址　北京市海淀区圆明园西路2号　　**邮政编码**　100193
电　话　发行部 010-62733489,1190　　读者服务部 010-62732336
　　　　编辑部 010-62732617,2618　　出　版　部 010-62733440
网　址　http://www.caupress.cn　　**E-mail** cbsszs@cau.edu.cn
经　销　新华书店
印　刷　北京鑫丰华彩印有限公司
版　次　2021年6月第1版　2021年6月第1次印刷
规　格　787×1092　16开本　14.75印张　368千字
定　价　48.00元

编审委员会名单

主　编　梁荣奇（中国农业大学）

副主编　陈旭君（中国农业大学）
叶建荣（中国农业大学）
胡兆荣（中国农业大学）
郭新梅（青岛农业大学）

参　编　（按姓氏拼音排序）
安春菊（中国农业大学）
常　成（安徽农业大学）
邓志英（山东农业大学）
郭丹丹（中国农业大学）
贺　岩（中国农业大学）
孔　瑾（中国农业大学）
刘国玉（中国农业大学）
宋健民（山东省农业科学院）
邢国芳（山西农业大学）
张　宏（西北农林科技大学）
张润琪（中国农业大学）
张玉峰（中国农业大学）

主　审　晏月明（首都师范大学）
郭泽建（中国农业大学）

前　言

分子生物学及其实验技术的发展日益迅速，不仅丰富了生命科学和农业科学的研究内容，而且还拓展了科研人员的研究思路和研究方法。分子生物学是一门实验性很强的学科，许多重要进展和突破都是建立在实验的基础上。在分子生物学教学过程中，强调理论与实际相结合，重视实验教学是促进学生深刻理解理论知识的重要途径。

本教材主要分为核酸提取和检测，蛋白质提取、纯化和检测，目的基因的检测及其表达分析，重组质粒的构建及其遗传转化，分子杂交和互作相关技术五部分内容，包括25个目前常用的分子生物学实验。这些实验技术比较符合当前农学学科特点和农业科研机构的需求。

本教材不但重视对学生进行基本实验技能的训练，而且注重学生的科学研究素养培养，培养和锻炼学生实验技能和利用所学分子生物学知识解决实际问题的能力。与目前众多的分子生物学实验技术书籍相比，该教材结构设计新颖，每个实验都包括相关的背景知识、实验原理、实验目的、实验材料、试剂与仪器、实验步骤及其解析、实验结果与报告、思考题、研究案例、附录、拓展知识、参考文献。本教材的特色在于：①每个实验中的注意事项等经验性知识的介绍，可以使学生在学习和实验中少走弯路，迅速提高实验技能。②每个实验都附有背景知识和思考题，可以避免学生在实验中照方抓药，帮助学生真正透彻地理解实验原理和方法，进而合理预测和分析可能发生的实验结果。学生只要扫描每个实验的二维码，就能得到思考题答案和相关电子资源，帮助学生真正、透彻地理解实验原理和方法。③每个实验后增加了农学专业等相关领域的研究实例和参考文献，促进学生初步了解本专业的学术研究，加深对基础理论知识的理解，从而拓展学生的视野。

本教材的编者都是具有丰富实验经验的一线教学、科研人员，在编写过程中，参考了近二十多年来国内外众多版本的分子生物学实验教材和实验手册，查阅和引用了近年来一些研究成果的数据和结论。他们既讲述了实验原理，又介绍了细节和注意事项；许多经验均来自他们的亲身经历和思考。希望本教材能够成为广大本科生、研究生以及生物学相关研究人员的参考书和助手。

限于编者的学识水平和经验，书中缺点及错误在所难免，诚挚希望读者批评指正，以便再版时修正。

梁荣奇

2020年6月

目　　录

第一部分

核酸的提取和检测

核酸包括核糖核酸(RNA)和脱氧核糖核酸(DNA)。尽管不同生物(动物、植物和微生物)在生物学和生态学诸方面都存在差异,但它们具有统一性,尤其在分子水平上具有惊人的相似性,如它们的生物大分子(核酸和蛋白质)在基本结构和组成上极为相似。

对核酸进行操作是分子生物学最基本的技术。核酸提取的成功与否、提取质量的好坏对后续实验起着至关重要的作用。核酸提取的一般过程是:首先通过机械方法将生物组织破碎(还原为细胞状态),然后通过化学方法(裂解液)将细胞破碎,使生物大分子释放。由于自然状态下,核酸与蛋白质黏结在一起,因此需要通过化学方法将两者分开,即将蛋白质变性(使核酸保持可溶状态),再通过离心去除蛋白质、分离出核酸。最后通过化学方法使核酸变性,并通过离心将核酸沉淀并浓缩。流程如下:

材料(细胞或组织)$\xrightarrow[\text{消化或研磨组织}]{\text{离心细胞}}$裂解细胞或组织$\xrightarrow{\text{去除细胞组织蛋白碎片}}$捕获 DNA 或 RNA $\xrightarrow[\text{洗涤、洗脱}]{}$纯化 DNA 或 RNA

DNA 提取质量的检测通常采用琼脂糖凝胶电泳,该方法可用于测定 DNA 分子及其片段的相对分子质量和分析 DNA 分子构象。该方法操作简单、快速,经低浓度荧光染料染色后可在紫外灯下直接观察照相,能够检测到 1 ng 的 DNA。DNA 分子的迁移率主要取决于 DNA 分子的大小和构型、琼脂糖浓度等因素。

植物总 RNA 和小 RNA 的检测通常采用非变性琼脂糖凝胶电泳或变性琼脂糖凝胶电泳。

本部分包含 4 个实验:基因组 DNA 的提取及其检测、质粒 DNA 的提取及其检测、植物总 RNA 的提取及其检测、植物小 RNA 的提取及其检测。

(梁荣奇)

实验一　植物基因组 DNA 提取及其检测

一、背景知识

在分析和研究 DNA 时，提取和纯化 DNA 是第一步操作，也是实验的基础。对于植物来说，DNA 主要存在于细胞核内，核内 DNA 占整个细胞 DNA 量的 90%以上；核外的 DNA 主要有线粒体 DNA 和叶绿体 DNA。所有植物基因组 DNA 的获得都包括两个步骤：一是裂解细胞和溶解 DNA；二是通过一种或多种酶学或化学的方法除去蛋白质、RNA 和其他大分子杂质。

不同生物、相同生物的不同种类、同一种类的不同组织器官因其细胞结构和所含成分不同，基因组 DNA 提取方法既有共同的操作方法，也有特殊的处理步骤。在提取某些特殊组织器官 DNA 时，需要参考前人经验，采用相应的改良提取方法，从而获得高质量的可用 DNA 大分子。如从富含多酚和多糖的组织中提取 DNA，应增加除去多酚和多糖的实验步骤，以免残留物抑制后续的酶切、PCR 等操作。

不同的实验目的对提取的 DNA 质量要求也不相同。构建基因组文库、基因分型、RFLP(限制性片段长度多态性)和 Southern 杂交等实验对初始 DNA 长度要求较大，而普通 PCR 反应则要求较低。植物基因组 DNA 在提取过程中会发生机械断裂，产生不同大小的片段，因此，应该尽量减少酚/氯仿抽提次数、混匀过程要轻缓，以保证得到较为完整的基因组 DNA。

目前，CTAB 法是植物基因组 DNA 提取的常用方法之一，是由 Murray 和 Thompson (1980)修改而成的简便方法。后续一些研究者对该法进行了改进和发展。

二、实验原理

CTAB(十六烷基三乙基溴化铵)是一种去污剂，可溶解细胞膜，它能与核酸形成复合物，在高盐溶液中(0.7 mol/L NaCl)是可溶的，当溶液盐浓度降低到一定程度(0.3 mol/L NaCl)时从溶液中沉淀，通过离心就可将 CTAB-核酸的复合物与蛋白、多糖类物质分开。最后通过乙醇或异丙醇沉淀 DNA，而 CTAB 溶于乙醇或异丙醇而除去。

在 CTAB 提取缓冲液中，Tris-HCl (pH 8.0)提供一个缓冲环境，防止核酸被破坏；EDTA 螯合 Mg^{2+} 或 Mn^{2+}，抑制 DNase 活性；NaCl 提供一个高盐环境，使 CTAB-核酸复合物充分溶解，存在于液相中；CTAB 溶解细胞膜，并结合核酸，使核酸便于分离；β-巯基乙醇是抗氧化剂，有效地防止酚氧化成醌，避免褐变，使酚容易去除。

三、实验目的

1. 掌握核酸提取的原理和方法。
2. 认识核酸的基本性质以及操作核酸的基本步骤。
3. 掌握水平凝胶电泳的原理及注意事项。
4. 为后续实验准备样品。

四、实验材料

小麦、玉米或水稻等植物的幼嫩叶片。可提前4～7 d在培养皿或育苗盘中播种、育苗，实验前剪取新鲜叶片。

五、试剂与仪器

液氮、CTAB提取缓冲液、氯仿：异戊醇(24：1)、异丙醇、70%乙醇、TE缓冲液、灭菌ddH_2O、琼脂糖、6×上样缓冲液、50×TAE电泳缓冲液、溴化乙啶(EB)。

研钵、剪刀、微量移液器、灭菌1.5 mL离心管、灭菌枪头、锥形瓶、量筒。

台式离心机、水浴锅、电子天平、微波炉、电泳槽、电泳仪、紫外成像仪。

六、实验步骤及其解析

(一)植物基因组DNA提取

1. 将1 g左右新鲜叶片剪成1～2 cm片段，搁置于研钵中，加入约50 mL的液氮，轻轻捣碎叶片，待液氮将要挥发完时，迅速研磨成白绿色粉末，置入1.5 mL离心管中。

不同植物、不同组织、不同年龄的材料提取DNA产率不同，植物幼嫩组织产率高。

尽量采用新鲜材料。若是－80℃冰箱保存的样品，研磨前应避免样品化冻变软。

100 mg新鲜植物幼嫩组织可获得5～15 μg DNA。适量分装样品粉末到离心管。

研磨得越细越好，以便很好地解离细胞、破碎细胞壁，并提高DNA产率。

液氮尽量一次加足。若需第二次加液氮，不要让飞浮起的粉末污染了液氮勺。

快速分装。加CTAB提取缓冲液前，粉末不能化冻变成绿色泥状物。将粉末从研钵转移到离心管前，可将勺和离心管在液氮预先冷冻一下。

2. 马上加入600 μL预热的CTAB提取缓冲液(至少预热30 min)，混匀，65℃水浴提取1 h，其中每10 min颠倒混匀1次。

样品重量增加，应相应地增加提取缓冲液的用量。对于较老的植物组织，可以适当加大提取液中β-巯基乙醇的用量，如2.5%～3.0%，从而减轻褐变。

预热可使CTAB均匀分布，并使样品粉末快速溶于提取液。

水浴振荡提取可以促进细胞裂解。不要让离心管盖崩开。

剧烈振荡会打断溶液中分子质量高的 DNA。

如需得到无 RNA 的 DNA，也可以在水浴后加入 20 μL 10 mg/mL RNase A，室温放置 2～5 min。

3. 取出离心管，冰浴冷却 5 min 后，加入等体积氯仿：异戊醇(24：1)抽提液，轻轻颠倒混匀，冰上静置 10 min。

冰浴冷却是为了下一步加入抽提液时降低氯仿的挥发。应在通风橱内加入抽提液。

有的实验使用苯酚：氯仿：异戊醇(25：24：1)。苯酚能有效地变性蛋白质，并能溶解变性蛋白质；氯仿也是蛋白质变性剂，但加入氯仿的主要原因是增加抽提液比重，使得氯仿：异戊醇(24：1)始终在下层的有机相，方便水相的回收；异戊醇可防止混合时产生泡沫，更好地形成水相和有机相之间的界面。

充分混合后静置有利于水相和有机相的分层。上层水溶液(水相)含有 DNA，下层(有机相)主要是氯仿，大多数的变性蛋白质处于两相之间的界面上。

混匀过程要轻柔舒缓，以免 DNA 发生机械断裂。

4. 室温 6 000 r/min 离心 10 min，用剪掉尖头的枪头小心吸出上清液 500 μL(淡黄色或无色)，放入新离心管中。

剪掉枪头尖可以减缓吸取时的抽力，避免 DNA 断裂和吸入有机相物质。

吸取动作要细心缓慢，不要吸得过多过快(可分几次吸取)，避免振荡，以免吸取了水相和有机相中间的杂质，影响抽提纯化效果。

整个实验操作过程中，应戴手套和使用灭菌的离心管和枪头，避免核酸酶污染。

5. 加入等体积的异丙醇，上、下颠倒混匀数次，即出现絮状 DNA 沉淀。室温下 8 000 r/min 离心 10 min。

用乙醇可使 DNA 溶液中的 DNA 沉淀，是因为乙醇可以使 DNA 脱水。

乙醇分子含 1 个羟基，异丙醇分子含 2 个羟基，因离心管体积所限，故用等体积异丙醇，但异丙醇的挥发性小于乙醇。

若溶液中 DNA 含量较高，基因组 DNA 大片段在乙醇或异丙醇作用下，沉淀形成纤维状絮团漂浮。

若溶液中 DNA 含量较低，会观察到管中含有白色悬浮的丝状或颗粒状 DNA(甚至看不到沉淀)，可使用预冷的异丙醇，或加入异丙醇后于−20℃冰箱放置 20 min 离心。

异丙醇(乙醇)沉淀 DNA 可以有效地去除残留的氯仿和一些离子。

混匀过程要轻柔舒缓，以免 DNA 发生机械断裂。

6. 倒掉上清液，加入 300 μL TE 缓冲液，DNA 能很快溶解。

可将上一步的 DNA 絮团捞出，在干净吸水纸上吸干后转入含 300 μL TE 的离心管。

DNA 沉淀可溶于水或 100 mmol/L TE(pH 8.0)溶液，是因为 DNA 双螺旋外侧是亲水的磷酸基团和戊糖残基。

65℃水浴 15 min 可以帮助 DNA 沉淀溶解。

7. 先后加入 1/10 体积的 3 mol/L NaAc 和 2 倍体积的预冷无水乙醇，温和颠倒混匀，放置 20 min，使 DNA 形成絮状沉淀。

因上一步获得的DNA水溶液中不存在高浓度的氯化钠等盐离子，所以该步骤加入1/10体积的3 mol/L NaAc溶液，以中和DNA所带负电荷，使得DNA易于沉淀。

混匀过程要轻柔舒缓，以免DNA发生机械断裂。整个实验操作得当，通常可以得到长度为50～100 kb的DNA。

将乙醇预冷可以加快沉淀进程。乙醇沉淀DNA有助于提高DNA浓度、去除盐离子。

8. 室温下6 000 r/min离心5 min。

也可将上一步的絮状物用枪头(玻璃棒、牙签)挑至新离心管(事先将新管中放入500 μL 70%乙醇，便于释放絮团)后再离心。

离心速度过高和时间过长，导致沉淀块致密，会加大后续沉淀块溶解的难度。

9. 用70%乙醇漂洗沉淀表面和管壁两次，将离心管倒置在吸水纸上空气干燥。

漂洗过程中，倒出70%乙醇时避免让DNA沉淀随之流走。

漂洗时若沉淀悬浮起来，需要离心再倒掉70%乙醇。

倒置离心管时，不要让沉淀块滑到吸水纸上。

尽量让沉淀表面的乙醇挥发干净，否则影响DNA溶解和后续实验。

过分干燥的沉淀块比较难溶于水或TE缓冲液。

10. 加100～200 μL 100 mmol/L pH 8.0 TER(含RNase A 10 mg/mL)溶解，−20℃保存。

绝大部分的RNA可通过RNase A除去。如在第2步的CTAB提取缓冲液中加入了RNase A，就可以只用100 mmol/L pH 8.0 TE溶解。

建议使用pH 8.0 TE溶解和保存DNA。DNA在弱碱性溶液最稳定。

也可溶于200 μL灭菌的ddH_2O，但ddH_2O因溶解了空气中的二氧化碳而呈弱酸性(pH 6.8左右)，不利于中长期保存。

(二)测定DNA浓度和纯度

1. 取DNA溶液5 μL，稀释200倍。

取DNA溶液时，要混匀DNA溶液，可以用枪头轻轻搅拌均匀。

2. 用紫外分光光度计在230 nm、260 nm、280 nm和310 nm波长下测量吸光值。其中，OD_{260}用于估算样品中DNA的浓度，1个OD_{260}相当于50 μg/mL双链DNA。

样品浓度(mg/mL)＝OD_{260}×稀释倍数×50/1 000

而OD_{260}/OD_{280}与OD_{260}/OD_{230}用于估计DNA纯度。对于较纯的DNA样品，$OD_{260}/OD_{280}\approx1.8$，$OD_{260}/OD_{230}>2$。若$OD_{260}/OD_{280}>1.8$，说明有RNA污染；若$OD_{260}/OD_{280}<1.8$，说明有蛋白质污染。

核酸所含嘌呤和嘧啶分子具有共轭双键，在260 nm波长处有最大吸收峰。蛋白在280 nm波长处有最大吸收峰。OD_{230}来评估样品中是否存在一些污染物，如碳水化合物、多肽、苯酚等。OD_{310}为背景吸收值。

(三)琼脂糖水平电泳检测

1. 取250 mL锥形瓶，用电子天平称取琼脂糖0.5 g。

2. 加入 1×TAE 电泳缓冲液 50 mL（即 1%琼脂糖），摇匀。

3. 用微波炉熔化，混匀。

忌猛火过长时间加热，避免暴沸和溢出。

加热过程中可暂停，戴厚线手套小心摇匀。熔化好的琼脂糖溶液澄清透明。

4. 准备胶板，插上梳子。待溶液冷却至 60℃左右时，向锥形瓶中加入 2 μL EB(或其他荧光染料)，摇匀，酌情将胶倒入制胶架。冷却凝固 30 min 后(此时胶略微发白)，拔出梳子。

5. 置胶板于微型电泳槽后，倒入 1×TAE 电泳缓冲液。

电泳缓冲液刚好没过凝胶表面 1 mm 为宜。

6. 取 2～5 μL DNA 溶液与 1～2 μL 6×上样缓冲液混合均匀，点样，电泳(55 V/40 min)。

取 DNA 溶液时，要混匀 DNA 溶液，可以用枪头轻轻地搅拌均匀。

新手点样时，为防止手抖动，可将点样的手肘支于桌面，或用另一只手握住点样手腕。

点样时，枪头尖插到点样孔中下部，使点样液缓慢排出。枪头拔出液面时才松开拇指。

琼脂糖凝胶的点样孔一侧靠近黑色的负极。

7. 紫外成像并分析。

七、实验结果与报告

1. 预习作业

从植物细胞结构上看，想要提取植物基因组 DNA 应该采取哪些步骤？

2. 结果分析与讨论

(1)附上琼脂糖凝胶电泳检测图(应标注 DNA marker 的名称及其片段大小、各泳道的材料名称)，DNA 条带是单一的吗？其位置在哪里？如果有弥散拖尾现象说明了什么？

(2)根据电泳图谱和 OD 数据，判断所提取的 DNA 是否满足后续实验要求。

八、思考题

1. 为避免电泳检测时出现多条带和弥散现象，DNA 提取过程应注意哪些事项？

2. CTAB 提取缓冲液的主要成分有哪些？它们的作用分别是什么？

3. 为什么上清液中加入 2 倍体积乙醇能够沉淀 DNA？DNA 沉淀为什么能够溶于水？

4. 琼脂糖凝胶电泳检测 DNA 时，DNA 为什么从负极向正极泳动？

数字资源 1-1
实验一思考题参考答案

九、研究案例

1. 适用于大规模转基因作物 PCR 检测的简易 DNA 提取(钟罗宝和陈谷，2008)

该研究以转基因拟南芥叶片为样本，将改进碱裂解法作为一种简易有效的 DNA 提取法，以应用于大规模转基因作物PCR检测中。将碱裂解法、SDS法和CTAB法提取的基因组DNA电泳比较(数字资源1-2),结果表明,碱裂解法DNA含量很少,图谱中没有条带,SDS法DNA的质和量比碱裂解法大幅提高,CTAB法DNA质和量是最好的。但三种方法提取的DNA均能满足PCR扩增的要求。

2. 对小麦幼叶DNA微量快速提取方法的改进(董建力等,2007)

该研究为满足对大批量材料进行分子标记检测的需要,以小麦幼叶为材料,对常规的CTAB法提取DNA方法进行了简化和修改。结果表明,从DNA样品的0.8%琼脂糖凝胶电泳图谱(数字资源1-3)看出,常规提取法(液氮研磨、NaCl)、改进提取法Ⅰ(液氮研磨、用KCl代替NaCl)和改进提取法Ⅱ(不用液氮研磨、用KCl代替NaCl)都能得到条带清晰、亮度相近的DNA片段,说明这三种方法提取的DNA质量都较好;改进法的DNA(第4泳道和第6泳道)降解程度大于常规法,但也能满足后续分子标记的需求。由于该研究的DNA样品未用RNase处理,因此底部有少量的RNA和杂质存在。

数字资源1-2
三种方法提取获得
的DNA电泳检测

数字资源1-3
三种不同方法提取的
小麦幼叶DNA电泳检测

十、附录

1. CTAB提取缓冲液:含有100 mmol/L Tris-HCl (pH 8.0)、50 mmol/L EDTA (pH 8.0)、500 mmol/L NaCl、2% CTAB、0.1% β-巯基乙醇。

配制方法:将20 g CTAB和29.22 g NaCl溶于750 mL ddH_2O,再依次加入1 mol/L Tris-HCl(pH 8.0)100 mL,0.5 mol/L EDTA(pH 8.0)100 mL,10 mL β-巯基乙醇,混匀,定容至1 L。高压湿热灭菌20 min,4℃保存备用。

2. 1×TE缓冲液:含有10 mmol/L Tris-HCl (pH 8.0)、1 mmol/L EDTA (pH 8.0)。

配制方法:取1 mol/L Tris-HCl(pH 8.0)1 mL,0.5 mol/L EDTA(pH 8.0)0.2 mL,再加ddH_2O至100 mL,混匀。高压湿热灭菌20 min,4℃保存备用。

3. 氯仿∶异戊醇(24∶1):氯仿和异戊醇按照24∶1的比例混合。

4. 50×TAE电泳缓冲液

成分	配制1 L溶液各成分的用量
2 mol/L Tris	242 g
1 mol/L 乙酸	57.1 mL的冰乙酸(17.4 mol/L)
100 mmol/L EDTA	200 mL的0.5 mol/L EDTA(pH 8.0)
ddH_2O	补至1 L

5.6×上样缓冲液(室温贮存)

成分及终浓度	配制 10 mL 溶液各成分用量
0.15%溴酚蓝	1.5 mL 1%溴酚蓝
5 mmol/L EDTA	100 μL 0.5 mol/L EDTA(pH 8.0)
15%聚蔗糖(400 型)	1.5 g
0.15%二甲苯青 FF	1.5 mL 1%二甲苯青 FF
ddH_2O	补至 10 mL

6.1 mol/L Tris-HCl(pH 8.0)

配制方法:将 121.1 g Tris 溶于 800 mL ddH_2O,用 4 mol/L 浓盐酸调节 pH 至 8.0,定容至 1 L。高压湿热灭菌 20 min,4℃保存备用。

市售"发烟"盐酸(浓度为 37%,密度 1.179 g/mL)为 12 mol/L。高浓度盐酸易挥发,挥发出来的 HCl 气体在空气中与水蒸气结合形成雾。为使用方便,可稀释 3~6 倍。

7.0.5 mol/L EDTA(pH 8.0)

配制方法:在 800 mL ddH_2O 中加入 186.1 g 二水乙二胺四乙酸钠($EDTA\text{-}Na_2 \cdot 2H_2O$),充分搅拌,这时溶液为乳白色,加 10 mol/L NaOH 调解 pH 至 8.0,这时溶液颜色逐渐变为澄清。最后定容至 1 L。高压灭菌,室温保存。

十一、拓展知识

1.关于凝胶电泳中溴化乙啶(EB)在荧光灯下的成像原理

EB 是一种高度灵敏的荧光染色剂,用于观察琼脂糖和聚丙烯酰胺凝胶中的 DNA。EB 用标准 302 nm 紫外光透射仪激发并放射出橙红色信号,可用带 CCD 成像头的凝胶成像处理系统拍摄。

观察琼脂糖凝胶中 DNA 最常用的方法是利用 EB 进行染色,EB 含有一个可以嵌入 DNA 堆积碱基之间的三环平面基团。它与 DNA 的结合几乎没有碱基序列特异性。在高离子强度的饱和溶液中,大约每 2.5 个碱基插入一个 EB 分子。当染料分子插入后,其平面基团与螺旋的轴线垂直并通过范德华力与上下碱基相互作用。这个基团的固定位置及其与碱基的密切接近,导致与 DNA 结合的染料呈现荧光,其荧光产率比游离溶液中染料有所增加。DNA 吸收 254 nm 处的紫外辐射并传递给染料,而被结合的染料本身吸收 302 nm 和 366 nm 的光辐射。这两种情况下,被吸收的能量在可见光谱红橙区的 590 nm 处重新发射出来。由于 EB-DNA 复合物的荧光产率比没有结合 DNA 的染料高出 20~30 倍,所以当凝胶中含有游离的 EB(0.5 μg/mL)时,可以检测到少至 10 ng 的 DNA 条带。

EB 可以用来检测单链或双链核酸(DNA 或 RNA)。但是染料对单链核酸的亲和力相对较小,所以其荧光产率也相对较低。事实上,大多数对单链 DNA 或 RNA 染色的荧光是通过染料结合到分子内形成较短的链内螺旋产生的。

2. SYBR Green Ⅰ在凝胶电泳中的应用

SYBR Green Ⅰ是一种结合于所有 dsDNA 双螺旋小沟区域的具有绿色激发波长的染料，吸收波长最大约为 497 nm，发射波长最大约为 520 nm。在游离状态下，SYBR Green Ⅰ发出微弱的荧光，但一旦与双链 DNA 结合后，荧光信号会增强 800～1 000 倍。因此，SYBR Green Ⅰ的荧光信号强度与双链 DNA 的数量相关，从而可根据荧光信号强度检测出 PCR 体系存在的双链 DNA 数量。

SYBR Green Ⅰ灵敏度高，至少可检出 20 pg DNA，高于 EB 染色法 25～100 倍。用 SYBR Green Ⅰ染色的凝胶样品荧光信号强，背景信号低，适用于琼脂糖凝胶、聚丙烯酰胺凝胶电泳、脉冲电场凝胶电泳和毛细管电泳等多种凝胶电泳。SYBR Green Ⅰ对分子生物学中常用的酶(如：Taq 酶、逆转录酶、内切酶、T4 DNA 连接酶等)没有抑制作用。另外，与 EB 相比，其诱变能力大大降低。

(1)工作液的配制：用电泳缓冲液将 10 000×的 SYBR Green Ⅰ稀释 100 倍，即为 SYBR Green Ⅰ工作液。SYBR Green Ⅰ工作液可以置 2～8℃冷藏 1 个月以上。

(2)制胶：按常规方法制胶，不含任何染料和 EB。

(3)样品染色：向分析样品中加入 SYBR Green Ⅰ工作液和载样缓冲液，室温放置 10 min，使 SYBR Green Ⅰ与样品中 DNA 充分结合。SYBR Green Ⅰ工作液加入量为总上样量的 1/10。

(4)DNA marker 染色：将 5 μL DNA marker 和 1 μL SYBR Green Ⅰ工作液混匀，室温放置 5 min，使 SYBR Green Ⅰ与 DNA 充分结合。

3. DNA 提取常见问题分析

(1)DNA 样品不纯，抑制后续酶解和 PCR 反应。

原因	解决办法
DNA 中含有蛋白、多糖、多酚类杂质	重新氯仿：异戊醇(24：1)抽提，纯化 DNA
DNA 在溶解前有酒精残留	重新沉淀 DNA，并让酒精充分挥发彻底
DNA 中残留有金属离子	增加 70%乙醇洗涤的次数(2～3 次)

(2)DNA 完全或部分降解。

原因	解决办法
材料不新鲜或反复冻融	尽量取新鲜材料，低温保存材料避免反复冻融
未能很好地抑制内源核酸酶的活性	液氮研磨后，应在化冻前加入裂解缓冲液；采用内源核酸酶含量丰富的材料时，增加裂解液中螯合剂的含量
提取过程操作过于剧烈，DNA 被机械打断	细胞裂解后的后续操作应尽量轻柔
外源核酸酶污染	所有试剂用无菌 ddH_2O 配制，耗材经高温灭菌
DNA 溶液反复冻融	将 DNA 溶液分装保存于多个离心管，避免反复冻融

(3)DNA 提取量少、浓度低。

原因	解决办法
实验材料不佳或量少	尽量选用新鲜(幼嫩)的材料
破壁或裂解不充分	研磨充分;高温裂解时,时间适当延长
沉淀不完全	预冷异丙醇;低温沉淀;延长沉淀时间
洗涤时 DNA 沉淀部分丢失	洗涤时,最好用枪头将洗涤液吸出,勿倾倒

4. DNA 电泳常见问题分析

(1)DNA 条带模糊。

原因	解决办法
DNA 降解	避免核酸酶污染
电泳缓冲液陈旧	电泳缓冲液多次使用后,离子强度降低,pH 上升,缓冲能力减弱,从而影响电泳效果。应当经常更换电泳缓冲液
所用电泳条件不合适	电泳时电压<20 V/cm,温度<30℃;巨大 DNA 链电泳,温度<15℃;核查所用电泳缓冲液是否有足够的缓冲能力
DNA 上样量过多	减少凝胶中 DNA 上样量
DNA 样含盐过高	电泳前通过乙醇沉淀去除过多的盐
有蛋白污染	电泳前酚抽提去除蛋白
DNA 变性	电泳前勿加热,用 20 mmol/L NaCl buffer 稀释 DNA

(2)不规则 DNA 条带迁移。

原因	解决办法
对于 λ/*Hin*d Ⅲ片段 cos 位点复性	电泳前于 65℃加热 DNA 5 min,然后在冰上冷却 5 min
电泳条件不合适	电泳电压<20 V/cm;温度<30℃;经常更换电泳缓冲液
DNA 变性	以 20 mmol/L NaCl buffer 稀释 DNA,电泳前勿加热

(3)DNA 条带弱或无 DNA 条带。

原因	解决办法
DNA 的上样量不够	增加 DNA 的上样量;聚丙烯酰胺凝胶电泳比琼脂糖电泳灵敏度稍高,上样量可适当降低
DNA 降解	避免 DNA 的核酸酶污染
DNA 走出凝胶	缩短电泳时间,降低电压,增强凝胶浓度
对于 EB 染色的 DNA,所用光源不合适	应用短波长(254 nm)的紫外光源

(4)DNA 条带缺失。

原因	解决办法
小 DNA 条带走出凝胶	缩短电泳时间,降低电压,增强凝胶浓度
分子大小相近 DNA 条带不易分辨	增加电泳时间,核准正确的凝胶浓度
DNA 变性	电泳前勿高温加热 DNA 链,以 20 mmol/L NaCl buffer 稀释 DNA
DNA 分子质量巨大	常规凝胶电泳不合适,在脉冲凝胶电泳上分析

十二、参考文献

1. SYBR Green Ⅰ 百度词条. https://baike.baidu.com/item/SYBR%20Green%20I/2868509.

2. Saghai-Maroof M A, Scliman K M, Gorgensen R A, et al. Ribosomal DNA spacer-length polymorphism in barley: Mendelian inheritante, chromosomal location and population dynamics. Proceedings of the National Academy of Sciences of the USA, 1984, 81:8014-8018.

3. 董建力,王敬东,惠红霞,等. 小麦幼叶 DNA 微量快速提取方法的改进. 麦类作物学报,2007,27(3):475-478.

4. 李荣华,夏岩石,刘顺枝,等. 改进的 CTAB 提取植物 DNA 方法. 实验室研究与探索,2009,28(9):14-16.

5. 李雅轩,赵昕. 遗传学综合实验. 2 版. 北京:科学出版社,2010.

6. 田再民,龚学臣,季伟. 小麦 DNA 提取方法的比较. 河北北方学院学报:自然科学版,2009,25(4):22-25.

7. 叶棋浓. 现代分子生物学技术及实验技巧. 北京:化学工业出版社,2018.

8. 钟罗宝,陈谷. 一种适用于大规模转基因作物 PCR 检测的简易 DNA 提取方法. 现代食品科技,2008,24(8):794-797.

(梁荣奇)

实验二　细菌质粒 DNA 的提取和电泳检测

一、背景知识

质粒是存在于细菌染色体外的小型环状 DNA 分子，具有自我复制功能，并带有抗性基因及表型识别等遗传性标记物。天然质粒经人工改造后，具有多克隆位点，适合于进行外源（目的）基因的重组。现行常用的基因克隆载体、基因表达载体等，是以天然质粒为基础逐步改建而来的。

PCR 扩增、DNA 重组、酶切分析、细菌转化和植物遗传转化等分子生物学试验需要获得大量纯化的质粒 DNA 分子。从细菌中提取和纯化质粒 DNA 的方法很多，通常都包括 3 个基本步骤：培养细菌使质粒扩增；收集和裂解细菌；分离和纯化质粒 DNA。有多种方式裂解细菌，包括：离子去污剂和非离子去污剂、有机溶剂、溶菌酶、碱或热处理等。

大于 15 kb 的 DNA 分子在细胞裂解操作中容易受损，故应采用温和裂解法使其细胞中释放出来，通常将细菌悬于蔗糖等渗溶液中，再用溶菌酶和 EDTA 进行处理，破坏细胞壁。然后用 SDS 等去污剂裂解原生质体的细胞膜，使质粒 DNA 释放出来，而细菌染色体 DNA 缠绕在细胞壁碎片上，离心时易被沉淀出来。上清液经氯仿：异戊醇（24：1）抽提纯化后，再用乙醇沉淀洗涤得到质粒 DNA。对于一些较小的质粒，加溶菌酶和 EDTA 后，可以用煮沸或碱处理破坏细胞膜以释放质粒 DNA。

碱裂解法是一种广泛应用的制备质粒 DNA 方法，基于细菌染色体 DNA 与质粒 DNA 的变性与复性的差异而达到分离目的。该方法对于目前使用的大肠菌菌株都卓有成效，并可与随后的纯化步骤，如聚乙二醇沉淀、硅胶柱或氯化铯-溴化乙啶梯度平衡离心等，一并联合使用。

二、实验原理

碱裂解法提取质粒 DNA 的原理是根据共价闭合环状质粒 DNA 与线性染色体 DNA 的结构差异来实现分离的。在 pH 12～12.5 时，NaOH 能破坏氢键和变性 DNA，其中，线性 DNA（线性染色体 DNA 和线性质粒 DNA）被彻底变性，共价闭环质粒 DNA 虽然氢键也发生断裂，但两条互补链仍会紧密缠绕结合在一起。当在溶液体系中加入 pH 4.8 的 KAc 时，溶液恢复中性，质粒 DNA 迅速复性，染色体 DNA 则由于变性而相互混乱缠绕，不能复性，与变性蛋白质或细胞碎片缠绕在一起，从而离心即可以把变性的染色体 DNA 沉淀和蛋白-SDS 复合物沉淀分离去除（也有人认为：NaOH 使 DNA 变性是碱裂解的副产品。DNA 分子，无论变性还是复性，在中性溶液中都是可溶的。因为细菌染色体DNA比质粒DNA大得多，所以在SDS和高盐条件下，染色体DNA与蛋白-SDS复合物共沉淀，而质粒DNA不能共沉淀出来）。

对于小量制备的质粒DNA，经过氯仿：异戊醇（24：1）抽提、RNase消化和乙醇沉淀等简单步骤去除残余蛋白质和RNA，所得的初步纯化的质粒DNA已可满足细菌转化、DNA片段的分离和酶切、常规亚克隆及探针标记等要求，故在分子生物学实验室中常用。

目前，质粒提取试剂盒将经典的碱裂解法与硅胶柱结合起来，去除了传统抽提过程中的有毒的氯仿：异戊醇（24：1）抽提过程和耗时的醇类沉淀过程，让操作者可以在20 min内完成质粒的提取工作，大大加速了实验效率。纯化的质粒可直接用于PCR、酶切、自动测序等。

质粒的分子质量通常在10^6～10^7 Da。在细胞内，共价闭环DNA（covalently closed circular DNA，cccDNA）常以超螺旋存在。如果两条链中有一条发生一处或多处断裂，分子就能旋转消除链的张力，这种松弛型的分子叫作开环DNA（open circular DNA，ocDNA）。在电泳时，对同一质粒而言，超螺旋形式的泳动速度要快于开环、线状。因此，在电泳图谱上通常会出现3个条带。

三、实验目的

1. 通过本实验学习和掌握碱裂解法提取质粒的原理和操作步骤。
2. 通过对质粒的电泳检测，学习和掌握质粒的高级构型的电泳表现差异。

四、主要材料

含有重组质粒的大肠杆菌株系。

五、试剂与仪器

溶液Ⅰ、溶液Ⅱ、溶液Ⅲ、ddH_2O、无水乙醇、70%乙醇、TER（含RNase A）缓冲液。

碎冰、普通台式离心机、微量移液器、灭菌枪头、灭菌1.5 mL离心管、水浴锅、恒温培养箱。

六、实验步骤及其解析

1. 挑取LB固体培养基上生长的单菌落，接种于约20 mL LB（含相应抗生素）液体培养基中，在恒温培养箱中37℃ 150～200 r/min振荡培养过夜（12～14 h）。

贮存细菌菌落的琼脂平板可在4℃保存1个月。培养皿用封口膜封好。

液体培养基体积最好小于三角瓶容积的20%。这样振荡培养时培养基会悬附于内壁，有利于细菌的分散和繁殖。

可用接种环、灭菌牙签等挑取菌落。可以将蘸了菌落的牙签直接放入液体培养基。

当细菌生长到波长600 nm下OD为0.5～0.8为宜。

培养瓶中也可用 TB 培养基代替 LB 液体培养基。前者繁殖效率较高，易于观测。

2. 取 1.0～1.5 mL 培养物加入 1.5 mL 离心管中，室温下 8 000 r/min 离心 1 min，弃上清液。

若细菌沉淀量少，可再加装 1 次培养物并离心，以增加细菌沉淀量。

弃上清液时，将离心管倒置于吸水纸上，使液体尽可能流尽。

3. 加入 100 μL 预冷的溶液Ⅰ，重悬细菌沉淀。

可用涡旋振动仪剧烈振荡，菌体一定要悬浮均匀，不能有结块。

重悬后，溶液为浑浊状态。

溶液Ⅰ中的葡萄糖可以使悬浮后的大肠杆菌不会快速沉积到离心管底部，并减少抽提过程中的机械剪切作用，防止破坏质粒；EDTA 是 Ca^{2+} 和 Mg^{2+} 等金属离子的螯合剂，抑制 DNase 的活性，防止质粒 DNA 降解。

4. 加入 200 μL 新鲜配制的溶液Ⅱ，立即温和颠倒混匀，将离心管放置于冰上 2～3 min。

新鲜配制是保证 NaOH 没有吸收空气中的 CO_2 而减弱了碱性。

通常认为 SDS 裂解细胞，释放质粒和染色体 DNA；NaOH 使 DNA 变性。但也有人认为：NaOH 可溶解细菌的细胞膜，使双层膜变成微囊结构。

当溶液Ⅱ中 NaOH 溶度高于 0.2 mol/L 时，即使裂解较短时间，质粒 DNA 也会产生少量环状卷曲的不可逆变性，从而影响超螺旋质粒 DNA 的提取质量和得率。

细菌染色体 DNA 比质粒大得多，易受机械力和核酸酶等的作用而被切断成大小不同的线性片段。因此，颠倒混匀时动作要轻柔，以避免细菌染色体 DNA 机械断裂。

不要超过 5 min，如果时间过长，NaOH 会使质粒 DNA 羟基化、不可逆变性（甚至 DNA 分子断裂），影响后续实验的酶切效果；也会使细菌染色体 DNA 断裂成小片段，而难以从质粒 DNA 中去除。

置于冰上是预冷溶液，为下一步的酸碱中和提前降温。

5. 加入 150 μL 预冷的溶液Ⅲ，将离心管温和颠倒数次混匀，见白色絮状沉淀，可在冰上放置 3～5 min。室温 12 000 r/min 离心 10 min。

溶液Ⅲ中的钾离子与溶液Ⅱ中的 SDS 生成了不溶于水的十二烷基硫酸钾（PDS），因此发生了沉淀。溶液Ⅲ中高浓度的盐，使得沉淀更完全。由于 SDS 和蛋白质结合（平均两个氨基酸上结合一个 SDS 分子），因此，PDS 沉淀将绝大部分蛋白质变性沉淀了。

大肠杆菌基因组 DNA 缠绕在 PDS-蛋白质复合物上而被共沉淀了。但当基因组 DNA 断裂成 50～100 kb 大小的片段后，就不再与 PDS-蛋白质复合物共沉淀了。

冰上放置可降低因酸碱中和放热带来的温度升高；易于沉淀蛋白质-PDS 混合物；充分使质粒 DNA 复性并与染色体 DNA 分离，提高质粒 DNA 的质量和得率。

高速离心有利于白色絮状沉淀（与 PDS 共沉淀的蛋白质和大肠杆菌基因组 DNA）沉积到离心管底。

6. 小心将上清液移到一个新的微量离心管中，加入等体积的氯仿：异戊醇（24：1），振荡混匀，静置 1～2 min。室温 12 000 r/min 离心 10 min。

可用移液器转移上清液。或者一边缓慢旋转旧管一边将上清液缓慢倒入新管，上清液表面膜状物会附于旧管的管壁。不要将表面的膜状物移入新管。

还有很多蛋白质不能被PDS沉淀，因此要用氯仿：异戊醇(24：1)进行抽提，然后进行乙醇沉淀才能得到质量稳定的质粒DNA，否则时间一长就会因为混入的DNase而发生降解。

充分混合后静置有利于水相和有机相的分层。上层水溶液(水相)含有质粒DNA，下层(有机相)是氯仿：异戊醇(24：1)，大多数的变性蛋白质处于两相之间的界面上。

7. 小心将上清液移到一个新的微量离心管中，加入2倍体积预冷的无水乙醇，颠倒混匀，－20℃放置10 min，12 000 r/min离心10 min。

无水乙醇预冷和低温放置有利于沉淀质粒DNA。

颠倒混匀时，动作要轻柔，以避免质粒DNA机械断裂。

8. 倒掉上清液，加入1 mL 70%乙醇洗涤沉淀，8 000 r/min离心5 min，弃上清液，将沉淀晾干。

可用移液器吸净上清液或倒置于吸水纸上流净上清液。

残余乙醇会影响后续实验。室温下干燥10～15 min对于乙醇挥发就足够了。

干燥DNA沉淀时，在某些情况下DNA过度脱水会变得难以溶解并且可能变性。

9. 沉淀溶于20 μL TER(含RNase A 20 μg/mL)，37℃水浴10 min，－20℃保存。

常温放置2 h或37℃水浴10 min，有助于让RNase A去除其中的RNA。

本实验得到的粗提质粒DNA，可能混有DNase，不建议使用灭菌ddH_2O来溶解。

10. 取1～2 μL质粒DNA，进行1%琼脂糖凝胶电泳检测。

溶解质粒DNA沉淀时加入TER量较少，质粒浓度会较高。

本实验得到的粗提质粒DNA，杂质较多，用紫外分光计测定浓度误差较大。可以进一步用聚乙二醇(PEG)等方法纯化。

质粒电泳检测步骤参照实验一。

纯度高的质粒溶液：外观清澈透明无杂质；电泳检测无细菌基因组带和RNA带，超螺旋条带粗且亮；酶切验证目标条带大小正确且无杂带；测序验证符合；紫外分光计测定浓度较高，OD_{260}/OD_{280}为1.8～2.0，OD_{260}/OD_{230}大于2.0。

七、实验结果与报告

1. 预习作业

比较植物基因组DNA和质粒DNA的提取原理。

2. 结果分析与讨论

(1)详细记录提取质粒的过程及现象；

(2)附上琼脂糖凝胶电泳检测图，并对电泳结果进行描述和分析。

八、思考题

1. 影响质粒DNA提取质量和得率的关键因素有哪些？

2. 影响质粒DNA构象和电泳的关键因素有哪些？

数字资源2-1

实验二思考题参考答案

九、研究案例

1. 碱裂解法提取重组质粒 DNA 及 PCR 验证(都艳霞等,2009)

该研究对常规碱裂解法提取的重组质粒进行了琼脂糖凝胶电泳检测(图 2-1),可以看出:用 TE 和无菌 ddH_2O 溶解质粒,结果所提质粒拖尾现象严重,并且有 RNA 的干扰。而用含有 RNase 的无菌 ddH_2O 溶解质粒效果非常好,无拖尾现象产生,并且可以很好地去除 RNA 污染,DNA 超螺旋结构完整,条带单一且清晰。进一步检测发现,含有 RNase 的无菌 ddH_2O 溶解质粒的纯度比较高,OD_{260}/OD_{280} 介于 1.8～2.0,OD_{260}/OD_{230} 大于 2.0,PCR 反应验证结果也与预计相符。该研究认为:利用常规的碱裂解法提取重组质粒,通过苯酚和氯仿的抽提,可以有效地去除蛋白质杂质,用含有 RNase 的无菌 ddH_2O 溶解质粒提取效果最好,无 RNA 污染,纯度比较高,且 PCR 验证与预计相一致,可以满足后续分子生物学实验的要求。

2. 质粒 DNA 小量提取法的改进(姚伟等,2005)

该研究对碱裂解小量提取质粒 DNA 方法进行改进,用 NH_4Ac 和 LiCl 代替常规方法中苯酚和氯仿的抽提,用 95%乙醇代替无水乙醇沉淀质粒 DNA,并对提取的质粒 DNA 进行了含量测定、琼脂糖凝胶电泳检测和酶切鉴定。琼脂糖凝胶电泳分析结果表明,改进法提取的 DNA 超螺旋结构完整,RNA、盐类等污染物质少,而常规碱裂解方法提取的质粒 DNA 则有较多的开环或者超螺旋结构破坏(图 2-2)。该研究认为:改进方法采用 NH_4Ac 和 LiCl 同步沉淀蛋白质和 RNA,显示出良好的效果,由于未用苯酚和氯仿抽提,超螺旋结构破坏降低;用 95%乙醇 2 次沉淀质粒 DNA,大大降低质粒 DNA 中盐和糖等污染物的含量,不影响质粒 DNA 的提取量。

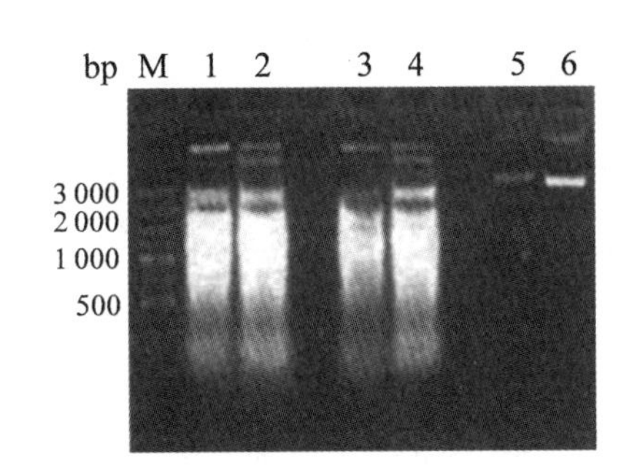

图 2-1　重组质粒电泳检测

M. DNA marker 3000;1,2. TE 溶解;3,4. 无菌 ddH_2O 溶解;5,6. 含 RNase 的无菌 ddH_2O 溶解

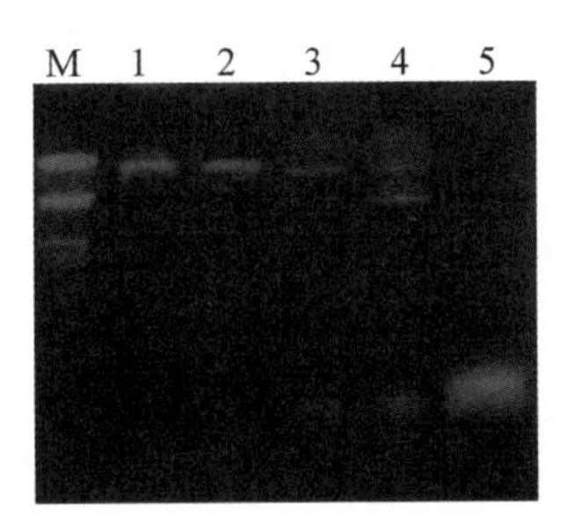

图 2-2　利用 0.8%琼脂糖凝胶电泳检测质粒 DNA 样品

M. Lambda DNA/*Eco*R Ⅰ+*Hin*d Ⅲ;1,2. 改进方法提取质粒 DNA;3,4. 常规方法提取质粒 DNA;5. LiCl 和 NH_4Ac 处理后的沉淀物

3. 改进溶液Ⅱ配方可提高质粒 DNA 提取的质量及得率(黄南等,2008)

该研究通过改进溶液Ⅱ配方,消除质粒 DNA 提取中的不可逆变性条带,提高质粒 DNA 提取的质量与得率。对不同 NaOH 梯度浓度提取的质粒 DNA 进行了紫外分光光度计测定和琼脂糖凝胶电泳检测,结果表明:NaOH 浓度为 0.05 mol/L 时,提取的质粒 DNA 的得率低;

紫外分光光度计测定的结果表明，当 NaOH 浓度≥0.10 mol/L 时，DNA 的得率没有明显变化，但电泳结果表明，当 NaOH 超过 0.20 mol/L 时，存在明显的不可逆变性的质粒 DNA 条带（图 2-3），从而说明在 NaOH 浓度为 0.10 mol/L 时超螺旋 DNA 的纯度和得率是最高的。进一步用限制性内切酶 *Hind* Ⅲ酶切表明，不可逆变性条带不能被酶切，而超螺旋 DNA 可被正确酶切为线型 DNA。

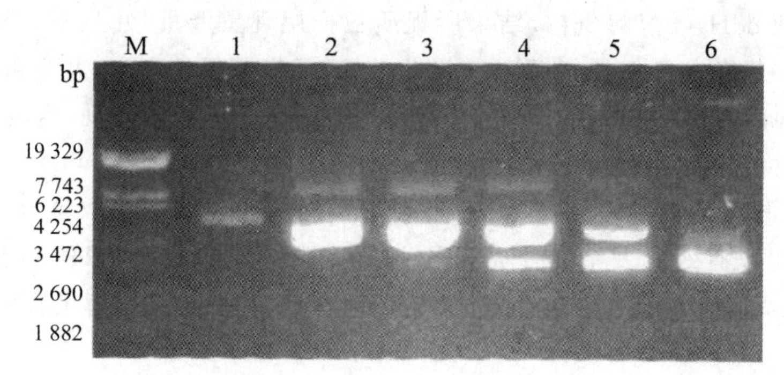

图 2-3　不同浓度 NaOH 对提取质粒 DNA 得率的影响

M. λ/*Hin*d Ⅲ；1. 1% SDS + 0.05 mol/L NaOH；2. 1% SDS + 0.1 mol/L NaOH；
3. 1% SDS + 0.15 mol/L NaOH；4. 1% SDS + 0.2 mol/L NaOH；
5. 1% SDS + 0.25 mol/L NaOH；6. 1% SDS + 0.3 mol/L NaOH

十、附录

1. 溶液Ⅰ：含有 50 mmol/L 葡萄糖，25 mmol/L Tris-HCl（pH 8.0），10 mmol/L EDTA（pH 8.0）。高压灭菌 15 min，贮存于 4℃。

（1）1 mol/L Tris-HCl（pH 8.0）100 mL 配制：见实验一。

（2）0.5 mol/L EDTA（pH 8.0）1 L 配制：见实验一。

（3）10 mol/L NaOH 1 L 配制：溶解 400 g NaOH 颗粒于约 0.9 L ddH_2O 的烧杯中，磁力搅拌器搅拌，完全溶解后用 ddH_2O 定容至 1 L。

2. 溶液Ⅱ：含有 0.2 mol/L NaOH，1% SDS。保存时间不要超过 1 周。一般现配现用。配制 100 mL，需加入 1 mol/L NaOH 200 mL，10% SDS 100 mL，加 ddH_2O 700 mL。

（1）5 mol/L 的 NaOH 溶液 50 mL：将 10 g NaOH 溶于 50 mL 灭菌的 ddH_2O 中。

（2）10% SDS（十二烷基磺酸钠）1 L：称取 100 g SDS 慢慢转移到约含 900 mL ddH_2O 的烧杯中，用磁力搅拌器搅拌直至完全溶解。用 ddH_2O 定容至 1 L。

SDS 是一种提取 DNA 时常用的阴离子去污剂，它可以溶解膜蛋白和脂肪，使细胞膜和核膜破裂，使核小体和核糖体解聚，释放出核酸。它还可以使蛋白质变性沉淀，也能抑制核酸酶活性。在用 SDS 分离 DNA 时，要注意 SDS 浓度，0.1% 和 1% 的 SDS 作用是不同的，前者只分离 DNA，后者同时分离 DNA 和 RNA。

3. 溶液Ⅲ：含有 1.2 mol/L 乙酸钾（KAc）缓冲液，pH 4.8。4℃保存备用。配制 100 mL，需将 60.0 mL 5 mol/L 乙酸钾溶液，11.5 mL 冰乙酸，ddH_2O 28.5 mL 混匀。

4. 1×TE 缓冲液：见实验一。

5. 1×TER 溶液：含 RNase A 20 μg/mL。配制 100 mL，将 20 μL RNase A 溶液（100 mg/mL）加入 100 mL TE 中混匀，4℃保存。

RNase A，即 Ribonuclease A，中文名为核糖核酸酶 A，用于消化 RNA，不含 DNase。通常浓度为 100 mg/mL，将 100 mg RNase A 溶解于 1 mL 浓度为 10 mmol/L 的乙酸钠水溶液（pH 5.0）配制而成。

6. LB 培养基：在烧杯中倒入 950 mL ddH_2O，先后加入胰蛋白胨 10 g、酵母提取物 5 g 和 NaCl 10 g 并搅拌直至完全溶解，约用 0.2 mL 5 mol/L NaOH 调节 pH 至 7.4，定容至 1 L。高压湿热灭菌 20 min，4℃保存备用。固体培养基需加 1.5%琼脂粉，灭菌后铺平板。

7. TB 培养基（Terrific 肉汤）：在 900 mL ddH_2O 中加入胰蛋白胨 12 g、酵母提取物 24 g 和甘油 4 mL，搅拌直至完全溶解，高压湿热灭菌 20 min，从灭菌锅取出，待溶液温度降至 60℃左右时，加入 100 mL 灭菌过的 0.17 mol/L KH_2PO_4/0.72 mol/L K_2HPO_4 缓冲液。

KH_2PO_4/K_2HPO_4 缓冲液的配制：在 90 mL ddH_2O 中溶解 2.31 g KH_2PO_4 和 12.54 g K_2HPO_4，定容至 100 mL，高压湿热灭菌 20 min。

十一、拓展知识

1. 质粒 3 种构象电泳时泳动速度大小

我们提取质粒的时候常见的是两条带：超螺旋和开环。用苯酚/氯仿法从工程菌中提取的质粒一般有 3 种构象，即超螺旋、线状（环状双链的两条单链从同一位置断开变成线性长链 DNA）和开环（是指双链环状的质粒 DNA 有部分解链）。假如提取质粒时，加溶液Ⅱ以后，剧烈地振荡，那么在质粒电泳图中，开环构象比例很高，甚至会超过超螺旋构象的亮度，也就是说这种质粒质量很差。

在一定电场强度下，电泳泳动速度与分子质量大小、分子形状等有关，3 种构象分子质量大小一致，而形状不同，电泳泳动时空间位阻不同。3 种构象的质粒在琼脂糖电泳的前后顺序是：超螺旋＞线状＞开环，即最快的是超螺旋，其次是线状 DNA，最慢的是开环 DNA。

判断质粒提取质量好坏的一个指标就是超螺旋质粒所占的百分含量。因为用质粒转染真核细胞时，超螺旋的质粒效率最高，所以要求质粒中超螺旋质粒的含量要在 90%以上。用 PEG（聚乙二醇）法纯化质粒，可以去掉线状质粒。

2. DNA marker

在利用琼脂糖凝胶电泳检测 DNA 时，通常要用到 DNA marker 做标尺。DNA marker 由一系列长度梯度的双链线性 DNA 组成（图 2-4）。如 1 kb DNA marker 是由从 0.5 kb 至 10 kb 的 10 条带组成，其间隔多为 1 kb，其中 2 kb 和 5 kb 是浓度指示带，显示亮带。我们可以将目标带与 marker 比较，粗略估计目标带的大小和浓度。

注意：①DNA marker 可 4℃保存，长期保存则应置于－20℃；②电泳时的加样孔宽度小于 6 mm 时，每次取 5 μL 制品电泳便可得到清晰条带。如果加样孔增宽，须适当增加 marker 制品的加样量；③对 DNA 电泳而言，琼脂糖纯度对 DNA 条带的清晰度影响很大，推荐使用胶浓度为 0.7%～1.0%。④进行琼脂糖电泳时，琼脂糖浓度与 DNA 片段的分离性

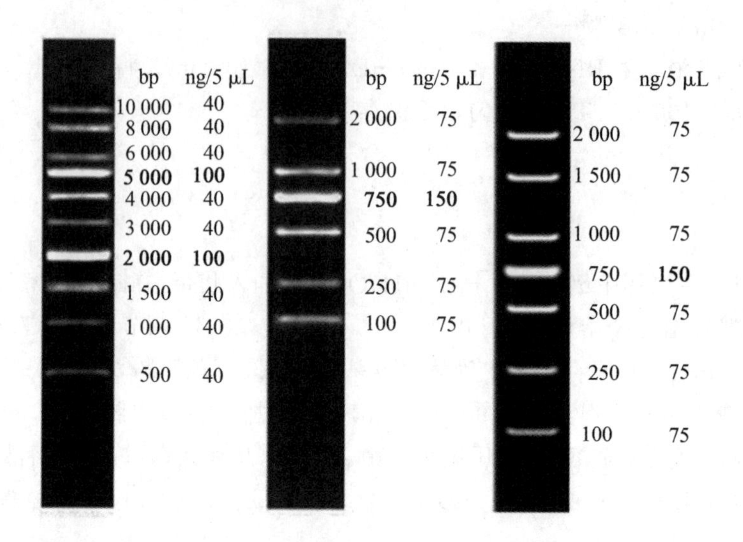

图 2-4 3 种 DNA marker 的条带组成

1 kb DNA marker 从上到下依次是 10 000 bp、8 000 bp、6 000 bp、5 000 bp、4 000 bp、3 000 bp、2 000 bp、1 500 bp、1 000 bp 和 500 bp，其中 5 000 bp 和 2 000 bp 条带浓度是 100 ng/5 μL，其他条带则是 40 ng/5 μL；DS2000 从上到下依次是 2 000 bp、1 000 bp、750 bp、500 bp、250 bp 和 100 bp，除 750 bp 条带浓度是 150 ng/5 μL 外，其他条带浓度是 75 ng/5 μL；DL2000 从上到下依次是 2 000 bp、1 500 bp、1 000 bp、750 bp、500 bp、250 bp 和 100 bp，除 750 bp 条带浓度是 150 ng/5 μL 外，其他条带浓度是 75 ng/5 μL。

能关系密切。其浓度越大，对短片段 DNA 分离性能越好；反之，浓度越小，越有利于长片段 DNA 的分离。

3. DNA 的保存

DNA 既不耐酸也不耐碱，因为磷酸基团带负电，在偏碱性的环境中较为稳定，不易破坏其完整性或产生开环和断裂。应根据实验目的和保存期限，选择合适的保存方法。在保存中应避免多次反复冻融 DNA 溶液。通常有以下几种方法。

(1)干粉：适于长期保存和邮寄，可常温保存。邮寄时建议使用 lock-safe 微量离心管并用 Parafilm 封口膜包好，开盖时要先离心。缺点是分装或取用时不方便。

(2)溶于 10 mmol/L TE (pH 8.0)溶液：适于中期保存，冷藏或冷冻。缺点是 EDTA 可能会影响 Taq 酶、核酸内切酶的活性。但 PCR 实验只取 1～2 μL DNA 溶液作模板，PCR 缓冲液中又有大量 Mg^{2+}。

(3)溶于无菌 ddH_2O：适于短期保存，冷藏或冷冻。因为 ddH_2O 吸收空气中二氧化碳，呈弱酸性(pH 6.8 左右)，还因为粗提 DNA 会残留微量核酸酶，导致 DNA 缓慢降解。

十二、参考文献

1. 都艳霞，沙伟，张梅娟. 碱裂解法提取重组质粒 DNA 及 PCR 验证. 生物技术，2009，19(2)：35-37.

2. 姚伟，周会，徐景升，等. 质粒 DNA 小量提取法的改进. 应用与环境生物学报，2005，11

(6):776-778.

3. 黄南,程熠,连欢,等. 改进溶液Ⅱ配方可提高质粒 DNA 提取的质量及得率. 华中科技大学学报:医学版,2008,37(6):816-819.

(梁荣奇)

实验三　植物总 RNA 提取及其检测

一、背景知识

DNA、RNA 和蛋白质是 3 种重要的生物大分子，是生命现象的分子基础。DNA 的遗传信息决定生命的主要性状，而 mRNA 在信息传递中起很重要的作用。其他两大类 RNA（rRNA 和 tRNA），同样在蛋白质的生物合成中发挥着不可替代的重要功能。因此，mRNA、rRNA、tRNA 在遗传信息由 DNA 传递到表现生命性状的蛋白质的过程中举足轻重。植物细胞内的 RNA 主要是 rRNA（占 80%～85%）、tRNA 及小分子 RNA（占 10%～15%）和 mRNA（占 1%～5%）。rRNA 含量最丰富，由 25S、18S 和 5S 几类组成。在基因表达过程中，mRNA 作为蛋白质翻译合成的模板，编码了细胞内所有的多肽和蛋白质，因此，mRNA 是分子生物学的主要研究对象之一。mRNA 分子种类繁多，分子大小不均一，但在多数真核细胞 mRNA 的 3′末端都带有一段较长的多聚腺苷酸链（polyA），可以从总 RNA 中用寡聚（dT）亲和色谱等方法分离出 mRNA。

获得高纯度和完整的 RNA 是很多分子生物学实验所必需的，如 Northern 杂交、mRNA 分离、RT-PCR、定量 PCR、cDNA 合成及体外翻译等。由于细胞内大部分 RNA 是以核蛋白复合体的形式存在的，所以在提取 RNA 时，要利用高浓度的蛋白质变性剂，迅速破坏细胞结构，使核蛋白与 RNA 分离，释放出 RNA。再通过苯酚、氯仿等有机溶剂处理、离心，使 RNA 与其他细胞组分分离，得到纯化的总 RNA。所有 RNA 的提取过程中都有 5 个关键点，即：①样品细胞或组织的有效破碎；②有效地使核蛋白复合体变性；③对内源 RNase 的有效抑制；④有效地将 RNA 从 DNA 和蛋白质的混合物中分离；⑤对于多糖含量高的样品还牵涉到多糖杂质的有效除去。由于 RNA 样品易受环境因素特别是 RNase 的影响而降解，提取高质量的 RNA 样品在生命科学研究中具有相当大的挑战性。

目前已有多种较为成熟的分离总 RNA 的方法，常用的有 4 种：①苯酚法：用 SDS 变性蛋白并抑制 RNase 活性，经多次苯酚/氯仿抽提除去蛋白、多糖、色素等后，用 NaAC 和乙醇沉淀 RNA；②胍盐法：用异硫氰酸胍或盐酸胍和 β-巯基乙醇变性蛋白，并抑制 RNase 的活性，经苯酚/氯仿抽提后再沉淀；③氯化锂沉淀法：因为锂在一定 pH 下能使 RNA 相对特异地沉淀，但容易使小分子 RNA 损失，而且残留的锂离子对 mRNA 有抑制作用；④Trizol 法。

目前市面上的植物总 RNA 提取试剂盒多采用胍盐法。即在含有强的异硫氰酸胍变性剂的提取液中裂解植物组织粉末，在提取缓冲液中含有 RNase 抑制剂，抑制 RNase 活性，保证 RNA 的完整性。通过第一次离心柱时细胞碎片被阻留在柱子上，溶液均质化，包括 RNA 在内的分子物质通过离心柱。加入乙醇后，再过第二个离心柱，RNA 就结合在柱子底部有硅胶的膜上，洗去其他杂质，最后用无 RNase 的水溶解 RNA。因为该柱子可结合 100 μg 大于

200 bp 的 RNA，所以应控制起始材料的用量。

RNA 的检测主要用琼脂糖凝胶电泳，分为非变性电泳和变性电泳。一般变性电泳用得最多的是甲醛变性电泳（如 Northern blot 实验过程中）。由于 RNA 分子是单链核酸分子，其自身可以回折形成发卡式二级结构及更复杂的分子状态，因而通过非变性的琼脂糖凝胶电泳难以鉴定 RNA 分子完整性及其分子质量大小。为此电泳上样前将样品于 65℃加热变性 5 min，使 RNA 分子的二级结构充分打开，并且在琼脂糖凝胶中加入适量的甲醛，可保证 RNA 分子在电泳过程中持续保持单链状态，因此，总 RAN 样品便在统一构象下得到了琼脂糖凝胶上的依赖于分子质量的逐级分离条带。此外，RNA 变性后有利于在转印过程中与硝酸纤维素膜的结合。RNA 通过甲醛变性琼脂糖凝胶电泳，可以直观快捷地分析 RNA 质量之优劣，当有标准的 marker 存在时，还可相对客观地对总 RNA 样品进行定性和定量。

二、实验原理

本实验所用的 Trizol 试剂是一种新型总 RNA 抽提试剂，其含有苯酚、异硫氰酸胍等物质，能迅速破碎细胞并抑制细胞释放出的核酸酶。它是由苯酚和异硫氰酸胍配制而成的单相的快速抽提总 RNA 的试剂，在匀浆和裂解过程中，能破碎细胞、降解蛋白质和其他成分，使蛋白质与核酸分离，失活 RNase，同时能保持 RNA 的完整性。在氯仿抽提、离心分离后，RNA 处于水相中，将水相转管后用异丙醇沉淀 RNA。

Trizol 的主要成分是苯酚。苯酚的主要作用是裂解细胞，使细胞中的蛋白、核酸物质解聚得到释放。苯酚虽可有效地变性蛋白质，但不能完全抑制 RNase 活性，因此 Trizol 中还加入了 8-羟基喹啉、异硫氰酸胍、*β*-巯基乙醇等来抑制内源和外源 RNase。0.1%的 8-羟基喹啉可以抑制 RNase，与氯仿联合使用可增强抑制作用。加入氯仿时，它可以抽提酸性苯酚，而酸性苯酚可促使 RNA 进入水相，离心后可形成水相层和有机层，这样 RNA 与仍留在有机相中的蛋白质和 DNA 分开。

异硫氰酸胍属于解偶剂，是一类强力的蛋白质变性剂，可溶解蛋白质并使蛋白质二级结构消失，导致细胞结构降解，核蛋白迅速与核酸分离。*β*-巯基乙醇的主要作用是破坏 RNase 蛋白质中的二硫键。

三、实验目的

1. 了解小麦等植物组织 RNA 提取的一般原理。
2. 掌握 Trizol 提取 RNA 的方法和步骤。
3. 了解 RNA 浓度和纯度的检测。
4. 后续实验准备样品。

四、实验材料

小麦、玉米和水稻等植物组织（叶片、茎、籽粒等）。

五、试剂与仪器

Trizol试剂(含水饱和酚、异硫氰酸胍盐和溶解剂等)、氯仿、异丙醇、75%乙醇、1×TE缓冲液、DEPC处理过的 ddH_2O($DEPC\text{-}ddH_2O$)、琼脂糖、10×MOPS缓冲液。

研钵、恒温水浴、离心机、离心管、电子天平、微波炉、电泳槽、电泳仪、紫外成像仪等。

由于RNase广泛存在且极稳定,一般反应不需要辅助因子,因而RNA制剂中只要存在少量RNase就会引起RNA在制备和分析过程中的降解。因此,在提取总RNA时,要格外仔细,以防RNA被降解。在控制外源RNase污染方面,必须事先:①对所用器皿进行RNase灭活处理,如用180℃干烤8 h以上处理玻璃器皿,或用0.1%的焦碳酸二乙酯(DEPC)的水溶液浸泡玻璃器皿和其他用品;②所用水以及相关的缓冲液需要先用0.1% $DEPC\text{-}ddH_2O$ 在37℃处理12 h以上(Tris-HCl缓冲液等不可以用DEPC处理),再用高压灭菌除去残留的DEPC。不能高压灭菌的试剂,应当用 $DEPC\text{-}ddH_2O$ 配制,然后用0.22 μm滤膜抽滤除菌。

六、实验步骤及其解析

(一)植物总RNA的提取

1.从植物组织中提取总RNA

(1)称取0.1 g样品放入用液氮预冷的研钵中,加入少量液氮,迅速研磨至细粉状。

使用新鲜材料,切忌使用反复冻融的材料;如要多次提取,分成多份保存。

样品分离后短时间内细胞内RNase被激活,若不及时提取RNA,大部分RNA会被降解。若材料来源困难且实验需要一定的时间间隔,应立即用液氮冷冻后贮存于−80℃冰箱,或者先将材料贮存在Trizol中再−80℃保存。

RNA提取所用的研钵、离心管等器皿都需要用0.1% $DEPC\text{-}ddH_2O$ 处理并灭菌。

提取RNA时必须戴口罩和手套,因为唾液和汗液中含有RNase。建议戴双层手套(里层乳胶手套,外层一次性薄膜手套),经常更换外层手套。

每加完一种试剂,都应及时盖上管盖。夹取管子或者打开管子时,尽可能不要碰到离心管的内缘。

由于植物具有多样性,而且同种植物的不同生长发育阶段和不同组织的RNA含量都不相同,需要根据具体情况选择合适用量。

粉末要充分研磨细。对于细胞壁较硬的植物组织可加入石英砂一起研磨。

(2)迅速用药匙将样品细粉加入含有1 mL Trizol的离心管中。立即用振荡器振荡2 min,使之快速溶解于裂解液之中。

每50~100 mg组织加入1 mL Trizol液体,注意样品总体积不能超过所用Trizol体积的10%。所加Trizol量太少,会导致RNA释放困难、RNA提取量不足和DNA污染。

每100万细胞用Trizol抽提可得5~15 μg RNA,每毫克组织用Trizol抽提可得1~10 μg RNA(得率因细胞和组织不同而异)。

立刻混匀,无细胞团块。如有个别细胞团块,可用1 mL移液器吸打来分散。

RNA在Trizol裂解液中不会被RNase降解。溶于Trizol溶液的样品可在−80℃冰箱长期保存。

(3)室温 10 min,期间不断振荡,让组织细胞充分裂解。

植物组织裂解是否充分直接影响到 RNA 提取的质量和得率。裂解不完全会导致 RNA 提取量不足、DNA 和蛋白质污染、OD_{260}/OD_{280} 低于 1.65。

在 55～60℃解育 1～3 min 将有助于植物组织裂解,但是对于某些富含淀粉的样品,则不要加热处理,以防止因淀粉引起的样品膨胀现象。

2. RNA 抽提

(1)将上述样品 12 000 r/min 离心 5 min,弃沉淀,将上清液转移到新离心管。

RNA 提取所用的离心管、枪头等都需要用 0.1% DEPC-ddH_2O 处理并灭菌。

将上清液转移至离心管时,建议使用剪去部分末端的吸头吸取,动作要细心缓慢,不得过快(可分几次),避免吸取水相和有机中间的杂质,影响抽提纯化效果。

(2)按 Trizol∶氯仿(5∶1)的比例加入氯仿,振荡混匀后室温放置 15 min。

氯仿是分子质量比较大的有机溶剂,在提取 RNA 时,氯仿可以有效地使有机相和无机相迅速分离。DNA 提取过程有机相中主要是酚和蛋白质结合,从而使蛋白质和 DNA 脱离,DNA 进入水相。但是在 RNA 的提取过程就要避免蛋白和 DNA 脱离,否则 DNA 会释放到水相。

氯仿在此有多个作用:①通过变性蛋白作用,抑制 RNase 活性;②抽提掉水相里苯酚(微溶于水),避免苯酚损伤 RNA;③去除样品中的一些脂溶性杂质(比如油脂、脂溶性色素等)。

禁用涡旋振荡器剧烈振荡。剧烈的振荡易使①DNA 断裂;②DNA 亲水基团与水相接触,导致 DNA 进入水相。

加入氯仿后手动方法彻底地混匀,静置可使有机相和水相分层。

(3)4℃ 12 000 r/min 离心 15 min 后,吸取上层水相,移至另一离心管中。

小心不要吸取到中间界面,宁愿少吸一点儿上清液;若吸出的水相遭到苯酚层污染,会混入蛋白质,OD_{260}/OD_{280} 低于 1.65。

若同时提取 RNA 和蛋白质,则保留下层有机相存于 4℃冰箱;若只提 RNA,则弃下层有机相。

(4)加入 0.5～1.0 倍体积的异丙醇,混匀,室温放置 5～10 min。4℃ 12 000 r/min 离心 10 min,弃上清液,RNA 沉于管底。

此步骤为沉淀 RNA,若有残留的 DNA 也会一并沉淀下来。

在水相量多、离心管容积有限、加不下太多乙醇时(需要加 2 倍体积乙醇),一般会用异丙醇来沉淀。不过效果不如乙醇,也会偶有沉淀失败的情形。

(5)按 Trizol∶75%乙醇(1∶1)的比例加入 75%乙醇,温和振荡离心管,悬浮沉淀。4℃ 8 000 r/min 离心 5 min,尽量弃上清液。

此步骤为清洗 RNA 沉淀和离心管内壁。会明显减少 RNA 的盐含量,可以提高 RNA 质量。

弃上清液时,观察总 RNA 在管底的白色沉淀,小心别倒掉了沉淀。可用移液器小心将离心管内残余的液体吸出。

(6)室温晾干或真空干燥 5～10 min。

打开管盖,将沉淀于超净台上晾干。尽量让沉淀表面的乙醇挥发干净,否则影响 RNA 溶解和后续实验。

RNA 沉淀不要过于干燥,否则很难溶解。

(7)可用 50 μL H_2O 或 TE 缓冲液溶解 RNA 样品,55～60℃溶解 5～10 min。样品放置 －80℃ 保存。

ddH_2O、TE 均须用 DEPC 处理并高压蒸汽灭菌。

确保 RNA 溶解完全,否则 OD_{260}/OD_{280} 低于 1.65。可用枪头轻轻吸打辅助溶解。

为彻底清除残留的 DNA,可加入不含 RNase 的 DNase。

ddH_2O 呈弱酸性,RNA 易自发水解,建议溶于 TE。

提取的 RNA 应放置于－80℃冰箱保存,以避免 RNA 降解。

(二)RNA 浓度和纯度的测定

1. 吸取 RNA 溶液 1.5 μL,用超微量分光光度计检测。

2. 用分光光度计分别在 230 nm、260 nm、280 nm 和 310 nm 波长下测量吸光值。其中 260 nm 读数用来估算样品中核酸浓度,310 nm 读数为背景吸收值。1 个 OD_{260} 约相当于 40 μg/mL 单链 RNA。根据 OD_{260} 可计算 RNA 样品的浓度:

$$RNA(mg/mL)=(OD_{260}-OD_{310})\times 40\times 稀释倍数\div 1\ 000$$

RNA 在 260 nm 波长处有最大的吸收峰。OD_{260}/OD_{280} 可用于估计 RNA 的纯度,OD_{260}/OD_{230} 可用于估计去盐的程度。RNA 纯品的 OD_{260}/OD_{280} 一般为 1.8～2.0,OD_{260}/OD_{230} 应大于 2。OD_{260}/OD_{280} 较低则说明存在残余蛋白质,应增加酚抽提。OD_{260}/OD_{230} 小于 2 则说明去盐不充分,应再次沉淀和 75%乙醇洗涤。

(三)甲醛变性琼脂糖凝胶电泳检测

1. 制备凝胶(1.2%):将 0.5 g 琼脂糖和 40 mL 无菌 DEPC-ddH_2O 加入三角瓶,在微波炉中加热至完全溶化。冷却至 65℃左右时,在通风橱内依次加入 9 mL 甲醛、5 mL 10×MOPS 缓冲液和 1～2 μL EB,轻轻摇动混匀后倒入凝胶模具中。

事先将电泳槽、模具和样品梳在 3% H_2O_2 中浸泡 20 min,然后用无 RNase 的无菌 DEPC-ddH_2O 彻底冲洗,烘干。

2. 处理样品:在离心管里,依次加入 1×MOPS 缓冲液 2 μL、甲醛 3.5 μL、去离子甲酰胺 10 μL 和 RNA 样品 4.5 μL,混匀。65℃温浴 5～10 min 后,迅速在冰上冷浴 5 min,瞬时离心数秒。加入 3 μL 上样缓冲液,混匀。

对于 Northern 杂交实验,总 RNA 上样量可加到 10～30 μg。

3. 预电泳和上样:将凝胶从模具中取出,放置于电泳槽中,加入 1×MOPS 缓冲液直至高出凝胶表面 1～2 mm。上样前凝胶须预电泳 5 min,随后将样品加入上样孔,同时点加 marker。

4. 电泳:按照 5～7.5 V/cm 的电压,电泳 1.5～2.0 h,待溴酚蓝迁移至凝胶长度 2/3～4/5 处结束电泳。

5. 观察:将凝胶置于紫外灯下观察,并记录结果。

植物叶片中由于含有大量的叶绿体 RNA,可能会见到 4 条或更多 rRNA。

完整的总 RNA 样品通常呈现 3 条带:28S rRNA(约为 5 kb)、18S rRNA(约为 2 kb)和 5S rRNA。其中,28S rRNA 条带的亮度应该为 18S rRNA 条带的 1.5～2.0 倍;否则表示 RNA

样品降解。若出现条带模糊、弥散片状或条带消失，则说明样品 RNA 已严重降解。若点样孔内或孔附近有荧光区/带，则说明有 DNA 污染。

七、实验结果与报告

1. 预习作业

植物 RNA 提取前应做哪些方面的准备？提取 RNA 有哪些步骤？每一步原理是什么？

2. 结果分析与讨论

(1)附上琼脂糖凝胶电泳检测图(应标注各条带的大小、各泳道材料名称)；

(2)根据电泳图谱和 OD 数据，判断所提取的 RNA 是否满足后续实验要求。

八、思考题

1. 就 DNA 和 RNA 相比较而言，为什么说提纯植物细胞的 mRNA 是研究结构基因非常关键的步骤？

2. 影响 RNA 提取和纯化的因素有哪些？

3. RNA 的吸光度代表的含义是什么？

数字资源 3-1
实验三思考题参考答案

九、研究案例

1. 一种简单有效的植物 RNA 提取方法(张容等，2006)

该研究分别用 Trizol、异硫氰酸胍法、SDS-KAc 法和新创皂土法(提取缓冲液中含有 25 mmol/L pH 7.0 柠檬酸钠，10 mmol/L EDTA，100 mmol/L NaCl，0.5% SDS，1% β-巯基乙醇和 0.5%皂土)提取麻疯树幼叶总 RNA，对 4 种方法的提取效果进行比较和验证。

琼脂糖凝胶电泳和紫外光谱分析结果表明(图 3-1)，只有皂土法能提出质量高、完整性好的 RNA；RT-PCR 结果表明，皂土法 RNA 能成功地扩增出目的片段，说明皂土法提取的 RNA 样品的质量好，可以进一步用于后续实验。作者认为在 RNA 提取缓冲液中加入了皂土(bentonite)，可以减少后期苯酚/氯仿抽提的次数，进而降低了 RNA 的损耗、缩短了实验时间，并且还能有效地抑制 RNase 活性。

2. 3 种方法提取波罗蜜叶片和种子总 RNA 的比较(张宇等，2019)

为了筛选最适的波罗蜜总 RNA 提取方法，采用 Trizol 提取法、Tris-硼酸提取法和试剂盒提取法提取波罗蜜叶片和种子总 RNA，通过紫外分光光度计检测、琼脂糖凝胶电泳、RT-PCR 检测以及 Agilent 2100 检测，对提取结果进行比较分析。结果表明：采用这 3 种方法均能从波罗蜜叶片和种子中提取到总 RNA(图 3-2)，Tris-硼酸提取法较其他 2 种方法所提取的总 RNA 产率高，但杂质较多；采用 Tris-硼酸提取法能提取完整性较好的总 RNA，28S、18S 和 5S 清晰可见，但提取质量较试剂盒提取法差；试剂盒提取法省时省力，有明显的 28S 和 18S 条带，A_{260}/A_{280} 分布在 1.92～1.98，A_{260}/A_{230} 分布在 2.04～2.09，叶片总 RNA 产率 42.3 ng/μL，种子总 RNA 产率 15.6 ng/μL。RT-PCR 检测结果表明在约 200 bp 处存在清晰整洁的电泳

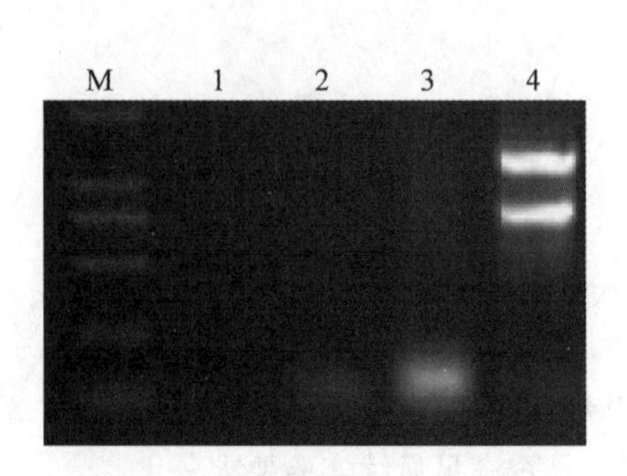

图 3-1 4 种不同方法提取的 RNA 琼脂糖凝胶电泳图

M. DNA marker；1. Trizol 法；2. 异硫氰酸胍法；3. SDS-KAc 法；4. 皂土法

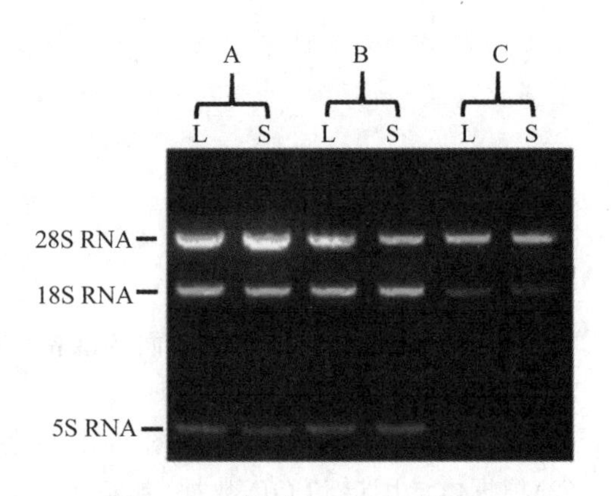

图 3-2 3 种方法提取波罗蜜叶片和种子总 RNA

A. Trizol 法；B. Tris-硼酸法；C. 试剂盒提取法；L. 叶片；S. 种子

条带，Agilent 2100 检测结果显示杂峰极少，28S 峰积分面积约是 18S 峰积分面积的 2 倍。经综合评定，作者认为：试剂盒提取法是适合波罗蜜叶片和种子总 RNA 提取的方法。

3. 大赖草总 DNA 转化小麦叶片 mRNA 差异显示技术中总 RNA 提取和反转录活性研究(李静等，2009)

在大赖草总 DNA 转化小麦幼苗叶片 mRNA 差异显示相关试验中，利用改进的 Trizol 法，从幼苗叶片中提取总 RNA，1.2%琼脂糖凝胶电泳检测，并进行 RT-PCR 扩增。从总 RNA 电泳结果(图 3-3)可见，RNA 特异带型清晰、亮度好、无背景，点样孔及条带其他部分干净无杂质，28S rRNA 的亮度约是 18S rRNA 的 1.5 倍，表明多糖和 DNA 都去除完全，提取的总 RNA 纯度好、产率高。紫外光谱分析其 OD_{260}/OD_{280} 为 1.95～1.98；随机引物 RT-PCR 电泳条带均表现出整齐、清晰。作者认为，利用改良 Trizol 法获得的总 RNA 质量好、纯度高，有很高的反转录活性，完全适合于进一步的分子生物学研究。

4. 白菜总 RNA 的高效提取方法及常见问题分析(王海玮等，2009)

该研究通过增加高速离心时间，用 3% H_2O_2 处理试验器皿等措施对 Trizol 试剂法进行优化，建立了一种简单快捷、经济高效的白菜叶片组织 RNA 提取方法。

琼脂糖凝胶电泳(图 3-4)结果可看出，加样孔中无亮带，说明几乎没有蛋白质污染；总

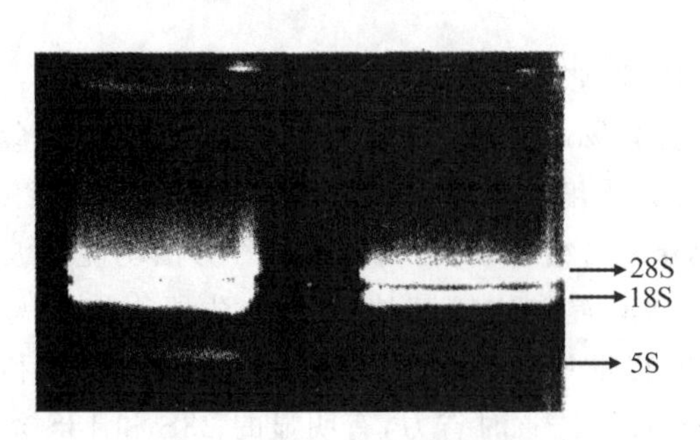

图 3-3 大赖草总 DNA 转化小麦总 RNA 1.2%琼脂糖凝胶电泳

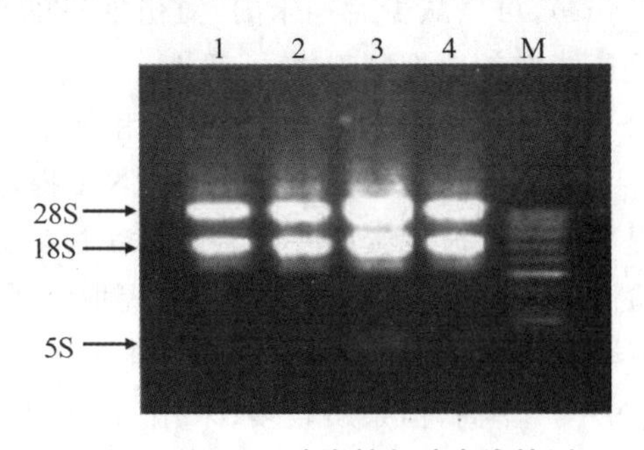

图 3-4 总 RNA 琼脂糖凝胶电泳检测

1～4 泳道为随机选取的 4 个白菜总 RNA 样品；M. 50 bp 的 DNA marker

RNA 的 28S 和 18S 条带清晰，且 2 个条带的亮度接近 2∶1 关系，5S 条带很弱，说明总 RNA 无 DNA 污染，且纯度很高、完整性很好，无明显的降解。此外，蛋白核酸分析仪检测出 OD_{260}/OD_{280} 为 1.90～2.16；以提取的总 RNA 为模板成功进行了单链 cDNA 的合成和 LD-PCR。作者认为改良的 Trizol 试剂法所提取的 RNA 纯度和完整度极高，可用于后续分子生物学试验。

十、附录

1. 0.1% DEPC-ddH_2O

向 1 000 mL ddH_2O 中加入 1 mL DEPC，混匀，静置 4 h 后备用。主要用于浸泡和清洗实验器具和器材。

2. 无 RNase 的 ddH_2O

将 1 000 mL ddH_2O 加入干净的玻璃瓶中，再在通风橱里加入 1 mL DEPC，混匀后放置过夜，高压 121℃灭菌 20 min，即为无 RNase(RNase-free)的 ddH_2O。主要用于配制溶液。

通常认为灭菌 15 min 就能彻底破坏 DEPC。破坏后可以闻到一点儿气味。

3. 1×TE 缓冲液(pH 8.0)

配制方法：见实验一。

4. 75% 乙醇

用无水乙醇和 RNase-free ddH_2O 配制，放入－20℃冰箱保存。

5. DNase Ⅰ溶液

DNase Ⅰ贮存液：将 550 μL RNase-free ddH_2O 注射入 RNase-free DNase Ⅰ干粉(1 500 U)玻璃瓶中，轻柔混匀，充分溶解后分装，－20℃贮存(可保存 9 个月)。

脱氧核糖核酸酶Ⅰ(DNase Ⅰ)是一种非特异性核酸酶切酶，可用于降解单链或双链 DNA，其原理为 DNase Ⅰ水解磷酸二酯键产生带有 5′-磷酸基团和 3′-OH 的单核苷酸或寡核苷酸。

从－20℃冰箱取出融化后的 DNase Ⅰ贮存液保存于 4℃(可保存 6 周)，不要再次冻存。

DNase Ⅰ工作液：取 10 μL DNase Ⅰ 贮存液放入新的 RNase-free 离心管中，加入 70 μL 1×反应缓冲液(主要成分为 pH 7.5 10 mmol/L Tris-HCl 缓冲液，2.5 mmol/L $MgCl_2$ 和 0.1 mmol/L $CaCl_2$)，轻柔混匀。现用现配。

加入 5%体积的 0.5 mol/L EDTA 80℃加热处理可使 DNase Ⅰ灭活。

6. Trizol 试剂

试剂	用量	试剂	用量
水饱和酚	38.0 mL	2 mol/L 乙酸钠溶液	3.35 mL
硫氰酸胍	11.80 g	甘油	5.0 mL
硫代氰酸胺	7.60 g	ddH_2O	35.0 mL

苯酚虽可有效地变性蛋白质，但不能完全抑制 RNase 活性，因此 Trizol 中还加入了 8-羟基喹啉、异硫氰酸胍、β-巯基乙醇等来抑制内源和外源 RNase。0.1%的 8-羟基喹啉可以抑制

RNase，与氯仿联合使用可增强抑制作用。

异硫氰酸胍属于解偶剂，是一类强力的蛋白质变性剂，可溶解蛋白质并使蛋白质二级结构消失，导致细胞结构降解，核蛋白迅速与核酸分离。

β-巯基乙醇的主要作用是破坏 RNase 蛋白质中的二硫键。用前添加。

Trizol 需 4℃低温保存，保质期约 1 年。

7. 10×MOPS 缓冲液

试剂	用量	试剂	用量
吗啉代丙磺酸(MOPS)	41.86 g	0.5 mol/L EDTA(pH 8.0)	20 mL
无水乙酸钠(NaAC)	4.10 g		

将 41.86 g MOPS 溶解在 700 mL DEPC 处理过的 ddH_2O 中，用 2 mol/L NaOH 调节 pH 至 7.0；加入 20 mL DEPC 处理的 1 mol/L 乙酸钠(或 4.10 g 无水乙酸钠固体，或 6.8 g 三水合乙酸钠)和 20 mL DEPC 处理的 0.5 mol/L EDTA(pH 8.0)，定容至 1 L。过滤灭菌后分装、室温避光保存。

3-(N-吗啉基)丙磺酸简称 MOPS，分子式为 $C_7H_{15}NO_4S$，相对分子质量为 209.26。MOPS 属于生物缓冲剂，经常用于配制 RNA 电泳缓冲液。

如果使用 MOPS 钠盐，则需称取 46.26 g，用冰乙酸调节 pH。

10×MOPS 缓冲液通常为淡黄色，颜色过深后显深黄色或棕色时不宜使用。

稀释成 1×工作液时，用 DEPC 处理过的 ddH_2O。

十一、拓展知识

1. 常用的 RNase 抑制剂

(1)焦磷酸二乙酯(DEPC)：一种很强烈但不彻底的 RNase 抑制剂。它通过和 RNase 的活性基团组氨酸的咪唑环结合使蛋白质变性，从而抑制酶的活性。DEPC 在 Tris、HEPES、DTT 等溶液中极易分解，因此不能直接用 DEPC 来处理 Tris 等缓冲液。DEPC 是一种具有致癌嫌疑的有机物，相关操作要在通风橱中完成。另外，DEPC 对单链的 DNA 或 RNA 具有破坏作用，利用 DEPC 处理过的溶液和物品都要经过高温灭活处理后才可以使用(DEPC 会分解成水和 CO_2)。所有沾染 DEPC 的液体或物品在使用、遗弃前要高温灭活处理。

(2)异硫氰酸胍：其分子式是 $CH_5N_3 \cdot HSCN$，是一类强力的蛋白质变性剂，目前最有效的 RNase 抑制剂。可用于变性裂解细胞，它在裂解组织细胞的同时也使 RNase 失活。它既可以破坏细胞结构使核酸从核蛋白中解离出来，又对 RNase 有强烈的变性作用。

(3)RNase 的蛋白抑制剂(RNasin)：RNase 的蛋白抑制剂是 RNase 的一种非竞争性抑制剂，可以和多种 RNase 结合，使其失活。具有广谱的 RNase 抑制活力，用于清除 RNase 污染。核酸酶抑制剂最初是从人的胎盘中分离的，目前还在用。重组的核酸酶抑制剂是由 Promega 研究的，用它为研究人员提供高质量和稳定的试剂，因为来源于大肠杆菌，无人 DNA 的污染，故用途更广。

(4)其他：氧矾核糖核苷复合物、SDS、尿素、硅藻土等。

2. RNA 提取常见问题

(1)RNA 降解或部分降解。

原因	解决办法
样品不新鲜或保存不当	新鲜样品分离后短时间内细胞内 RNase 被激活，马上提取；冷冻样品与裂解液充分接触前避免融化
裂解液的用量不足	根据组织的质量，按照比例添加裂解液
组织裂解不充分	研磨要细；样品与裂解液充分混匀；适当加长裂解时间
外源 RNase 的污染	环境、器皿和操作都要按照要求严格执行
内源 RNase 的抑制不足	冷冻样品与裂解液充分接触前避免融化，研磨用具必须预冷，碾磨过程中及时补充液氮；某些富含内源酶的样品，需在液氮条件下将组织碾碎，并且匀浆时使用更多裂解液

(2)OD_{260}/OD_{280} 偏低。

原因	解决办法
RNA 的量少	增加组织样品、裂解液质和量、裂解时间；使 RNA 沉淀全部溶解
抽提试剂残留	含有苯酚等残留，重新抽提；确保洗涤时要彻底悬浮 RNA，并且彻底去掉 75% 乙醇。重新沉淀，乙醇完全挥发
设备限制	测定 OD_{260} 数值时，要使 OD_{260} 读数在 0.10～0.80，该范围线性最好
用 ddH_2O 稀释样品	测 OD 时，对照和样品稀释液都使用 10 mmol/L Tris-HCl(pH 8.0)。用 ddH_2O 作为稀释液将导致比值的降低

(3)电泳带型异常。

原因	解决办法
非变性电泳中，28S 和 18S 条带分不开	上样量超过 3 μg，降低上样量；电压超过 6 V/cm，降低电压；电泳缓冲液陈旧，更换电泳缓冲液
变性电泳条带变淡	EB 与单链的结合能力要差一些，故同样的上样量，变性电泳比非变性电泳要淡一些，适当增加上样量；甲醛的质量不高，更换高质量的甲醛

(4)下游实验效果不佳。

原因	解决办法
RNA 降解	重新提取 RNA，原因和解决办法见上
抽提试剂残留	75%乙醇重新沉淀
样品中多糖等杂质的残留	再次沉淀
DNA 污染	使用 RNase-free　DNase Ⅰ 消化抽提 RNA

十二、参考文献

1. Couto D, Stransfeld L, Arruabarrena A, et al. Broad application of a simple and affordable protocol for isolating plant RNA. BMC Research Notes, 2015, 8(1): 154.

2. Eldh M, Lötvall J, Malmhäll C, et al. Importance of RNA isolation methods for analysis of exosomal RNA: evaluation of different methods. Molecular Immunology, 2012, 50(4): 278-286.

3. 董璐,贾红梅,刘迪,等. 菊花叶片总 RNA 提取方法的比较研究. 江苏农业科学, 2016, 44(3): 67-69.

4. 李静,赵民安,郝秀英,等. 大赖草总 DNA 转化小麦叶片 mRNA 差异显示技术中总 RNA 提取和反转录活性研究. 安徽农业科学,2009,37(11):4917-4919.

5. 罗辉, 朱立成. 紫藤种子总 RNA 提取方法研究. 井冈山大学学报:自然科学版,2017, 38(6): 35-37.

6. 庞新华,张宇,黄国弟,等. 菠萝叶片总 RNA 提取方法的比较. 经济林研究,2016,34(1):153-157.

7. 萨姆布鲁克 J,拉塞尔 D W. 分子克隆实验指南. 3 版. 黄培堂,等译. 北京:科学出版社, 2016.

8. 申世刚,高燕霞,王峰山,等. 一种梨树组织 RNA 提取方法. 河北大学学报:自然科学版,2018,38(4):392-395.

9. 陶倩, 范慧艳, 张水利, 等. 南方红豆杉不同组织总 RNA 提取方法研究. 中华中医药杂志,2018,33(8):3336-3341.

10. 王海玮,姜文轩,范淑英,等. 白菜总 RNA 的高效提取方法及常见问题分析. 安徽农业科学,2009,37(27):12945-12947.

11. 叶棋浓. 现代分子生物学技术及实验技巧. 北京:化学工业出版社,2018.

12. 张容,郑彦峰,吴瑶,等. 一种简单有效的植物 RNA 提取方法. 遗传,2006,28(5):283-286.

13. 张宇,黄国弟,莫永龙,等. 3 种方法提取波罗蜜叶片和种子总 RNA 的比较. 经济林研究,2019,37(2):89-94.

(梁荣奇)

实验四　植物小 RNA 的提取

一、背景知识

小 RNA(small RNA)是近年来发现的一类能转录但不编码蛋白质且具有特定功能的小分子 RNA,通过转录后水平以及翻译水平调控实现对编码蛋白基因的调节。小 RNA 家族是长度为 20～24 nt 的非编码的 RNA,主要包括 microRNA (miRNAs)和 small interfering RNAs (siRNAs)。研究证实,小分子 RNA 在植物的器官建成、生长发育、开花与育性转换、激素分泌、信号转导等各个方面起着非常重要的作用。小分子 RNA 的高通量分离克隆对于理解其介导的基因表达调控及其生物学功能具有重要的基础意义。

植物小分子 RNA 主要包括 microRNA (miRNA)和 small interference RNA (siRNA)两大类。在转录和转录后水平上,miRNA 和 siRNA 这两类小分子 RNA 在组织器官发育和逆境响应的基因调控途径中都能发挥作用。基因组上 miRNA 的基因首先被 RNA 转录酶Ⅱ(PolⅡ)转录成 primary-miRNA(pri-miRNA),然后再由核糖核酸酶 Ⅲ (RNaseⅢ)加工形成成熟的 miRNAs。miRNAs 从细胞核运输到细胞质后,装配到 RNA 介导的干扰复合体上,再通过和目标基因近似互补的匹配,采用切割目标基因或者抑制目标基因翻译的方式来执行 miRNAs 的生物学功能。已有的研究结果表明,miRNAs 在不同的植物中都参与器官发育、细胞分化、激素信号转导、生物和非生物逆境的响应以及多种不同的生理学过程。植物的 siRNAs 大致可分成重复序列相关 siRNA(ra-siRNAs)、trans-acting siRNA(ta-siRNA)、natural antisense siRNAs(nat-siRNA)和 double-strand breaks induced small RNA(diRNA)四大类,其中植物中的异染色质相关 siRNA 通过 RNA 介导的 DNA 甲基化(RdDM)在转录水平上沉默重复序列或者外源 DNA,ta-siRNA 和 nat-siRNA 能调控基因表达来响应逆境或者发育信号,而 DSB-induced small RNA(diRNA)能够参与到 DNA 双链断裂修复过程中。

目前,植物小 RNA 的提取方法主要是通过商业试剂盒提取小 RNA 和从总 RNA 中切胶回收小 RNA。Stratagene、Ambion 等公司开发的小 RNA 提取试剂盒是利用高分子材料制成的膜吸附小 RNA,然后再从膜上将其回收,这一方法虽然使用方便,但其价格昂贵,而且这些试剂盒不适合小 RNA 的大量提取。此外,陈华等(2012)利用改进的 Trizol-LiCl 法分离提取到番茄叶片小 RNA,Cheng 等(2010)采用低盐 CTAB 提取缓冲液提取拟南芥的小 RNA,Rosas-Cárdenas 等(2011)采用 LiCl 缓冲液和 PEG 8 000 可从拟南芥、仙人掌、龙舌兰、烟草、番茄等植物中提取小 RNA 用于 Northern-blotting 分析。

二、实验原理

Trizol 试剂是直接从细胞和组织中提取总 RNA 的即用型试剂，主要成分是苯酚。苯酚的主要作用是裂解细胞，使细胞中的蛋白、核酸物质解聚，RNA 得到释放。苯酚虽可有效地变性蛋白质，但不能完全抑制 RNase 活性，因此 Trizol 中还加入了 8-羟基喹啉、异硫氰酸胍、β-巯基乙醇等来抑制内源和外源 RNase。

Trizol 试剂在破碎和溶解细胞时能保持 RNA 的完整性，裂解细胞并释放出 RNA，酸性条件使 RNA 与 DNA 分离，加入氯仿后离心，样品分成水样层和有机层。RNA 存在于水样层中。收集上面的水样层后，RNA 可以通过异丙醇沉淀，随后通过 PEG 与 NaCl 配制的缓冲液对小 RNA 进行富集，离心取上清液通过乙醇沉淀获得小 RNA。

三、实验目的

1. 掌握小 RNA 提取的原理和方法。
2. 认识小 RNA 的基本性质，了解掌握实验过程中减少 RNA 降解的方法和操作。

四、实验材料

小麦、玉米和水稻等植物的幼嫩组织。根据不同处理需求在培养皿或育苗盘中播种、育苗，可提前剪取新鲜组织并贮存于－80℃冰箱或在实验前取材料于液氮中。

五、试剂与仪器

液氮、Trizol、氯仿、异丙醇、无水乙醇、DEPC 处理过的 ddH_2O（简称 DEPC-ddH_2O）、DNase、10×DNase buffer、RNase 抑制剂、苯酚、乙酸钠、PEG 8 000、NaCl。

灭菌枪头、离心管、离心管架、锡箔纸、冰盒、液氮罐。

研钵、研钵棒、药匙、微量移液器、高速离心机、涡旋振荡器。

六、实验步骤及其解析

（一）总 RNA 的提取

1. 取材料于锡箔纸中包裹并迅速放入装有液氮的液氮罐中保存。

样品的不同组织以及样本保存过程中温度、保存时间、冻融次数、紫外照射与否、pH 等理化因素都会影响 RNA 的质量和产量。

因 RNA 极易降解，因此取样过程应当迅速，及时放入液氮中保存。

磨样前，将冻存样品从－80℃冰箱转移至装有液氮的保温杯中。

2.使用液氮研磨细的材料，放入 1.5 mL 的离心管中，加入 1 mL Trizol 充分混匀，室温静置 5 min。

研磨过程务必戴口罩，所用离心管及枪头提前高温灭菌，液氮罐清洗干净，研钵和研钵棒加入无水乙醇高温灼烧灭菌，桌面微量移液器使用 75%酒精进行消毒。全程应尽可能减少 RNase 所产生的不利影响。

Trizol 用量为材料的 10 倍体积，材料过多易造成降解。Trizol 有一定毒性，避免接触皮肤和眼睛，应特别注意安全。

研磨材料时要保持低温，防止 RNA 降解。

如果组织块很小，一般不用研钵研磨，直接加入 Trizol，用匀浆器匀浆。

3.加入 0.2 mL 氯仿，剧烈振荡 15 s，室温静止 5 min。

用涡旋取代振荡会带来更多的基因组 DNA 污染。建议手工振荡。

氯仿必须按比例加入，过多的氯仿会逼使 DNA 和蛋白质回到水相中，导致 RNA 的纯度下降。

由于氯仿挥发性强，毒性较大，应特别注意安全。亦可用 100 μL BCP(1-Bromo-2 chloropropane)代替。

4.4℃ 12 000 r/min 离心 10 min，将上清液转入一个新的 1.5 mL 离心管中，加入 600 μL 异丙醇，颠倒混匀，室温静止 10 min。

离心后，应该完全分层。要小心吸取上清液到无 RNase 的新管。

通常每毫升 Trizol 加 0.5 mL 异丙醇；但如果添加与上清液等体积的异丙醇，会增加 RNA 尤其是 miRNA 的得率。

室温搁置 10 min 即可，但如果置－20℃冰箱放置过夜，会增加 RNA 尤其是 miRNA 的得率。

5.4℃ 12 000 r/min 离心 10 min，弃上清液，用 75%乙醇漂洗沉淀 2 次，倒掉乙醇，尽量吸去残余液体，室温晾干，加入适量 DEPC-ddH$_2$O 溶解总 RNA。

如果离心时间为 20～30 min，会增加 RNA 尤其是 miRNA 的得率。在提取总 RNA 用于 miRNA 分析时，建议使用 25 000 r/min 离心 15 min。

全过程应当在冰盒上进行，并且离心机应当降温到 4℃再进行离心操作，应当使用 RNase-free 专用无污染预冷低温的试剂。

漂洗沉淀时，将沉淀飘浮起来即可，不需打碎。

吸取残余液体时要轻柔，防止 RNA 随残液被吸走。室温晾干时间不应太长，时间太长会使 RNA 难以溶于 DEPC-ddH$_2$O。

(二)总 RNA 的纯化

1.向上述 80 μL 总 RNA 的离心管中分别加入 9 μL DNase、10 μL DNase buffer(10×)，1 μL RNase 抑制剂，混匀，37℃处理 1.5 h，取出，加入 500 μL DEPC-ddH$_2$O。

2.加入 300 μL 苯酚、300 μL 氯仿，混匀，4℃ 12 000 r/min 离心 10 min。

在提取总 RNA 用于 miRNA 分析时，建议使用 25 000 r/min 离心 15 min。

3.取上清液于 1 个新 1.5 mL 离心管中，再加入相同体积的氯仿，混匀，4℃ 12 000 r/min

离心 10 min。

4. 取上清液于一个新 1.5 mL 离心管中，再加入 1/10 体积的乙酸钠(3 mol/L，pH 5.2)和 2 倍体积的无水预冷乙醇，−80℃，过夜，4℃ 12 000 r/min 离心 10 min。

选择 LiCl 沉淀 RNA 会丢失一些小分子质量的 RNA，如 5S rRNA 等。而且 Li^+ 盐的残留还会抑制 DNA 的合成反应。

5. 倒掉上清液，沉淀用 75%乙醇洗 2 次，晾干，加入 20 μL DEPC-ddH_2O 溶解，即得到无 DNA 污染的总 RNA。

乙醇沉淀及其他使用离心机的过程都应当注意离心管的放置位置，保持放置一致使 RNA 沉淀位置稳定，可以减少 RNA 提取过程的误操作。

RNA 干燥时间过长则不易溶解，注意当沉淀边缘变模糊时即可停止干燥，开始溶解。

沉淀洗涤过程应当小心操作，以防沉淀随液体被倒出。

乙醇洗涤沉淀，即可去除所有残留的蛋白质和无机盐，而 RNA 中如含无机盐，则有可能对以后操作中的一些酶促反应产生抑制。

(三)小 RNA 的富集

1. 加等体积小分子 RNA 富集缓冲液到总 RNA 中，置于冰上 2 h，12 000 r/min 离心 10 min。

低温长时间静置，会增加 RNA 尤其是 miRNA 的得率。

2. 取上清液(含 small RNA)加 2 倍体积的无水乙醇和 1/10 体积的乙酸钠(3 mol/L，pH 5.2)，−70℃过夜沉淀；12 000 r/min，离心 20 min，沉淀即为小 RNA(长度＜200)，风干后加 DEPC-ddH_2O 30 μL 溶解。

低温长时间静置，会增加 RNA 尤其是 miRNA 的得率。

(四)小 RNA 的检测

1. RNA 质量检测：用 Nanodrop 2000c(Thermo Scientific，美国)紫外分光光度计测定总 RNA 的浓度、OD_{260}/OD_{280}，总 RNA 纯度由 OD_{260}/OD_{280} 判断。

一般来说，可通过分光光度计测定 RNA 溶液在 260 nm 处的吸光值来计算 RNA 的含量。RNA 溶液在 260 nm、320 nm、230 nm、280 nm 下的吸光度分别代表了核酸、溶液浑浊度、杂质浓度和蛋白等有机物的吸收值。用标准样品测得在波长 260 nm 处，1 μg/mL RNA 钠吸光度 0.025(光程为 1 cm)，即 $OD_{260}=1$ 时，样品中 RNA 浓度为 40 μg/mL。通常分光光度计 OD_{260} 的读数要介于 0.15～1.0 才是可靠的。因此 RNA 提取结束后，要根据大概得率稀释到适当浓度范围，再用分光光度计检测。

通过 OD_{260}/OD_{280} 来检测 RNA 纯度，OD_{260}/OD_{230} 作为参考值。OD_{260}/OD_{280} 在 1.9～2.1，可以认为 RNA 的纯度较好；OD_{260}/OD_{280} 小于 1.8，则表明蛋白杂质较多；OD_{260}/OD_{280} 大于 2.2，则表明 RNA 已经降解；OD_{260}/OD_{230} 小于 2.0，则表明裂解液中有异硫氰酸胍和 β-巯基乙醇的残留。

2. RNA 完整性检测：用 1% 非变性琼脂糖凝胶电泳检测总 RNA 的完整性(120 V 的电压下电泳 30 min)，用凝胶成像仪成像取图，要求总 RNA 样品电泳条带清晰，28S rRNA 条带亮度不低于 18S rRNA 条带的亮度。

七、实验结果与报告

1. 预习作业

从植物细胞结构上看，想要提取植物小 RNA 应该采取哪些步骤？

2. 结果分析与讨论

(1)整理总结实验过程中减少 RNA 降解的准备工作与操作过程及方法技巧；

(2)试分析鉴定小 RNA 提取质量及完整性的可行性方法，并分析 RNA 质量差的可能原因。

八、思考题

1. 小 RNA 的提取过程中有哪些方法及操作可有效减少 RNA 的降解破坏？

2. Trizol 提取液的主要成分是什么？其主要原理是什么？

3. 如何判断提取 RNA 的质量如何？是否可以供后续实验使用？

数字资源 4-1
实验四思考题参考答案

九、研究案例

1. Trizol 法提取总 RNA 的品质鉴定与分析(李冉冉等，2018)

该研究分别使用 6 种不同的商业化试剂盒以及 Trizol 有机提取法提取晾干的外周血棉签样本，通过对 RNA 进行紫外荧光定量检测、琼脂糖凝胶电泳检测和测定样本中内参基因 RNU6b 的相对含量等方式进行评价。

该研究发现，Trizol 有机提取法可直接从组织或者细胞中提取总 RNA，能够迅速裂解细胞释放出 RNA，并且能够抑制细胞裂解产生出的核酸酶，从而可保护 RNA 分子的完整性，而用氯仿分离 RNA 后，异丙醇起到沉淀 RNA 的作用，在本次实验中加入异丙醇后由常规的室温放置 10 min 改为在−20℃放置 4h，更能充分地将 RNA 沉淀，提高了 RNA 的得率。Trizol 操作简便快捷并且所用试剂(氯仿、异丙醇、乙醇等)价格低廉，对设备的要求低，但此方法要将裂解出来的 RNA、苯酚以及其他试剂保留在同一个离心管中，不能有效地去除杂质，使得 RNA 的纯度较低。提取产物 RNA 经过 Nanodrop 2000c 定量、琼脂糖凝胶电泳和 Realtime PCR 检测(图 4-1)可知，Trizol 提取法提取的 RNA 质量优异，总量较高；提取的 RNA 纯度较高，OD_{260}/OD_{280} 为 1.8～2.0，表明所提 RNA 杂质少，蛋白质、酚类去除充分；并且提取的 RNA 中 28S rRNA 条带的亮度明显高于 18S rRNA、条带均匀完整，不存在弥散现象，显示提取的 RNA 完整、纯度高且没有降解。

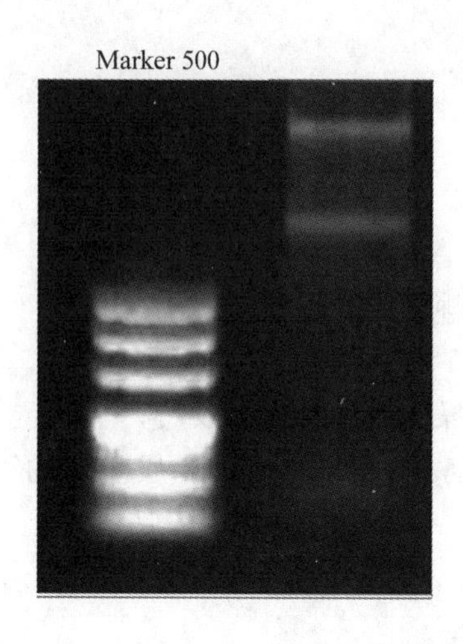

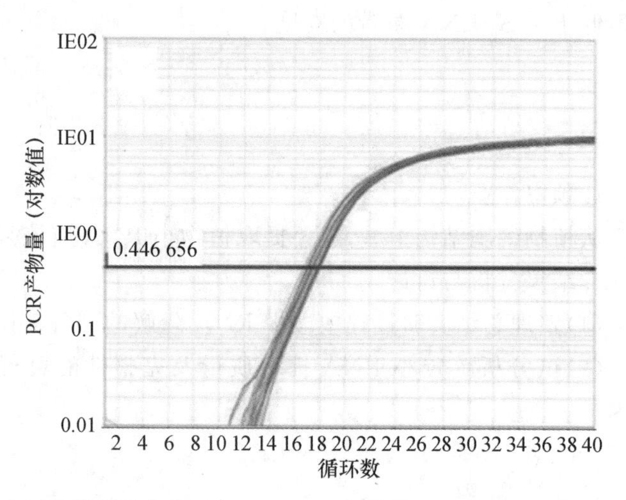

图 4-1 提取 RNA 的琼脂糖凝胶电泳和 Realtime PCR 检测

数字资源 4-2
提取 RNA 的琼脂糖凝胶电泳和 Realtime PCR 检测

2. 一种简便有效的香蕉小分子 RNA 提取方法（王静毅等，2015）

该研究以巴西蕉的叶片、雄花、果实和根系为材料，利用改良的 CTAB 法，结合使用 PEG 8000 分级沉淀 DNA 和大分子 RNA，从而获得小分子 RNA。琼脂糖凝胶电泳（图 4-2）显示提取的小分子 RNA 在 200 bp 以下，小 RNA 带型清晰，谱带的完整性很好，无 DNA 和大分子 RNA 干扰，说明小 RNA 质量较好。

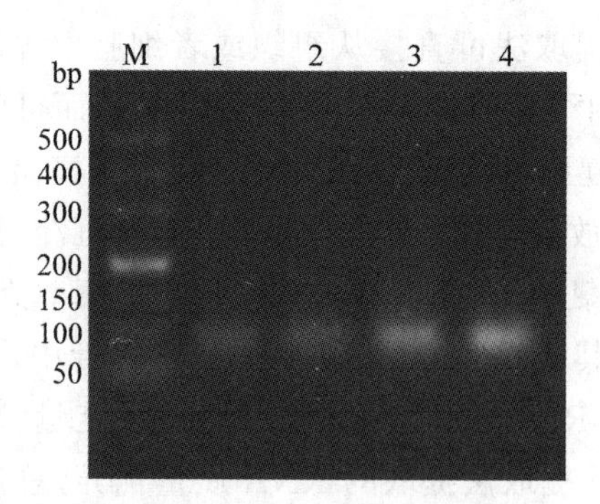

图 4-2 香蕉不同组织所提小分子 RNA 琼脂糖凝胶电泳分析

M. DNA marker D500；1. 根系；2. 叶片；3. 雄花；4. 果实条

经紫外光谱分析获得的小 RNA 的 OD_{260}/OD_{280} 比值在 1.872～2.020，得率可达 35 μg/g。以提取的各组织小分子 RNA 为模板，利用茎环 RT-PCR 方法在香蕉不同组织小 RNA 中均检测到 miRNA 156a，其扩增片段大小约为 70 bp，且测序结果与预测的香蕉 miRNA 156a 序列一致。作者认为改良 CTAB 法可以作为一种简便高效的香蕉小分子 RNA 提取方法，可满足 RT-PCR、Northern blotting 及小 RNA 文库构建等后续分子生物学研究的需要。

十、附录

1. Trizol 提取缓冲液

缓冲液成分、配制方法和说明见实验三。

2. 小分子 RNA 富集缓冲液

将 PEG 8000 10.0 g 加入 1 mol/L NaCl 溶液，混匀。

十一、拓展知识

1. RNA 评价与鉴定

RNA 得率有很强的组织特异性，不同组织 RNA 的丰度和 RNA 提取的难易程度共同决定了该种组织的 RNA 得率。提取得到 RNA 溶液后，我们需要对 RNA 进行相关的质量检测，以确定它是否符合后续实验的要求。一般来说，可通过分光光度计测定 RNA 溶液在 260 nm 处的吸光值来计算 RNA 的含量；用非变性琼脂糖凝胶电泳检测总 RNA 的完整性；用 RT-PCR 实验检测是否符合后续实验的要求。

RNA 用于不同的后续实验，对其质量要求不尽相同。cDNA 文库构建要求 RNA 完整且无酶等抑制物残留；Northern blotting 实验对 RNA 完整性要求较高，对酶反应抑制物残留要求较低；RT-PCR 实验对 RNA 完整性要求不太高，但对酶反应抑制物残留要求严格。因此在进行不同的实验时应选择不同的方法纯化 RNA，以达到最佳的实验效果。

2. 专利“小分子 RNA 的提取方法”（专利申请号 CN201010126276.6）介绍

该发明不涉及有毒的化学成分如苯酚和氯仿等的使用，先采用裂解液处理样品后，再用滤膜过滤样品，除去样品中的大分子组分，得到小分子组分；再进一步纯化小分子组分，得到小分子 RNA。

该发明采用滤膜法，首先将样品中的大分子组分如 DNA 和蛋白与小分子组分分开，小分子 RNA 存在于小分子组分中。将小分子组分经有机物处理后，直接通过特异结合柱加以纯化。该发明为高效快捷的小 RNA 分离纯化方法，对各种不同来源的样品（动物、植物、细胞等），尤其是液体样本均取得满意的效果，适用于各种小分子 RNA，包括微小 RNA、小干扰 RNA、小核 RNA 的提取。

3. microRNA 和 siRNA 的区别

项目	microRNA	siRNA
产生	细胞内固有正常成分	RNAi 的活性形式，病毒感染或者人工导入 dsRNA 之后诱导而产生
来源	内源转录本	外源或次生
直接来源	Pri-miRNA，形成发夹结构	dsRNA

续表

项目	microRNA	siRNA
结构	单链	双链,3′端有2个非配对碱基,通常为UU
对靶RNA特异性	相对较低,一两个突变不影响功能	较高,一个突变即可引起RNAi沉默效应的改变
对RNA的影响	在RNA的各个层面进行调控,调节内源基因的表达,进而影响蛋白质合成水平	在转录后水平发挥作用,影响mRNA的稳定性;降解靶mRNA;抑制转座子活性和病毒感染

有的文献中出现"小分子RNA"的说法,是与28S rRNA和18S rRNA相对而言,包括5S rRNA、tRNA、lnRNA(200 bp左右的长片段非编码RNA)、microRNA和siRNA等。

十二、参考文献

1. Cheng H, Gao J, AN Z W, et al. A rapid method for isolation of low-molecular-weight RNA from Arabidopsis using low salt concentration buffer. International Journal of Plant Biology, 2010, 1: e14.

2. Rosas-Cardenas F, Duran-Figureon N, Viellecalzada J P, et al. A simple and efficient method for isolating small RNAs from different plant species. Plant Methods, 2011, 7: 4.

3. Sun Q, Yao Y, Guo W, et al. Widespread, abundant, and diverse TE-associated siRNAs in developing wheat grain. Gene, 2013, 522(1): 1-7.

4. 陈华,昌伟,杨瑞,等. 番茄叶片小RNA提取方法的优化. 北京农学院学报,2012,27(3): 4-6.

5. 李冉冉,王兵,胡胜,等. 不同RNA提取方法的效能比较. 刑事技术,2018,43(6):431-435.

6. 王静毅,冯仁军,柴娟,等. 一种简便有效的香蕉小分子RNA提取方法. 果树学报,2015,32(2):335-338.

(梁荣奇)

第二部分

蛋白质提取、纯化和检测

蛋白质是生命活动的执行者，一个生物所有蛋白质产物的总和称为蛋白质组。蛋白质组学主要研究细胞蛋白质的表达情况，包括细胞内蛋白质的组成、修饰、结构和功能，是研究细胞生命活动的重要手段。

蛋白质样品主要来源于体外重组蛋白和天然蛋白。常用重组蛋白表达的宿主有哺乳动物、昆虫、酵母、病毒、细菌细胞等。蛋白质表达载体的选择取决于蛋白质的用途和特性，分为原核表达系统和真核表达系统。将克隆基因插入合适载体，导入宿主系统，过量表达融合标签蛋白的重组蛋白，利用蛋白质与亲和介质的亲和能力不同达到蛋白质分离纯化的目的。

天然蛋白质主要来源于动物、植物、昆虫、微生物等。植物总蛋白主要包括膜蛋白、细胞骨架蛋白、核蛋白、细胞质蛋白、叶绿体蛋白等，在组织细胞中以复杂的混合物形式存在。不同生物、组织、细胞器中不同类型的蛋白质需要选择不同的提取、纯化方法来实现细胞破碎和蛋白质分离的目的。

聚丙烯酰胺凝胶电泳(polyacrylamide gel electrophoresis, PAGE)是蛋白质分析过程中最常用的技术，包括SDS-PAGE单向电泳技术和2-DE(two-dimensional electrophoresis)双向电泳技术。SDS-PAGE技术首先是1967年由Shapiro等建立的，在样品介质和聚丙烯酰胺凝胶中加入离子去污剂和强还原剂后，蛋白质电泳迁移率主要取决于蛋白质相对分子质量的大小。20世纪70年代发明的双向电泳技术是基于蛋白质的等电点特性，以等电聚焦电泳分离方式为第一向电泳；根据蛋白质的相对分子质量差异，以SDS-PAGE方式为第二向电泳，将复杂的蛋白质混合物在二维平面上逐一分开。Western印迹法是在蛋白质电泳分离和抗原抗体检测的基础上发展起来的一项检测蛋白质的技术，既具有SDS-PAGE的高分辨率特点，又具有抗原抗体反应的高特异性特点，极大地提高了分辨率和灵敏度，被广泛应用于检测特定基因表达产物、比较表达产物的相对变化量。

本部分包含4个实验：重组蛋白的提取和纯化、植物总蛋白的提取和电泳检测、小麦叶片蛋白双向电泳分析以及Western印迹法。

（陈旭君）

实验五　重组蛋白的提取和纯化

一、背景知识

蛋白质表达载体的选择取决于蛋白质的用途和特性。如果一种蛋白质能够在大肠杆菌中可溶性表达，就可以选择大肠杆菌作为宿主系统，分离到大量正确折叠并有活性的蛋白质。如果一种蛋白质必须进行翻译后修饰(如磷酸化、糖基化、甲基化等)，则必须选用真核表达系统。此外，如果一种蛋白质在大肠杆菌表达系统中可溶性差，可以尝试利用真核表达系统来表达重组蛋白。

常用重组蛋白表达的宿主有哺乳动物、昆虫、酵母、病毒、细菌细胞等。其中大肠杆菌表达系统背景清楚，具有目的基因表达水平高、培养周期短、生长容易、抗污染能力强等特点。杆状病毒和酵母表达系统是对大肠杆菌系统的补充，特别是表达需要翻译后修饰的蛋白质。

需要特别注意的是，如果要在大肠杆菌中表达的基因来源于真核生物，那么它必须是cDNA 克隆，因为大肠杆菌不能够识别和剪切掉内含子。此外，在蛋白质 N 端或 C 端加上融合蛋白或融合标签，有助于重组蛋白的纯化和检测。

二、实验原理

对于大多数研究人员来说，用于重组蛋白生产的首选宿主系统是大肠杆菌，因为其遗传操作简单、生长容易、周期短。携带有目标蛋白基因质粒的大肠杆菌，在异丙基硫代-β-D-半乳糖苷(IPTG)诱导下，能过量表达融合标签蛋白的重组蛋白。常见的融合标签有麦芽糖结合蛋白、谷胱甘肽-S-转移酶(glutathione-S-transferase，GST)、多聚组氨酸(His)、体内生物素标记肽、Flag 肽等。

谷胱甘肽-S-转移酶对底物谷胱甘肽(GSH)的亲和力是亚摩尔级的。将 GSH 固化于琼脂糖形成的亲和层析树脂上，带有 GST 标签的蛋白与琼脂糖介质上的 GSH 通过硫键共价结合，理论上每毫升柱床体积的树脂能够结合约 8 mg 融合蛋白。由于这种结合是可逆性的，目标融合蛋白可被含游离还原型 GSH 的缓冲液洗脱下来；而在洗脱 GST 标签蛋白之前，杂蛋白可通过结合缓冲液被洗脱去除，该方法可快速大量纯化 GST 融合蛋白。不足的是，GST 分子质量较大(26 kDa)，可能会影响目标蛋白的活性，因此有些实验需要切除 GST 标签蛋白。

His 标签大多数是连续的 6 个组氨酸融合于目标蛋白的 N 端或 C 端，通过 His 与金属离子 Ni^{2+} 的螯合来实现分离纯化。与 GST 相比，His 标签分子质量较小，融合于目标蛋白的 N

端或C端一般不影响目标蛋白的活性,因此纯化过程中大多不需要切除。

三、实验目的

掌握携带GST融合标签的重组蛋白分离与纯化的原理与步骤。

四、实验材料

经IPTG诱导后的大肠杆菌菌液。

五、试剂与仪器

GST亲和层析介质、空层析柱。

PBS缓冲液、PDT缓冲液、洗脱液、ddH$_2$O。

冰、微量移液器、灭菌50 mL离心管、灭菌1.5 mL离心管、灭菌枪头。

超声波破碎仪、高速冷冻离心机、低温层析柜、旋转混匀仪、紫外分光光度计、垂直电泳仪、电泳仪电源、通风橱、脱色摇床、凝胶成像仪。

六、实验步骤及其解析

(一)表达载体的构建和重组蛋白的诱导表达

根据实际需求,选择合适的蛋白质表达载体(如pGEX-4T-3)和相应的宿主菌株(如DH5α),通过PCR、酶切、连接等过程,克隆目的基因、构建蛋白质表达载体,并测序验证,确保可读框正确,具体操作过程参考实验九和实验十五。

构建好的重组质粒在大肠杆菌或其他宿主系统中进行诱导表达。以大肠杆菌原核表达系统为例,首先将构建好的重组质粒转化大肠杆菌原核表达菌株(BL21、Rosetta等),挑选阳性单克隆,接种到LB液体培养基,进行IPTG诱导,选择诱导效果好的克隆进行下一步扩大培养。待菌液浓度达到OD$_{600}$在0.4~0.6时,取出1 mL于1.5 mL离心管中,作为未诱导的菌液对照;其余菌液中加入适量的IPTG(如加至终浓度0.5 mmol/L),继续28℃振荡培养4 h(也可18℃过夜培养)。

(二)诱导蛋白的收集

1.用50 mL离心管收集20 mL菌液,4℃下8 000 r/min离心10 min,弃上清液,收集沉淀。

如果不是马上实验,可以放-80℃冷冻保存。

2.加入10 mL冰浴的PBS洗涤菌体,反复吸打将菌体悬浮,4℃下12 000 r/min离心10 min,弃上清液。

提前将 PBS 缓冲液冰浴 30 min。将菌体沉淀充分分散至没有沉淀结块。

3. 用 5 mL 冰浴的 PDT 缓冲液，反复吸打重悬菌体。

提前将 PDT 缓冲液冰浴 30 min。将菌体沉淀充分分散。

4. 将菌液置于冰上，进行超声波破碎直至菌液澄清透亮，超声波破碎的条件为功率 300 W，处理 7 s，间隔 7 s，处理 5～20 min。

当用超声波破碎细胞时，要温和，防止整个体系过热，破碎条件以菌体不发热为宜，不能使蛋白质断裂或降解。为防止处理的同时，蛋白质被蛋白酶降解，可在反应系中加入 PMSF 等蛋白酶抑制剂。

整个操作应在冰上进行，破碎时要有一定的时间间隔，破碎总耗时不可太长。

5. 将破碎后的液体于 4℃ 12 000 r/min 离心 10 min，收集上清液待用。向沉淀中加入 5 mL PBS，涡旋振荡以充分悬浮细胞沉淀，制成蛋白质样品，后续检测待用。

(三)可溶性蛋白的纯化

1. 温和地混匀 GST 亲和层析介质(4℃保存)，剪去 1 mL 枪头尖端，用微量移液器吸取 500 μL 介质悬浮液装入空层析柱中，将层析柱扁头轻轻折断，室温静置数分钟，使液体慢慢流出，介质自然重力沉降。

2. 加入 3 mL 预冷的 PBS 缓冲液，洗涤 GST 亲和层析介质，静置使液体慢慢流出。

3. 重复步骤 2，进行 2～3 次，平衡层析介质。

4. 盖紧底部黄盖子，剪去 1 mL 枪头尖端，用微量移液器加入 3 mL 待纯化的上清蛋白溶液(在诱导蛋白收集第 5 步获得，保存 100 μL 用于后续 SDS-PAGE 分析)，并轻轻吸吐，使目的蛋白充分结合在柱子上，盖上上面的盖子。

5. 在 4℃低温层析柜中，旋转混匀孵育 30～60 min。

6. 从旋转混匀仪上取下层析柱，打开上面的盖子、取下底部黄盖子，让液体缓慢流出；盖上黄盖子，加入 5 mL 预冷的 PBS 缓冲溶液，盖上上面的盖子，轻轻混匀，然后打开上面的盖子和底部黄盖子，让液体流出。

7. 重复步骤 6，进行 2～3 次，洗脱杂蛋白。

8. 盖紧底部黄盖子，加入 500 μL 洗脱液洗脱结合蛋白，盖上上面的盖子，于 4℃低温层析柜孵育 10～20 min，并不时轻轻摇动混匀。

9. 打开盖子，用 1.5 mL 离心管收集流出的洗脱液。

10. 重复步骤 8～9，洗脱并收集结合蛋白。

谷胱甘肽通常有氧化型 GSSG 和还原型 GSH，当我们用含有游离 GSH 的洗脱液洗脱时，GSH 会与琼脂糖凝胶上的谷胱甘肽竞争性结合 GST 标签融合蛋白，从而将目标蛋白洗脱下来。

如果需要将 GST 标签从目的蛋白上切除，可将蛋白酶结合到层析柱上，在标签蛋白与 GSH 结合时使用蛋白酶位点特异性切割，也可在洗脱之后再酶切。

11. 吸取收集的结合蛋白，用紫外分光光度计在 280 nm 波长下测量吸光值。蛋白质浓度测定方法也可参见实验七的 Bradford 法。

建议将纯化蛋白少量、多管分装，液氮速冻后保存于－80℃备用，以避免使用时反复冻融。

12. 分别取纯化蛋白、未纯化的蛋白上清液和蛋白沉淀重悬液 100 μL，加入 100 μL 2× SDS 上样缓冲液，混匀，于 95℃水浴或金属浴加热 10 min，4℃下 12 000 r/min 离心 5 min，取 10 μL 作 SDS-PAGE 凝胶电泳检测分析（具体操作过程详见实验六），鉴定纯化效果。

（四）层析柱的保存

装载了 GST 亲和层析介质的层析柱可以多次重复使用，用含还原型谷胱甘肽的洗脱液洗脱后，用 PBS 缓冲液洗涤两次后，加入 5 mL 20%乙醇，4℃保存备用。

七、实验结果与报告

1. 简述实验原理与流程。
2. 分析实验结果。
3. 讨论蛋白质纯化过程中应该注意的问题。

八、思考题

1. 利用超声波破碎的方法获得细胞提取物，应该注意什么？还有什么方法可以获得细胞提取物？

2. SDS-PAGE 检测纯化的蛋白质，若出现较多杂蛋白，分析可能的原因。

数字资源 5-1
实验五思考题参考答案

九、研究案例

1. 黄瓜 *Cu/Zn-SOD* 基因克隆及可溶性表达和纯化（陈梦瑶等，2019）

该研究利用大肠杆菌宿主系统，摸索可溶性表达方法，并利用 GST 亲和层析方法纯化获得黄瓜 SOD 重组蛋白。重组工程菌进行常规条件下的诱导表达，诱导表达的条件是：起始诱导 OD_{600} 为 0.6，诱导剂（IPTG）浓度为 1 mmol/L，诱导时间 4 h。将收集的菌体用 PBS 重悬后，进行超声破碎，对离心后的上清液和沉淀分别进行电泳。如图 5-1 所示，GST-SOD 融合蛋

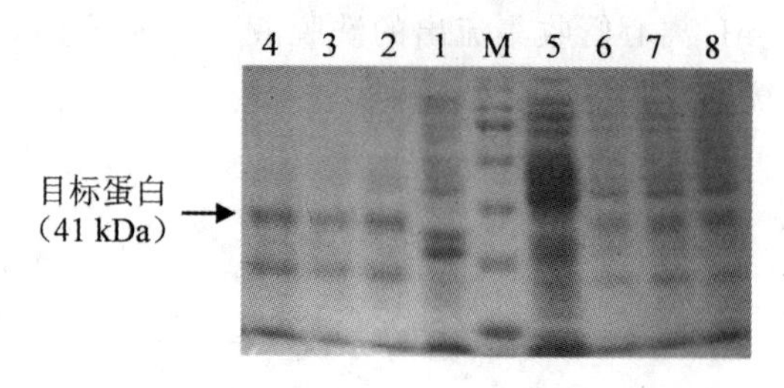

图 5-1 重组 SOD 在大肠杆菌中表达的 SDS-PAGE 电泳检测

M. 蛋白标准分子质量（从下往上为：25 kDa、35 kDa、48 kDa、63 kDa、75 kDa、100 kDa、135 kDa、180 kDa）；
1. 未诱导沉淀；2. 诱导 2 h 沉淀；3. 诱导 3 h 沉淀；4. 诱导 4 h 沉淀；5. 未诱导上清液；
6. 诱导 2 h 上清液；7. 诱导 3 h 上清液；8. 诱导 4 h 上清液

白在 41 kDa 左右出现目标条带，而在未诱导的菌体中未发现该条带。在常规表达条件下，目标蛋白在菌体沉淀和上清液中均有表达，但从电泳图可以看出沉淀中目标蛋白较多。为了使目标蛋白更多地以可溶性表达形式存在于胞质中，需要进行低温(16℃)、低诱导剂浓度(0.1 mmol/L IPTG)、长时间(20 h)诱导表达。

数字资源 5-2
重组 SOD 在大肠杆菌中表达的 SDS-PAGE 电泳检测

纯化过程采用 GST 融合标签，具体方法：首先菌体用 10 mL PBS 重悬，超声破胞(超声功率为 40%，超声 2 s，停 4 s，每次 8 min，共 2 次)。4℃下 12 000 r/min，离心 10 min，用 0.45 μm 膜将上清液过滤，GST 填料装柱，10 倍柱体积 PBS 平衡柱子。然后上清液与填料混合，放置冰上摇晃 45 min，10 倍柱体积 PBS 清洗。最后用洗脱液洗脱 3 次。用 SDS-PAGE 电泳检测纯度，Bradford 法测蛋白浓度。如图 5-2 所示，洗脱 1 目标蛋白较浓，洗脱 2 稍微淡一些。经过 Bradford 法测定的蛋白浓度分别为 1 122.7 μg/mL、414.5 μg/mL。

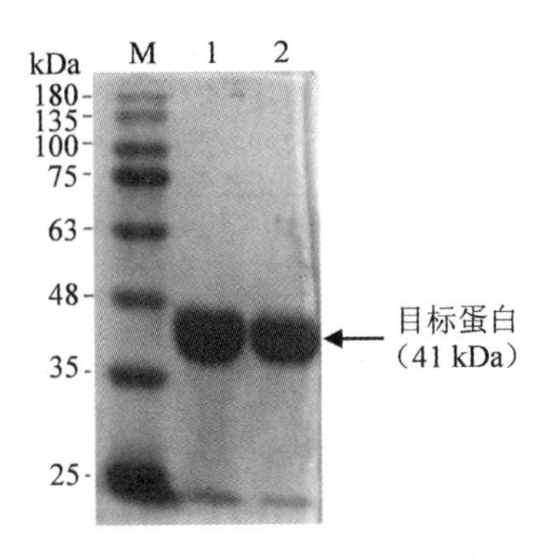

图 5-2　重组 GST-SOD 融合蛋白纯化后电泳检测

M. 蛋白质 marker；1. 第一次洗脱样品；2. 第二次洗脱样品

2. 一年生簇毛麦 α-醇溶蛋白基因的分离、原核表达与功能鉴定(杨帆等，2014)

该研究根据数据库中全长 α-醇溶蛋白基因设计了 1 对通用引物，从一年生簇毛麦克隆 α-醇溶蛋白基因。选取 KJ004708 和 KJ004714 分别构建表达载体，转化表达菌株 BL21(DE3)。离心收集诱导后的菌体，加入破碎缓冲液(含 1 mg/L 溶菌酶)在冰上放置 45 min，超声破碎细胞并离心收集沉淀。沉淀经 6 mol/L 盐酸胍的磷酸盐缓冲液预处理后，采用 ProteinIso Ni-NTA Resin 纯化和收集目的蛋白(图 5-3)。将收集的蛋白透析 72 h，低温冷冻干燥 48 h 后在－20℃冰箱中保存，用于后续分析。

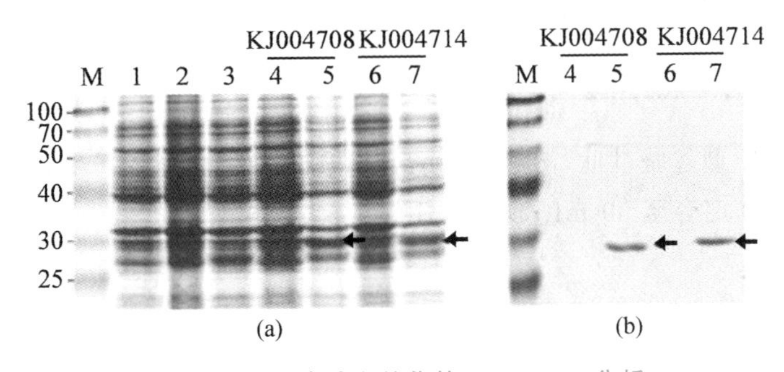

图 5-3　蛋白表达和纯化的 SDS-PAGE 分析

(a)诱导表达产物的 SDS-PAGE 分析；(b)纯化产物的 SDS-PAGE 分析；
M. Blue Plus protein marker；1. 未诱导的表达菌株(DE3)；2. 未诱导空载体；3. 诱导空载体；
4 和 6. 未诱导的重组质粒；5 和 7. 诱导后的重组质粒。箭头指示目的蛋白

数字资源 5-3
蛋白表达和纯化的 SDS-PAGE 分析

十、附录

1. PBS 缓冲液

各成分及其终浓度	配制 1 L 溶液各成分的用量
137 mmol/L NaCl	8 g NaCl
2.7 mmol/L KCl	0.2 g KCl
10 mmol/L Na_2HPO_4	1.42 g Na_2HPO_4
2.0 mmol/L KH_2PO_4	0.27 g KH_2PO_4
ddH_2O	补至 1 L

分别称取上述试剂，溶解于 800 mL ddH_2O 中，滴加浓盐酸调节 pH 至 7.4，用 ddH_2O 定容至 1 L，高压蒸汽灭菌后，室温保存。

2. PDT 缓冲液

在 100 mL PBS 缓冲液中加入 1 mL 10% Triton X-100 和 100 μL 1 mol/L DTT。

3. 洗脱液(现配现用)

各成分及其终浓度	配制 50 mL 溶液各成分的用量
50 mmol/L Tris-HCl	2.5 mL 1 mol/L Tris-HCl(pH 8.0)
10 mmol/L reduced glutathione	0.15 g reduced glutathione
ddH_2O	补至 50 mL

称取 0.15 g 还原型谷胱甘肽，溶解于 40 mL ddH_2O 中，加入 2.5 mL 1 mol/L Tris-HCl (pH 8.0)，用 ddH_2O 定容至 50 mL，现配现用。

十一、拓展知识

1. 原核系统表达载体的构建和目标蛋白的表达

(1)目标基因亚克隆：利用 Pfu 等高保真酶通过 PCR 扩增含有酶切位点的目标基因，连接到原核系统表达载体上(以 PET 系列载体和 pGEX 系列载体为主)，这些载体含有 His、GST、MBP 和 Trx 等助溶标签，便于后续纯化，同时这些载体上含有蛋白酶的酶切位点，可根据实际需要切除或保留标签。

(2)目标蛋白的表达和纯化:将重组表达载体转化合适的大肠杆菌表达菌株,优化时间、温度和 IPTG 浓度等表达条件,摇瓶培养重组细菌,提取和纯化重组蛋白。

(3)目标蛋白的检测:通过 SDS-PAGE 检测重组蛋白的得率和纯度,通过 Western blotting 验证目标蛋白的正确性。

2. 利用 Ni^{2+} 柱纯化带 His-标签的重组蛋白

His-标签融合蛋白表达方便,多数情况下不影响蛋白质的活性。携带有目标蛋白基因质粒的大肠杆菌,在 IPTG 诱导下,过量表达带有 6～10 个连续组氨酸残基的重组蛋白。多聚组氨酸能与多种过渡金属和过渡金属螯合物结合,带 His-标签的多肽能与固化 Ni^{2+}-NTA 填料(镍离子金属螯合亲和层析介质)结合。此外,Ni^{2+} 柱中的氯化镍也可以与咪唑结合,因此在用适当缓冲液冲洗去除杂蛋白后,再用 50～100 mmol/L pH 7～8 的咪唑洗脱通常能实现有效洗脱。值得注意的是,利用 Ni^{2+} 柱纯化带 His-标签的重组蛋白过程中不能使用 β-巯基乙醇、DTT、EDTA 等试剂,因为还原剂与 Ni^{2+} 反应后生成咖啡色沉淀,堵塞色谱柱;而 EDTA 则与 Ni^{2+} 螯合,降低柱效及特异性。总体来说, Ni^{2+} 树脂容易再生,可反复使用多次,且结合容量大,因此利用 Ni^{2+} 柱纯化带 His-标签的重组蛋白,是常用且有效的纯化表达蛋白、研究蛋白质结构和功能的有力手段。

十二、参考文献

1. 王玉飞,张影,贾雷立. 蛋白质互作实验指南. 北京:化学工业出版社,2010.

2. 陈梦瑶,冯超越,南天豪,等. 黄瓜 *Cu/Zn-SOD* 基因克隆及可溶性表达和纯化. 生物技术,2019,29(2):111-115.

3. 杨帆,陈其皎,高翔,等. 一年生簇毛麦 α-醇溶蛋白基因的分离、原核表达与功能鉴定. 作物学报,2014, 40(8): 1340-1349.

(陈旭君)

实验六　植物总蛋白的提取和电泳检测

一、背景知识

蛋白质是生命活动的执行者，蛋白质组学主要研究细胞蛋白质的表达情况，包括细胞内蛋白质群体的组成、结构和功能，是研究细胞生命活动的重要手段。

研究蛋白质，首先要得到高度纯化并具有生物活性的目的蛋白质样品。因蛋白质在组织细胞中以复杂的混合物形式存在，针对不同生物、组织、细胞器中不同类型的蛋白质，需要选择不同的提取、纯化方法来进行细胞破碎和蛋白质分离。同一物种不同个体、不同生理条件及培养条件下，蛋白质组成和含量存在差异，因此取样后应迅速处理，若不能立即进行实验，需用液氮速冻后低温冷冻保存。

植物蛋白总蛋白主要包括膜蛋白、细胞骨架蛋白、核蛋白、细胞质蛋白、叶绿体蛋白等。蛋白质的制备一般分为四个阶段：选择材料和预处理，细胞的破碎及细胞器的分离，蛋白的提取和纯化，蛋白的浓缩、干燥和保存。在应用机械剪切力（如研磨）之前，有时要先在极低温度下（如液氮）将植物材料冷冻。细胞抽提物可以用去污剂、机械法、低渗盐离子处理（使细胞吸收水分而胀破）或靠压力的迅速改变来裂解细胞，使蛋白质释放到提取液中。蛋白质一旦从细胞中释放，轻微的温度波动就能使它们变性，因此蛋白质的抽提过程须在4℃左右的低温环境中进行，一般需要5～20倍组织体积的抽提液（习惯上将每克组织按1 mL计算），通过研磨、匀浆、超声波、高速离心等方式，获得含蛋白的上清液。蛋白上清液可分装低温保存或冻干保存。

在蛋白质的分离纯化过程中，可利用混合物中几个组分分配率的差别，把它们分配到可用机械方法分离的两个或几个物相中，如盐析、有机溶剂提取、层析和结晶等；或是将混合物置于单一物相中，通过物理力场的作用使各组分分配于不同区域而达到分离目的，如电泳、超速离心、超滤等。在所有这些方法的应用中必须注意保存生物大分子的完整性，防止酸、碱、高温和剧烈机械作用而导致所提物质生物活性的丧失。

蛋白质在高于或低于其等电点的溶液中带有电荷，在电场中能向电性相反的方向泳动。电泳可用于分离复杂的蛋白质复合物，在电泳分离时，凝胶的孔径、蛋白质本身所带电荷的多少、分子质量大小、形态等因素共同决定了蛋白质的迁移率。在同样pH条件下，同一电场中带电荷多、分子质量小的蛋白质泳动速度快。

二、实验原理

大部分蛋白质都可溶于水、稀盐、稀酸或碱溶液，少数与脂类结合的蛋白质则溶于乙醇、丙酮、丁醇等有机溶剂中。蛋白质在稀盐和缓冲系统的水溶液中稳定性好、溶解度大，因此它们是提取蛋白质最常用的溶剂。温度高有利用溶解、缩短提取时间，但温度升高会使蛋白质变性失活，因此提取蛋白质一般在4℃左右的低温环境中进行。为了避免蛋白质在提取过程中的降解，可加入蛋白水解酶抑制剂。蛋白质是具有等电点的两性电解质，提取液的pH应选择在偏离等电点两侧的pH范围内，一般来说，碱性蛋白质用偏酸性的提取液提取，而酸性蛋白质用偏碱性的提取液。稀盐除了可以促进蛋白质溶解外，盐离子与蛋白质部分结合，具有保护蛋白质不易变性的优点，因此通常会在提取液中加入少量NaCl等中性盐（一般0.15 mol/L NaCl）。

蛋白质的聚丙烯酰胺凝胶电泳（polyacrylamide gel electrophoresis，PAGE）是蛋白质分析过程中最常用的技术。聚丙烯酰胺凝胶是由单体丙烯酰胺（Acr）与交联剂N，N′-亚甲基双丙烯酰胺（甲叉双丙烯酰胺，Bis）在催化剂的作用下聚合交联而成的具有网状立体结构的凝胶。过硫酸铵（APS）是Acr和Bis聚合反应的催化剂，四甲基乙二胺（TEMED）作为辅助催化剂，可以催化APS产生游离自由基。凝胶总浓度和Acr与Bis的比值决定了凝胶的孔径、机械性能、弹性、透明度、黏度和聚合程度。凝胶浓度是指100 mL凝胶中含Acr与Bis的质量（单位为g），交联度是指交联剂Bis占单体Acr与Bis总量的百分数。凝胶浓度越大则胶越硬、易脆裂；凝胶浓度过小，则胶稀软、不易操作。交联度过低则胶聚合不良，交联度过高则胶变脆、缺乏弹性。实验中需要根据分离的蛋白分子质量大小，选择合适的凝胶浓度。

十二烷基硫酸钠（sodium dodecyl sulfate，SDS）是强阴离子去污剂，作为变性剂和助溶试剂，能断裂分子内和分子间的氢键，破坏蛋白分子的二、三级结构。而强还原剂，如β-巯基乙醇、二硫苏糖醇（DTT）能使半胱氨酸残基间的二硫键断裂。如在PAGE系统中加入还原剂和SDS后，分子被解聚成多肽链，解聚后的氨基酸侧链和SDS结合成蛋白质-SDS复合物，携带大量负电荷，消除了不同蛋白分子间的电荷差异和结构差异，因此蛋白质分子的电泳迁移率主要取决于它的分子质量大小，常用SDS-PAGE测定蛋白质分子质量。实验证明，蛋白质的分子质量在15～200 kDa时，蛋白质的迁移率和分子质量的对数呈线性关系。电泳后，可以利用与蛋白质非特异结合的染色剂，如考马斯亮蓝（coomassie brilliant blue）使蛋白质快速显色，观察蛋白质电泳分离效果（考马斯亮蓝染色最低可检测出0.1 μg蛋白）。

三、实验目的

1. 掌握蛋白质样品制备的总体原则，了解实验中主要试剂的作用。
2. 了解SDS-PAGE法测定蛋白质分子质量的原理。

四、实验材料

水稻、小麦、玉米等植物的幼嫩叶片。可提前4～7 d在培养皿或育苗盘中播种、育苗，实验前剪取新鲜叶片。

对预处理好的材料，若不立即进行实验，应冷冻保存，对于易降解的蛋白质应选用新鲜材料制备。

五、试剂与仪器

液氮、植物蛋白提取液、30% Acr/Bis (29∶1)、1.5 mol/L Tris-HCl (pH 8.8)、0.5 mol/L Tris-HCl (pH 6.8)、10% SDS、10% APS、TEMED、10×SDS-PAGE 电泳缓冲液、2×SDS 上样缓冲液、蛋白质染色液、脱色液。

冰、研钵、剪刀、微量移液器、灭菌 1.5 mL 离心管、灭菌枪头、玻璃小烧杯、量筒。

垂直电泳仪(图 6-1)、电泳仪电源、高速冷冻离心机、通风橱、脱色摇床。

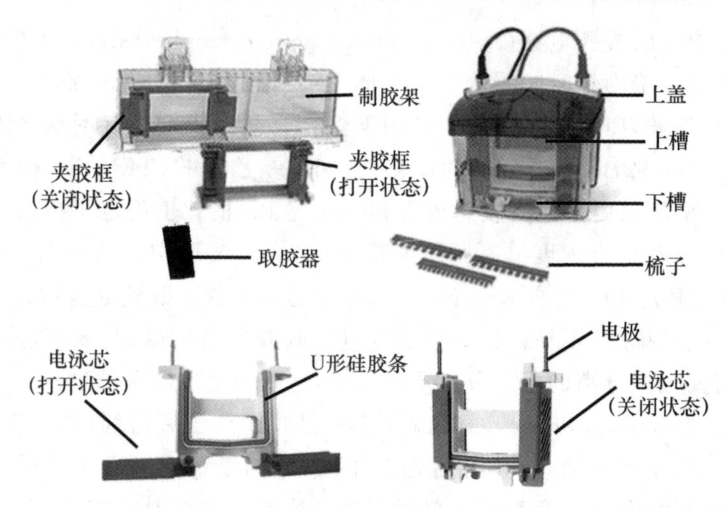

图 6-1 垂直电泳仪结构组成示意图

六、实验步骤及其解析

1. 准备蛋白样品

植物叶片蛋白的各种提取方法详见实验七,本实验采用简易裂解液法获得植物总蛋白质粗提物。具体操作:准备植物蛋白提取液放在冰上,把新鲜植物叶片放在研钵中用液氮研磨,每 1 g 样品加入 5 mL 植物蛋白提取液,研磨混匀后,用微量移液器吸取 1 mL 匀浆液到 1.5 mL 离心管中,冰上静置 10 min,4℃下 12 000 r/min 离心 20 min。吸取上清液,完成蛋白样品制备。

稀盐和缓冲系统的水溶液对蛋白质稳定性好、溶解度大,是提取蛋白质最常用的溶剂,通常用量是原材料体积的 1~5 倍,提取时需要均匀地搅拌,以利于蛋白质的溶解。

蛋白质是具有等电点的两性电解质,提取液的 pH 应选择在偏离等电点两侧的 pH 范围内。用稀酸或稀碱提取时,应防止过酸或过碱而引起蛋白质可解离基团发生变化,从而导致蛋白质构象的不可逆变化,一般来说,碱性蛋白质用偏酸性的提取液提取,而酸性蛋白质用偏碱性的提取液。

建议在蛋白提取液中加入蛋白酶抑制剂,如苯甲磺酰氟(PMSF)、cocktail、MG 132 等。

其中 MG 132 为蛋白酶体抑制剂；cocktail 为蛋白酶抑制剂混合物；PMSF 主要抑制丝氨酸蛋白酶和巯基蛋白酶，PMSF 在水液体溶液中不稳定，建议现配现用。

在提取液中加入少量 NaCl 等中性盐，一般以 0.15 mol/L 浓度为宜。提取液常采用 0.02～0.05 mol/L 磷酸盐和碳酸盐等渗盐溶液。

每克样品加入 3.5～5.0 mL 提取液，可根据材料不同适当加入。

蛋白样品如需保存，必须浓缩到一定浓度才能封装贮藏，样品浓度低易使蛋白质分子变性。建议加入甘油、蛋白稳定剂，并低温保存。

2. 组装灌胶室

取出制胶夹胶框，打开夹子，将干净的长玻璃板的隔条一面与短玻璃板组装成灌胶室，短玻璃板朝外放入夹胶框，并关闭夹子，将夹胶框固定到制胶架上，检查灌胶室的两块玻璃板底部是否对齐并紧贴制胶架底部垫片，放在通风橱里准备灌胶。

玻璃板的制备非常重要，首先使用中性的洗涤剂洗净玻璃板，然后用 ddH_2O 淋洗干净，晾干备用，勿用手接触灌胶面的玻璃。

如果没有压紧对齐，有可能会出现漏胶现象。

3. 凝胶的制备

根据所需分离的蛋白质分子质量选择分离胶的浓度，制备不同浓度的凝胶所需的贮备液可参考表 6-1，该配方可配置 3 块 0.75 mm 厚、10 cm×7 cm 大小的凝胶。分离胶的制备：通风橱内进行。在干净的玻璃小烧杯中，依次加入 ddH_2O、30% Acr/Bis (29∶1)、1.5 mol/L Tris-HCl(pH 8.8)和 10% SDS，轻轻混匀；加入 50 μL 10% APS，轻轻混匀；加入 30 μL TEMED，轻轻混匀，立即用 1 mL 微量移液器将上述混匀的分离胶注入胶板空隙，在分离胶液面上层缓缓加入一层异丙醇(或 ddH_2O)，以隔绝空气，将凝胶垂直置于室温下，聚合 30 min 左右。

从玻璃板的凹处向两玻璃板之间慢慢加入分离胶，直至玻璃板上沿约 2 cm(此空间用来灌制浓缩胶)。若聚合完全，胶与异丙醇界面间可见一条清晰的折光线。聚合的初速度和过硫酸铵浓度的平方根成正比，聚合的快慢和温度成正比，一般在碱性条件下进行。未聚合的胶有毒，应注意防护。一般来讲，温度过低、有氧分子或不纯物质存在时，都会延缓凝胶的聚合，胶的聚合失败往往问题在于 APS 和/或 TEMED。如果聚合得太快，很有可能是 APS、TEMED 用量过多，导致凝胶发硬、易裂。

为达到较好的凝胶聚合效果，缓冲液的 pH 要准确，10% APS 在一周内使用。室温较低时，TEMED 的量可加倍。

制备凝胶时，可根据需要选用带不同隔条厚度的长玻璃板及对应厚度的梳子，常用的厚度有 0.75 mm、1.0 mm 和 1.5 mm。常用梳子有 10 孔和 15 孔。

倒出顶层的异丙醇(或 ddH_2O)，使用滤纸吸净剩余的液滴。浓缩胶的制备：通风橱内进行。如表 6-1 所示，在干净的玻璃小烧杯中，依次加入 ddH_2O、30% Acr/Bis、0.5 mol/L Tris-HCl(pH 6.8)和 10% SDS，轻轻混匀；加入 25 μL 10% APS，轻轻混匀；加入 15 μL TEMED，轻轻混匀，立即用 1 mL 微量移液器将上述混匀的分离胶加入两玻璃板之间分离胶上层直到顶部，检查无气泡后，将对应厚度的梳子插入凝胶中，室温聚合 30 min 左右。聚合完全后，梳齿下可见一条折光线。

制备好的胶可立即进行电泳或用保鲜膜包好，4℃可保存一周。

表 6-1 聚丙烯酰胺浓缩胶及分离胶配方

试剂	浓缩胶	分离胶			
		7.5%	10%	12%	15%
ddH_2O	3.0 mL	4.9 mL	4.0 mL	3.4 mL	2.35 mL
30% Acr/Bis(29∶1)	0.67 mL	2.5 mL	3.3 mL	4.0 mL	4.95 mL
1.5 mol/L Tris-HCl(pH 8.8)	—	2.5 mL	2.5 mL	2.5 mL	2.5 mL
0.5 mol/L Tris-HCl(pH 6.8)	1.25 mL	—	—	—	—
10% SDS	50 μL	100 μL	100 μL	100 μL	100 μL
10% APS	25 μL	50 μL	50 μL	50 μL	50 μL
TEMED	15 μL	30 μL	30 μL	30 μL	30 μL

4. 上样

待凝胶完全凝固后，从制胶架上取下夹胶框，打开夹子取下凝胶，短玻璃板朝内紧贴硅胶条，固定到含“U”形硅胶模框的电泳芯上，将电泳芯放入电泳槽，在上、下槽加入 1×SDS-PAGE 电泳缓冲液，上槽玻璃板没过短玻璃板 0.5 cm 以上，下槽电泳液没过硅胶条底部 1.0 cm 以上，小心拔出梳子，用电泳缓冲液冲洗加样孔，准备加样。

吸取 50 μL 蛋白质样品，加入 50 μL 2×SDS 上样缓冲液，混匀，于 95℃水浴或金属浴加热 10 min，4℃下 12 000 r/min 离心 5 min，取 10 μL 上样。

实验组与对照组所加总蛋白含量要相等。

每块胶最左边一个泳道加 5 μL 蛋白质 marker。提取蛋白质浓度较低的话，可考虑用 6×SDS 上样缓冲液，并适当增加上样量。若蛋白质条带过宽、邻近泳道条带相连，建议减少上样量。

5. 电泳

加样后，安装上盖，将垂直电泳仪导线插入电泳仪电源。接通电源，打开开关，将电压调至 80～100 V 进行电泳。待样品进入分离胶时，将电压调至 120～150 V。

当蓝色染料迁移至底部时，关闭电源。打开上盖，取下固定在电泳芯上的玻璃板，用取胶器轻轻移去一块玻璃板，将凝胶剥离，切除浓缩胶部分，在分离胶一端切除一小角作为标记。

电泳结束后清洗制胶板，晾干后收至指定位置。

6. 染色、脱色及拍照

将凝胶浸泡在装有染色液的器皿中，在脱色摇床上轻轻晃动 30 min。

倒掉染色液，用 ddH_2O 漂洗数次后，加入脱色液，在脱色摇床上轻轻地晃动直至出现清晰的蓝色蛋白质条带。脱色好的凝胶，拍照保存。

染色液可回收利用，中间可以更换一次脱色液。

七、实验结果与报告

1. 提取植物总蛋白有哪些注意事项？
2. 制备 SDS-PAGE 凝胶需要注意哪些问题？
3. 分析蛋白质跑胶结果。

八、思考题

数字资源 6-1
实验六思考题参考答案

1. SDS-PAGE 分离蛋白质为什么要用浓缩胶和分离胶?

2. 蛋白质样品上样前 95℃水浴的作用是什么?若水浴后蛋白质样品呈黏稠状,应如何改善条件?

九、研究案例

1. 水稻总蛋白质的提取(陈悦等,2019)

采集水稻 TP 309 不同生长发育时期的组织样品以及非生物胁迫、激素处理的叶片,提取总蛋白质,用水稻 OsWRKY68 蛋白质特异抗体,通过免疫印迹(Western blotting,WB)技术分析 OsWRKY68 蛋白表达特征。水稻总蛋白质提取过程如下:采集水稻组织样品,液氮速冻后,−70℃保存备用。将冻存的水稻样品在液氮中充分研磨,每 100 mg 样品加入 1 mL 蛋白质提取液(62.5 mmol/L Tris-HCl pH 7.4、10%甘油、0.1% SDS、2 mmol/L EDTA、1 mmol/L PMSF 和 5% DTT),样品混匀后冰上放置 10 min,4℃下 12 000 r/min 离心 20 min,取上清液即为总蛋白质,进行蛋白电泳。具体实验条件:上样量 10 μL,凝胶浓度 10%;电泳条件:80 V/20 min,160 V/90 min。随后蛋白样品转印 PVDF 膜(100 V,60 min),通过免疫印迹检测(具体实验操作过程详见实验八)研究了 OsWRKY68 蛋白质在水稻不同生长发育时期和不同组织的表达特征(图 6-2)。

2. 玉米叶片 2 种总蛋白质提取方法的比较(齐建双等,2015)

该研究采用 TCA-丙酮沉淀和 Trizol 试剂盒 2 种方法,提取国审玉米品种郑单 958 叶片总蛋白质,并对提取的蛋白质样品进行双向电泳分析。结果表明:TCA-丙酮方法提取的蛋白质聚焦电压上升缓慢且达不到程序设置的电压,而 Trizol 试剂盒方法实时监测图与程序设置图相吻合;对电泳胶图分析后可知,Trizol 试剂盒法分离出的蛋白点多于 900 个,低丰度蛋白质得到充分显现,大多数蛋白点分子质量为 20~80 kDa,pH 为 4~7,蛋白点的形状较规则;TCA-丙酮沉淀法分离出的蛋白点仅有 350 个,表明样品中蛋白质分离种类较少,高丰度蛋白质过度显现,低丰度蛋白质检出率低。

3. 独行菜属植物种子总蛋白 4 种提取方法的比较(丁金鹏等,2017)

该研究采用 4 种蛋白提取方法提取 2 种独行菜的种子蛋白,并对获得的蛋白进行含量测定和 SDS-PAGE 电泳分析。

分析结果(图 6-3 和图 6-4)发现:TCA-丙酮提取法获得蛋白量较多,杂质少,电泳条带多且清晰;裂解液提取法蛋白的得率最高,有拖尾且杂质多;Tris-HCl 提取和苯酚提取法的蛋白得率低,杂质少;裂解液提取法和苯酚提取法获得蛋白在 SDS-PAGE 时易受高丰度蛋白的影响。TCA-丙酮提取法和苯酚提取法获得的总蛋白在 SDS-PAGE 分析中均能发现 2 种种子的 6 条蛋白差异带。因而,作者认为 TCA-丙酮提取法获取的种子总蛋白效率高、纯度高且杂质少。

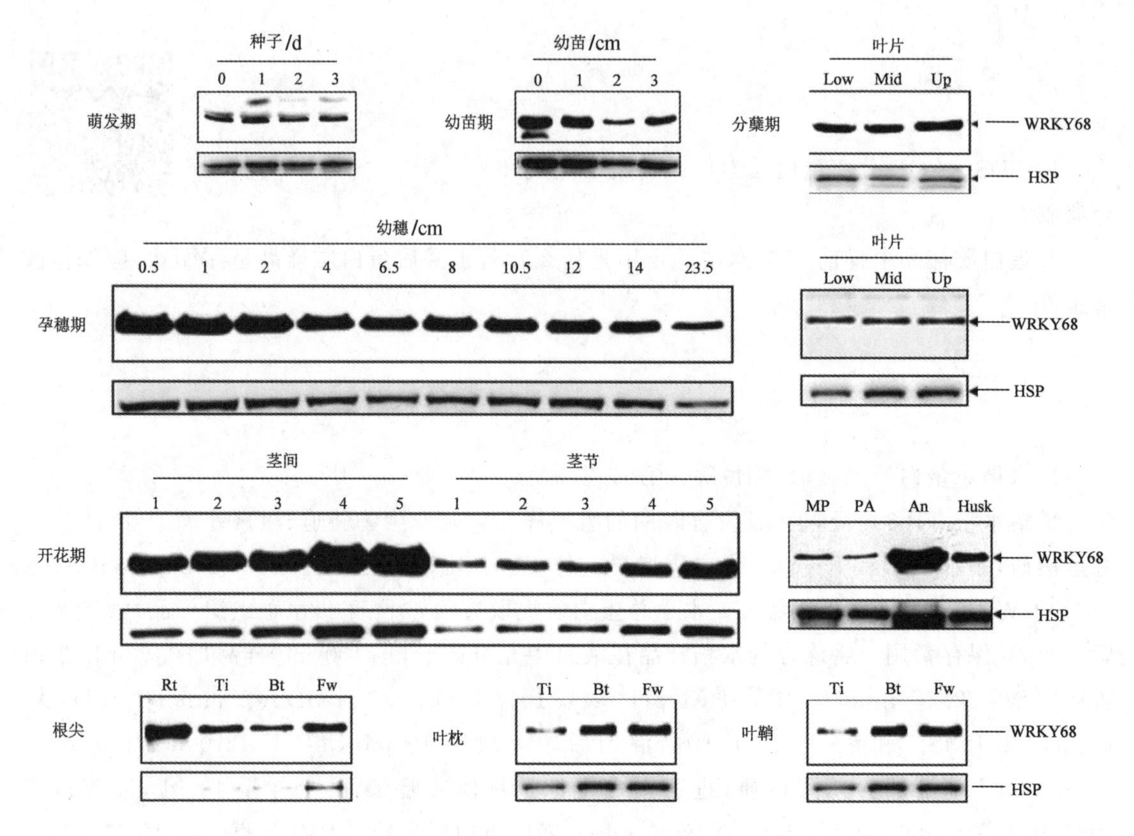

图 6-2 OsWRKY68 蛋白质在水稻不同生长发育时期和不同组织的表达特征

WB条件：上样量 10 μL；电泳条件：80 V/20 min，160 V/90 min；胶浓度 10% tricine；转膜条件：100 V/60 min；膜 PVDF；一抗：抗 OsWRKY68 抗体，抗 OsHSP82 抗体；二抗：羊抗鼠二抗；An. 花药；Bt. 孕穗期；Fw. 开花期；Husk. 颖壳；Low. 叶片下部；Mid. 叶片中部；MP. 成熟期；PA. 穗轴；Rt. 幼根；Ti. 分蘖期；Up. 叶片上部

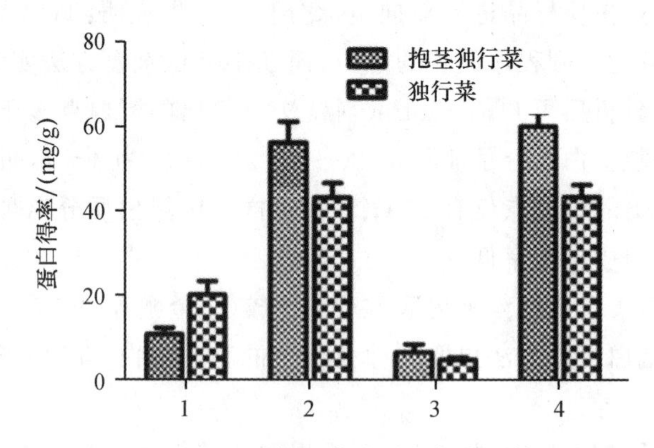

图 6-3 不同提取方法蛋白得率比较

1. 苯酚提取法；2. TCA-丙酮提取法；3. Tris-HCl 提取法；4. 裂解液提取法

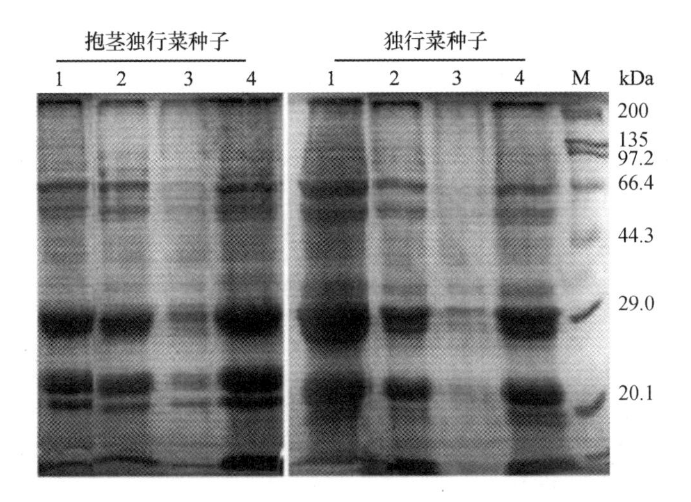

图 6-4　4 种提取方法的 2 种独行菜种子蛋白 SDS-PAGE 分析(40 μg/泳道)

M. marker；1. 苯酚提取法；2. TCA-丙酮提取法；3. Tris-HCl 提取法；4. 裂解液提取法

十、附录

1. 植物蛋白提取液

试剂	配制 1 L 溶液各成分的用量
50 mmol/L Tris-HCl	50 mL 1mol/L Tris-HCl(pH 7.5)
150 mmol/L NaCl	8.766 g NaCl
0.5 mmol/L EDTA	1 mL 0.5 mol/L EDTA(pH 8.0)
ddH_2O	补至 1 L

称取 8.766 g NaCl，溶解于 800 mL ddH_2O 中，加入 50 mL 1 mol/L Tris-HCl (pH 7.5) 和 1 mL 0.5 mol/L EDTA (pH 8.0)，混匀后定容至 1 L，高压蒸汽灭菌。使用前，每 1 mL 加 100 μL 10% Triton X-100、5 μL cocktail 和 5 μL MG 132。

2. 1.5 mol/L Tris-HCl (pH 8.8)

将 181.6 g 三羟甲基氨基甲烷(Tris)溶解于 800 mL ddH_2O 中，用浓盐酸调节 pH 至 8.8，用 ddH_2O 定容至 1 L，分装，高压蒸汽灭菌后，室温保存。

3. 0.5 mol/L Tris-HCl(pH 6.8)

将 60.6 g Tris 溶解于 800 mL ddH_2O 中，用浓盐酸调节 pH 至 6.8，用 ddH_2O 定容至 1 L，分装，高压蒸汽灭菌后，室温保存。

4. 1.0 mol/L Tris-HCl (pH 7.5)

将 121.1 g Tris 溶解于 800 mL ddH_2O 中，用浓盐酸调节 pH 至 7.5，用 ddH_2O 定容至 1 L，分装，高压蒸汽灭菌后，室温保存。

Tris 缓冲液在 pH 7.5～9.0 有较好的缓冲能力。Tris 缓冲液的 pH 依赖于温度。在科学文献中 Tris 溶液的 pH 是其在 25℃时所检测到的 pH。因此在配制 Tris 贮存液时，最好先将 pH 调节到所需范围，让其冷却至室温后再做最终的 pH 调节。

5. 0.5 mol/L EDTA(pH 8.0)

配制方法见实验一。

6. 10% SDS

配制方法见实验二。

称取 SDS 要戴口罩。低温储存会有沉淀析出。

7. 10% APS

将 0.1 g 过硫酸铵溶解于 1 mL ddH_2O 中，4℃贮存，2～3 周更换一次。

8. 10×SDS-PAGE 电泳缓冲液

称取 Tris 30 g、甘氨酸(电泳级)140 g、SDS 10 g，加入约 800 mL ddH_2O，充分搅拌溶解，定容至 1 L，室温保存。

9. 2×SDS 上样缓冲液

称取 SDS 0.2 g、溴酚蓝 16 mg，加入约 5 mL ddH_2O，充分搅拌溶解，加入 2 mL 0.5 mol/L Tris-HCl (pH 6.8)、2 mL 甘油，用 ddH_2O 定容至 10 mL，分装保存(500 μL/份)。使用前，每份加入 10 μL β-巯基乙醇。

10. 染色液

将 1 g 考马斯亮蓝 R-250 溶解于 250 mL 异丙醇，加入 100 mL 冰乙酸，搅拌混匀，用 ddH_2O 定容至 1 L，充分混匀后，用滤纸去除不溶性的颗粒物质，室温保存。

11. 脱色液

分别量取 50 mL 乙醇、100 mL 冰乙酸，用 ddH_2O 定容至 1 L，充分混匀后使用，室温保存。

十一、拓展知识

1. 银染法

银染法是一种用于检测聚丙烯酰胺凝胶中蛋白质(或核酸)的高灵敏度方法。蛋白质条带的银染是基于蛋白质中各种基团(如巯基、羰基等)与银的结合。在碱性条件下，用甲醛将蛋白质带上的硝酸银(银离子)还原成金属银。银染法比考马斯亮蓝 R-250 法灵敏，检测极限是每蛋白条带 2～5 ng。

2. 蛋白质的分离纯化方法

主要根据蛋白质溶解度、分子大小、带电性质或配体特异性的不同而分离。由于蛋白质在组织或细胞中是以复杂的混合物形式存在，每种类型的细胞都含有上千种不同的蛋白质，很多情况下用单一的方法不可能分离到目标蛋白质，往往需要联合使用几种方法。

(1)蛋白质的盐析

中性盐对蛋白质的溶解度有显著影响，一般在低盐浓度下随着盐浓度升高，蛋白质的溶解度增加，此称为盐溶。当盐浓度继续升高时，蛋白质的溶解度不同程度下降并先后析出，这种现象称盐析。将大量盐加到蛋白质溶液中，高浓度的盐离子(如硫酸铵的 SO_4^{2-} 和 NH_4^+)有很强的水化力，可夺取蛋白质分子的水化层，使之“失水”，于是蛋白质胶粒凝结并沉淀析出。盐析时若溶液 pH 在蛋白质等电点则效果更好。由于各种蛋白质分子颗粒大小、亲水程度不同，故盐析所需的盐浓度也不一样，因此调节混合蛋白质溶液中的中性盐浓度可使各种蛋白质分段沉淀。

蛋白质盐析常用的中性盐，主要有硫酸铵、硫酸镁、硫酸钠、氯化钠、磷酸钠等。其中应用最多的硫酸铵，它的优点是温度系数小而溶解度大(25℃时饱和溶液为 4.1 mol/L，即 767 g/L；0℃时饱和溶解度为 3.9 mol/L，即 676 g/L)，在这一溶解度范围内，许多蛋白质和酶都可以盐析出来。另外，硫酸铵分段盐析效果也比其他盐好，不易引起蛋白质变性。硫酸铵溶液的 pH 常为 4.5～5.5，当用其他 pH 进行盐析时，需用硫酸或氨水调节。

蛋白质在用盐析沉淀分离后，需要将蛋白质中的盐除去，常用的办法是透析，即把蛋白质溶液装入透析袋内(常用的是玻璃纸)，用缓冲液进行透析，并不断地更换缓冲液，因透析所需时间较长，所以最好在低温中进行。此外也可用葡萄糖凝胶 G-25 或 G-50 过柱的办法除盐，所用的时间就比较短。

(2)等电点沉淀法

蛋白质在静电状态时颗粒之间的静电斥力最小，因而溶解度也最小，各种蛋白质的等电点有差别，可利用调节溶液的 pH 达到某一蛋白质的等电点使之沉淀，但此法很少单独使用，可与盐析法结合用。

(3)透析与超滤

透析法是利用半透膜将分子大小不同的蛋白质分开。超滤法是利用高压力或离心力，使水和其他小的溶质分子通过半透膜，而蛋白质留在膜上，可选择不同孔径的滤膜截留不同分子质量的蛋白质。

(4)凝胶过滤法

也称分子排阻层析或分子筛层析，这是根据分子大小分离蛋白质混合物最有效的方法之一。柱中最常用的填充材料是葡萄糖凝胶(sephadex gel)和琼脂糖凝胶(agarose gel)。

(5)电泳法

各种蛋白质在同一 pH 条件下，因分子质量和电荷数量不同而在电场中的迁移率不同得以分开。值得重视的是等电聚焦电泳，这是利用一种两性电解质作为载体，电泳时两性电解质形成一个由正极到负极逐渐增加的 pH 梯度，当带一定电荷的蛋白质在其中泳动时，到达各自等电点的 pH 位置就停止，此法可用于分析和制备各种蛋白质。

(6)离子交换层析法

离子交换剂有阳离子交换剂(如羧甲基纤维素、CM-纤维素)和阴离子交换剂(如二乙氨基乙基纤维素)，当被分离的蛋白质溶液流经离子交换层析柱时，带有与离子交换剂相反电荷的蛋白质被吸附在离子交换剂上，随后用改变 pH 或离子强度办法将吸附的蛋白质洗脱下来。

(7)亲和层析法

亲和层析法(affinity chromatography)是分离蛋白质的一种极为有效的方法，它通常只需经过一步处理即可使某种待提纯的蛋白质从很复杂的蛋白质混合物中分离出来，而且纯度很高。这种方法是根据某些蛋白质与另一种称为配体(ligand)的分子能特异而非共价地结合。

十二、参考文献

1. 陈悦，王田幸子，杨烁，等. 水稻转录因子 OsWRKY68 蛋白质的表达特征及其功能特性. 中国农业科学,2019,52(12):2021-2032.

2. 丁金鹏,张娜,李群. 独行菜属植物种子总蛋白 4 种提取方法的比较. 新疆农业科学,2017,54(7):1305-1312.

3. 黄立华,王亚琴,梁山,等. 分子生物学实验技术:基础与拓展. 北京:科学出版社,2019.

4. 齐建双,王彦玲,铁双贵,等. 玉米叶片 2 种总蛋白质提取方法的比较. 华北农学报,2015,30(1):162-164.

5. 曲萌,孙立伟,王艳双. 分子生物学实验技术. 上海:第二军医大学出版社,2012.

6. 萨姆布鲁克 J,拉塞尔 D W. 分子克隆实验指南. 3 版. 黄培堂,等译. 北京:科学出版社,2016.

（陈旭君）

实验七　小麦叶片蛋白双向电泳分析

一、背景知识

蛋白质是构成细胞的基本物质，是由一条或多条多肽链组成的生物大分子，是生命活动的主要承担者。

蛋白质的分析对于研究生物的生命活动有着重要的意义。聚丙烯酰胺双向电泳技术(two-dimensional electrophoresis，2-DE)是研究蛋白质组学不可缺少的手段。

在 1975 年，科学家首次建立了等电聚焦(isoelectric focusing，IEF)及 SDS-PAGE 双向电泳技术。这种方法以蛋白质的两个重要性质(等电点和相对分子质量)为依据。固相化 pH 梯度技术(immobilized pH gradients，IPG)的应用，增大了蛋白质上样量，使得一次双向电泳最高可达到 11 000 个蛋白点的分辨率(Klose 等，1995)。随着现代生物科技的发展，双向电泳技术仍然以其高分辨率、高灵敏度、高通量等优点而占有重要的地位，也是现在进行蛋白质分析的主要方法。

双向电泳技术是一种包含两个不同电泳方法来分离不同等电点、不同相对分子质量的蛋白质技术，其中第一向是等电聚焦(IEF)，根据蛋白质的等电点(pI)分离蛋白质；第二向是 SDS-PAGE，根据蛋白质相对分子质量再次分离蛋白质。

二、实验原理

蛋白质是一种两性有机大分子物质，在不同 pH 的缓冲液中表现出不同的带电性。在有两性电解质的电泳体系中，伴随电流的作用，不同等电点的蛋白质会聚集在介质上不同的区域，从而分离不同等电点的蛋白质。蛋白质的相对分子质量决定了 SDS-蛋白质复合物在凝胶电泳中的迁移率(因为聚丙烯酰胺凝胶中的去垢剂 SDS 带有大量的负电荷，因此蛋白质所带电荷量可以忽略不计)，所以不同相对分子质量的蛋白质将位于凝胶的不同区段而分离。

三、实验目的

1. 掌握蛋白质双向凝胶电泳的原理和方法。
2. 认识蛋白质的基本性质以及双向凝胶电泳的基本步骤。
3. 理解蛋白质样品制备的基本原则。

四、实验材料

小麦幼苗的新鲜叶片。幼苗的制备可提前 10 d 左右在培养箱中进行育苗，实验前剪取幼苗的新鲜叶片。

五、试剂与仪器

聚乙烯吡咯烷酮（polyvinylpoly pyrrolidone，PVP）、液氮、三氯乙酸（TCA）-丙酮溶液、丙酮溶液、裂解液、提取液、水化液、KCl 提取液、乙酸铵/甲醇溶液、考马斯亮蓝 G-250 染液、85%磷酸、95%乙醇、ddH_2O、牛血清蛋白（BSA）、IPG 覆盖油、平衡液Ⅰ、平衡液Ⅱ、0.5%低熔点琼脂糖封胶液封固胶、蛋白质 marker（Bio-Rad）、30%Acr/Bis（29∶1）、1.5 mol/L Tris-HCl（pH 8.8）、10%SDS、过硫酸铵（APS）、TEMED、无水乙醇、低熔点琼脂糖、溴酚蓝、10%冰乙酸。

研钵、剪刀、微量移液器、不同规格的灭菌离心管、灭菌枪头、蛋白干粉离心管、1 L 容量瓶、试管、IPG 胶条（pH 4～7、13 cm）、锥形瓶、量筒、水化盘、镊子、染色盒。

电子天平、台式离心机、紫外分光光度计、微波炉、电泳槽、电泳仪、稳压电源冷却水浴循环仪、摇床、紫外成像仪。

双向电泳中所用的化学试剂纯度要高，至少为分析级。尽量选用进口试剂。

双向电泳中使用 MilliQ 制备的超纯水（电导率小于 1 μS/cm）。

所有包含尿素的溶液加热温度不超过 30℃，否则会发生蛋白氨甲酰化。

六、实验步骤及其解析

（一）叶片蛋白的提取

1. 三氯乙酸（TCA）-丙酮法

（1）取 2 g 小麦新鲜叶片，将其剪成 1～2 cm 片段，搁置于冰浴的研钵中，加入 20 mg PVP 和液氮将其研磨成粉。

研磨过程中注意保持研钵温度不能升高，同时注意匀浆会从青绿色变为棕褐色，用微量移液器吸打褐色匀浆，如果不堵塞枪口就说明研磨充分。

液氮尽量一次加足。

（2）将研磨的粉末置于 50 mL 离心管中，按 1∶3 的比例加入 −20℃预冷的 10%三氯乙酸/丙酮溶液，−20℃静置过夜。

整个实验操作过程中，应戴手套和使用灭菌的离心管和枪头，避免核酸酶被污染。

（3）次日，滤液在 4℃下，12 000 r/min 离心 30 min，弃去上清液，收集沉淀。在沉淀中加入 −20℃冰浴的 90%丙酮溶液，振荡，使其均匀分散在丙酮溶液中，−20℃静置 1 h。

沉淀中含有所需要的叶片全蛋白和其他杂质。振荡过程要柔和，以免蛋白分子发生机械断裂。

(4)在4℃下,12 000 r/min离心30 min,弃去上清液,收集沉淀。用−20℃预冷丙酮溶液重复洗涤(2～3次)至蛋白纯白为止,最后真空冷冻干燥沉淀成干粉,即得到粗蛋白。

真空冷冻干燥在冷冻干燥离心机中进行。洗涤的目的是为了洗去杂质。

2. 裂解液法

(1)取2 g小麦新鲜叶片,同TCA-丙酮法将其研磨成细粉。

(2)将粉末转至10 mL离心管中,加入6 mL的裂解液,充分振荡混合均匀,静置3 h以上。

期间需要振荡几次,从而使蛋白质充分地溶解到裂解液中。

(3)在常温条件下,14 000 r/min离心30 min;取其上清液按1∶3的比例加入−20℃预冷的90%丙酮溶液,静置过夜。

(4)次日,在4℃下12 000 r/min离心20 min,弃去上清液,收集沉淀。用−20℃预冷的90%丙酮溶液清洗沉淀,重复洗涤2～3次至蛋白纯白为止,最后真空冷冻干燥沉淀成干粉,即得到粗蛋白。

3. 尿素/硫脲法

(1)取2 g小麦新鲜叶片,同TCA-丙酮法将其研磨成细粉。

(2)将研磨的粉末置于10 mL的离心管中并加入6 mL提取液,在室温条件下振荡1.5 h。

(3)在4℃下12 000 r/min离心15 min,取其上清液进行重复离心,再收集上清液,按1∶3的比例加入−20℃预冷丙酮溶液,−20℃放置过夜。

(4)次日,在4℃下12 000 r/min离心15 min,弃去上清液,收集沉淀。用−20℃预冷的90%丙酮溶液清洗沉淀,重复洗涤(2～3次)至蛋白纯白为止,最后真空冷冻干燥沉淀成干粉,即得到粗蛋白。

3. KCl-乙酸铵甲醇法

(1)取2 g小麦新鲜叶片,同TCA-丙酮法将其研磨成细粉。然后将粉末转至10 mL离心管并加入6 mL KCl提取液,在冰上振荡30 min。

(2)振荡结束后,在4℃条件下14 000 r/min离心20 min,取其上清液按1∶5倍体积加入0.1 mol/L乙酸铵/甲醇溶液,在−20℃下静置过夜。

(3)次日,在4℃下14 000 r/min离心15 min,弃去上清液,收集沉淀。加入−20℃预冷的90%丙酮溶液清洗沉淀(2～3次),直到蛋白纯白为止,最后真空冷冻干燥沉淀成干粉,即得到粗蛋白。

(二)蛋白质的裂解

1. 在蛋白干粉离心管中加入蛋白质裂解液,放置室温下间断振荡溶解2 h。

按1 mg蛋白质干粉加10 μL蛋白质裂解液的比例进行。

振荡幅度不宜过大,以免蛋白分子发生机械断裂。

2. 在室温条件下,12 000 r/min离心30 min,取上清液备用。

在此过程中本实验做了延长离心时间的改进,即蛋白质溶解离心后吸上清液,14 000 r/min再次常温离心35 min,弃除上部出现的一层油状杂质(多酚类等杂质)。

(三)测定蛋白质浓度

蛋白质浓度的测定采用Bradford法,步骤如下。

(1)实验前预热紫外分光光度计,将所需的考马斯亮蓝 G-250 染液平衡温度至室温。

(2)分别将 0 μL、10 μL、20 μL、40 μL、80 μL、100 μL 不同体积的 BSA 贮备液(1 mg/mL)加入试管中,再加入不同量的 ddH_2O 和 5 mL 的考马斯亮蓝 G-250 染液(表 7-1)。将试管中溶液混合均匀,室温静置 5～10 min。

表 7-1 不同浓度标准液的配制

项目	管号					
	0	1	2	3	4	5
ddH_2O/μL	100	90	80	60	20	0
牛血清蛋白贮备液/μL	0	10	20	40	80	100
考马斯亮蓝 G-250 染液/mL	5	5	5	5	5	5

(3)将预热好的紫外分光光度计设置为 595 nm 波长,以不含 BSA 标准溶液(0 号管)的为空白对照,将标准液用微量移液器沿着试管壁打入 ddH_2O 中,稀释至 100 μL,再加入 5 mL 考马斯亮蓝 G-250 染液,上、下、左、右混合,充分反应 2 min 后,测定吸光值(OD_{595}),每个标准液进行 3 次重复,求 3 次吸光值的平均值。记录数据,绘制标准曲线。

用微量移液器将标准液加入 ddH_2O 中时,要反复吸打使之充分混合,以确保枪头内残留的蛋白液充分混入。

(4)蛋白样品浓度的计算:取需要上样电泳的蛋白样品液,将其用微量移液器沿着试管壁打入 ddH_2O 中,稀释至 100 μL,再加入 5 mL 考马斯亮蓝 G-250 染液,上、下、左、右混合,充分反应 2 min 后,测定吸光值,每个样品进行 3 次重复,求 3 次吸光值的平均值,然后将吸光值平均值代入标准曲线来计算标准蛋白样品浓度。

同样需要反复吸打使充分混匀,以确保枪头内残留的蛋白液充分混入。

蛋白质浓度定量过程中,需要格外谨慎,因为紫外分光光度计灵敏度可能会被桌面微小的震动或者比色皿残留上次测定液而使本次浓度结果不准确,造成很多操作误差。

每个样品至少需要进行 3 次平行测定,以降低实验误差。

(四)蛋白质的双向电泳

1. 第一向 IEF 电泳

第一向 IEF 电泳按照双向电泳操作指南进行,步骤如下。

(1)取出冰箱中－80℃冷冻保存的 IPG 预制胶条(pH 4～7、13 cm),在室温中放置 10 min。

目的是让胶条的电解质平衡恢复至最佳状态。

(2)取 200 μg 小麦叶片总蛋白质与水化液充分混合,使上样总体积为 250 μL。充分颠倒混匀,然后在室温下 14 000 r/min 离心 50 min。

离心的目的是沉淀蛋白液中杂质。

(3)用微量移液器吸取上清蛋白溶液,并沿水化盘的胶条孔位边缘均匀用力将蛋白样品打入槽内。

打入蛋白液的过程尽量一气呵成,如果产生气泡会使蛋白第一向聚焦的结果在胶条上的分布很乱进而导致第二向电泳的失败。

不要把样品溶液弄到胶条背面的塑料支撑膜上,因为这些溶液不会被胶条吸收。同样还要注意不要使胶条下面的溶液产生气泡。如果已经产生气泡，用镊子轻轻地提起胶条的一端，上下移动胶条，直到气泡被赶到胶条以外。

IEF 溶胀缓冲液和样品溶液中都要加入两性电解质，它能够帮助蛋白质溶解。两性电解质的选择取决于 IPG 胶条的 pH 范围。

(4)小心翼翼地用镊子将预制 IPG 胶条上的保护层去除，用镊子将 IPG 胶条的胶面朝下，使正负极对准水化盘阴阳极，轻轻地盖在样品溶液上，让蛋白水化液浸润整个胶条，避免胶面与水化盘接触面摩擦并确保胶条两端与槽的两端电极接触良好。

注意放置胶条时要用灭过菌的枪头温柔赶走胶条和液面之间产生的气泡，否则电泳结果会受到影响。

对于 pH 范围窄的 IPG 胶条，需要比 pH 范围宽的 IPG 胶条点加更多的样品，这是因为 pH 不在此范围内的蛋白质在等电聚焦的过程中会走出胶条。窄 pH 范围 IPG 胶条的上样量是宽 pH 范围的 4～5 倍，这样就可以很好地检测低丰度的蛋白质。

(5)用微量移液器吸取 IPG 覆盖油从槽的一端逐滴加入，至胶条的一半被覆盖，然后从槽另一端逐滴加入，直至整条胶被覆盖为止。

在样品溶液中加入适量的溴酚蓝对观察溶胀过程很有帮助。在覆盖矿物油之前，可以让胶条先吸收 1 h 的液体。IPG 胶条上一定要覆盖矿物油，否则缓冲液会蒸发，使得溶液浓缩，导致尿素沉淀。作为防止缓冲液蒸发的预防措施，矿物油必须缓缓地加在每个槽内，确保完全地覆盖住每一根胶条。

(6)在胶条槽上加盖，把水化盘的盖子轻轻盖上，在室温 20℃下，水化胶条泡胀吸收蛋白质需要 12 h。

进行水化至少需要 10 h 以上，因此要计划好时间，建议水化过夜。

胶条最少需要经过 11 h 的溶胀。即使看上去所有的缓冲液都已经被吸收，也一定要确保胶条在槽中溶胀充分的时间。只有在 IPG 凝胶的孔径已经溶胀充分后，才可以吸收大分子质量蛋白质，否则大分子质量蛋白质无法进入胶条。

(7)根据胶条、实验目的等要求选择合适参数，进行 IEF 电泳(表 7-2)。

表 7-2 13 cm pH 4～7 胶条 IEF 电泳参数

步骤	电压/V	时间/h	步骤名称
S1	30	12(20℃)	水化
S2	500	1	除盐
S3	1 000	1	升压
S4	8 000	3	升压
S5	8 000	6.5	聚焦
S6	500	任意时间	保持

注：设置胶条的极限电流(50 μA/胶)；设置等电聚焦时的温度(20℃)。

如果 IEF 电泳过程中，聚焦盘中还有很多的溶液没有被吸收，留在胶条的外面，这样就会在胶条的表面形成并联的电流通路，而在这层溶液中蛋白质不会被聚焦。这就会导致蛋白的丢失或是图像拖尾。为了减少形成并联电流通路的可能性，可以先将胶条在溶胀盒中进行溶胀，然后再将溶胀好的胶条转移到聚焦盘中。在转移过程中，要用湿润的滤纸仔细地从胶条上吸干多余的液体。

为使样品进入胶的效率增加，采用 30 V 低电压水化，然后 500 V 进行电泳除盐，最后达到 8 000 V 进行聚焦。

2. 平衡

(1)第一次平衡：将等电聚焦后的胶条胶面朝上，置于 10 mL 平衡缓冲液Ⅰ(10 mL 平衡缓冲液含 100 mg DTT)中，在摇床上平衡 15 min。平衡结束将平衡液Ⅰ用 ddH_2O 清洗干净。

(2)第二次平衡：将每根胶条置于平衡液Ⅱ(10 mL 平衡缓冲液含 250 mg 碘乙酰胺)中 15 min，取出后使胶面朝上放在湿润的滤纸或凝胶的长玻璃板上。

注意第二次的平衡务必要将第一次的平衡液冲洗干净，第二次平衡结束后也要用 ddH_2O 冲洗干净方可进行下一步的实验。两次平衡均为 15 min。

(3)在胶条上方加入 0.5%低熔点琼脂糖封胶液封固胶，确保胶条与 SDS-PAGE 胶面接触完全，确保胶条下方不产生任何气泡。

(4)在凝胶的一端加入中范围蛋白质 marker(Bio-Rad)。待 0.5%低熔点琼脂糖封胶液完全凝固后，准备开始第二向电泳。

3. 第二向 SDS-PAGE 电泳

第二向 SDS-PAGE 凝胶的浓度为 12%，其配方如表 7-3 所示。

表 7-3 SDS-PAGE 凝胶配方

试剂	用量	试剂	用量
30%Acr/Bis(29∶1)	40 mL	ddH_2O	33.5 mL
1.5 mol/L Tris-HCl(pH 8.8)	25 mL	TEMED	40 μL
10%SDS	1 mL	Total	100 mL
APS	80 mg		

将配制混匀充分的 12% SDS-PAGE 凝胶溶液倒入预先固定好的玻璃板夹层中，无水乙醇封盖胶面，保持室内黑暗状态下凝固 30 min。

过硫酸铵(APS)要新鲜配制。40%的过硫酸铵贮存于 4℃冰箱中可以使用 2～3 d，低浓度的过硫酸铵溶液只能当天使用。

灌胶时注意预留 2 cm 的高度，以加入无水乙醇封压未凝固液态胶的液面，使胶面平整以便于胶条紧密贴合。

确保玻璃板固定且无漏液现象，配制凝胶要均匀一致，否则胶内密度不一致会使电泳图出现大范围空白。

一般凝胶与上方液体分层后，表明凝胶已基本聚合。

(1)将平衡结束后并洗净的胶条轻轻地从水化盘中移出来，再用 ddH_2O 清洗已经凝固的胶表面，洗掉无水乙醇，将其放入两块玻璃板的缝隙中，用微量移液器吸取电泳缓冲液浸润胶条并使胶面附着有蛋白质的一面朝向短玻璃板。在电泳槽中装满 1×电泳缓冲液，然后打开温控系统，设置温度为 150℃。

从-20℃冰箱中取出的胶条，先于室温放置 10 min。

将厚滤纸用 MilliQ 水浸湿，挤去多余水分，然后直接置于胶条上，轻轻吸干胶条上的矿物油及多余样品。这可以减少凝胶染色时出现的纵条纹。

(2)将平衡好的胶条浸入到电极缓冲液中几秒钟。

目的是让胶条与聚丙烯酰胺凝胶胶面完全接触，避免出现气泡，否则二向胶图会出现大面积的空白。

(3)将胶条小心地放置于 SDS 胶面上，并轻轻按压胶条，使其与 SDS 胶面充分结合，上面覆盖 2 mL 热的低熔点琼脂糖溶液(75℃)，使琼脂糖在 5 min 内凝固。其余的胶条重复上述操作。

在凝胶的上方快速加入少量低熔点琼脂糖封胶液封住胶条和胶面，放置 10～15 min，等封胶液彻底凝固方可进行下一步，其主要作用是作为第二向电泳的指示条带，及时结束电泳。

在用镊子、压舌板或平头针头推压胶条时，要注意是推动凝胶背面的支撑膜，不要碰到胶面。

(4)将胶盒插入电泳槽中，开始电泳。打开冷却水浴循环仪设定电泳液冷却温度为 10℃。

(5)刚开始电泳时用较低(每胶 2.5 W)的功率进行电泳，待蛋白样品走出 IPG 胶条，完全进入聚丙烯凝胶后，即样品在胶面上浓缩成一条蓝色的线时，调整较高(每胶 30 W)功率进行电泳。

(6)当溴酚蓝指示剂迁移至胶的底部边缘时即为电泳结束。

(7)将凝胶转移到染色盒里固定，准备染色。

4. 蛋白点的固定、染色与脱色

(1)固定。电泳结束后，轻轻撬开两层玻璃，取出凝胶置于固定液中固定 40 min。

在两层玻璃中间轻轻撬开取出凝胶。要切角做好标记。将凝胶轻放于染色盘中，加入固定液后，在摇床缓慢摇动。

(2)染色。固定后轻轻倒出固定液，用 ddH_2O 冲洗凝胶 3 次，并加入考马斯亮蓝 G-250 染色液，将染色盘置于摇床上室温 20℃过夜染色。

摇床摇动勿过于激烈，以免使凝胶破损。

(3)脱色。染色结束，倒掉染色液，多次用 ddH_2O 冲洗凝胶，用 10%冰乙酸脱色 2 h 直到蛋白点清晰、背景无色为止。

脱色时间灵活掌握，以背景无色、蛋白点清晰为准，也不要过度脱色。

(4)脱色结束，进行扫描并保存图像。

5. 质谱分析与鉴定

脱色结束通过凝胶成像系统扫描图像，按照说明采用专业超清透射模式进行扫描，设定机器的分辨率为 500 dpi，图像保存为 BMP 格式，得到的胶图再用 PDQuest 8.0(伯乐)软件对图像进行背景污染消除、胶图的重叠合并匹配、蛋白点 Ratio 值检测分析等，通常选取 2 个材料在正常室温下蛋白点清晰、效果好的凝胶作为参照胶，对低温处理前后凝胶图谱中各个蛋白点的丰度值进行定量分析，得到的结果保存并记录。挑选出差异表达的蛋白点，用 MALDI-TOF-MS 进行具体分析。

七、实验结果与报告

1. 预习作业：认识蛋白质以及蛋白质的重要性。
2. 结果分析与讨论：根据图谱显示，定量分析蛋白质。

八、思考题

数字资源 7-1
实验七思考题参考答案

1. 将小麦新鲜叶片磨成粉应该注意哪些问题？
2. 双向电泳的原理是什么？在进行蛋白质双向电泳时应注意哪些问题？

九、研究案例

1. 几种不同提取方法对小麦叶片总蛋白双向电泳的影响（金艳等，2009）

探索小麦叶片蛋白质提取的最优方法，以普通小麦品种石 4185 的叶片为材料，研究了三氯乙酸/丙酮法、裂解液法、尿素/硫脲法、KCl-乙酸铵甲醇法等 4 种不同蛋白质提取方法对小麦叶片蛋白双向电泳图谱的影响（图 7-1）。结果表明，三氯乙酸/丙酮法获得的蛋白点形状规则、清晰，且重复性好；裂解液法拖尾现象较轻，但蛋白点数少且欠清晰，重复性也不如前者；尿

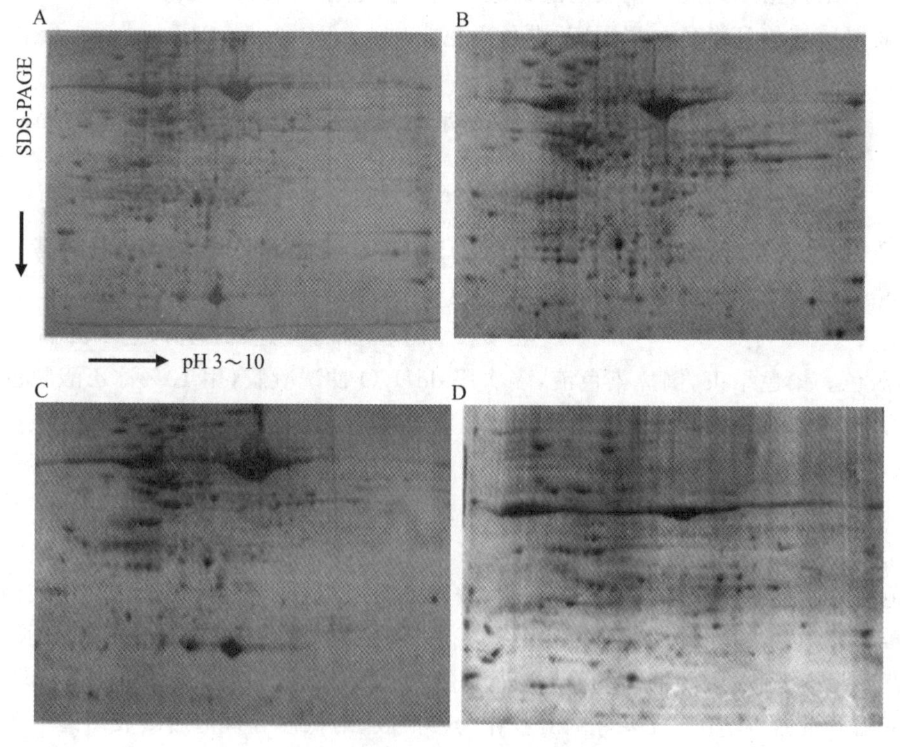

图 7-1 4 种不同蛋白质提取方法的小麦叶片蛋白双向电泳图谱

A. 三氯乙酸/丙酮法；B. 裂解液法；C. 尿素/硫脲法；D. KCl-乙酸铵甲醇法

素/硫脲法的蛋白点数很少，也较为弥散，且有明显的拖尾现象；KCl-乙酸铵甲醇法使大量蛋白丢失，蛋白点数非常少，且上部竖纹干扰较重。因此，三氯乙酸/丙酮法是提取小麦叶片蛋白的较优方法。

2. 低温胁迫下小麦叶片的蛋白质组差异研究（霍望，2017）

该实验选用陈锋教授保存的资源材料中的小麦品种郑花 0840-3（低温不耐受型）和矮抗 58（低温耐受感型）为试验材料，利用室内光照培养箱水培法，在植株处于三叶期时，各分为 2 组，一组室温 20℃ 正常生长，另一组使其遭受 −5℃ 的冻胁迫处理 72 h。然后测定它们叶片的 MDA（丙二醛）含量、SOD（超氧化物歧化酶）含量、SSC（可溶性糖）含量和 RC（相对电导率），并利用蛋白质双向电泳及质谱技术（图 7-2），分析不同低温敏感程度品种（系）三叶期小麦叶片的蛋白质组差异。

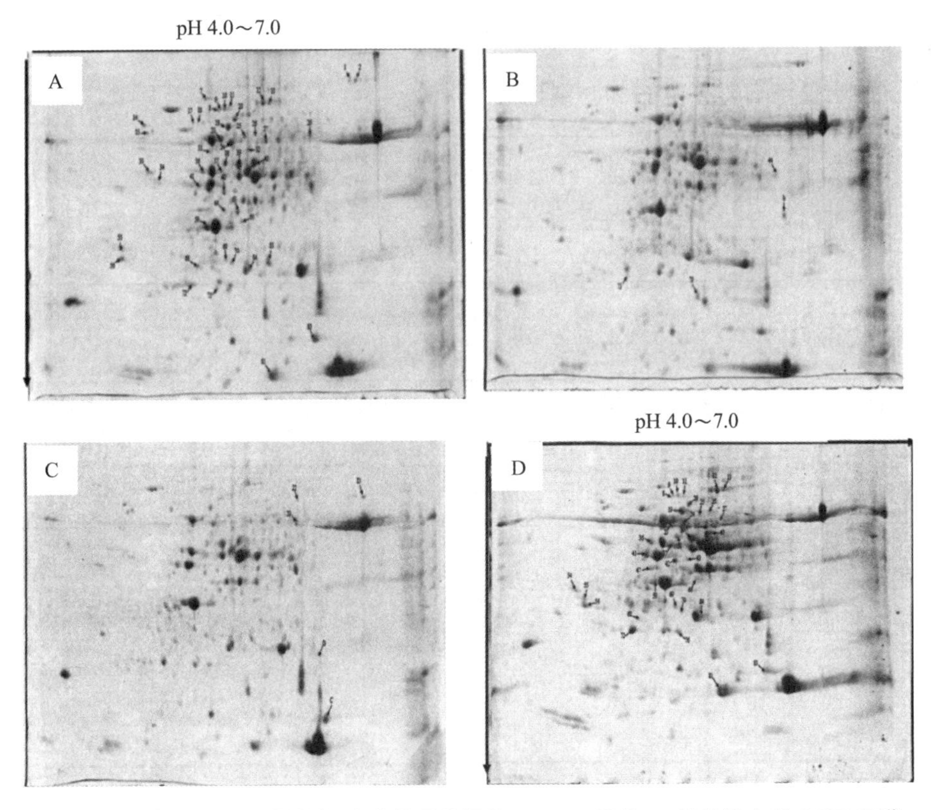

图 7-2　正常室温（CK）及低温胁迫处理的郑花 0840-3、矮抗 58 叶片蛋白质 2-DE 图谱

A、B 分别表示 CK 及低温胁迫处理的郑花 0840-3 叶片；

C、D 分别表示 CK 及低温胁迫处理的矮抗 58 叶片

十、附录

1. 10%三氯乙酸-丙酮溶液：10% TCA、0.07% β-巯基乙醇和 1 mmol/L PMSF 的丙酮溶液。
2. 100%预冷丙酮：0.07% β-巯基乙醇和 1 mmol/L PMSF 的丙酮溶液。
3. 裂解液：7 mol/L 尿素、2 mol/L 硫脲、4% CHAPS、50 mmol/L DTT、40 mmol/L Tris。

配好的尿素贮液必须马上使用，或用 mixed-bed 离子交换树脂，清除长时间放置时尿素溶液中形成的氰酸盐，预防蛋白质的甲酰化。

4. 提取液：5 mol/L 尿素、2 mol/L 硫脲、10%SDS、2 g/L DTT、2% Triton X-100。

5. KCl 提取液：10 mmol/L KCl、0.5 mmol/L EDTA、50 mmol/L Tris、100 mmol/L PMSF(现用现加)。

6. 水化液：7 mol/L 尿素、2 mol/L 硫脲、4% CHAPS、20 mmol/L DTT 和 0.5% ampholyte。

将水化上样缓冲液分装后再贮存于−20℃。用时，只要解冻需要量，其余继续贮存。水化上样缓冲液一旦溶解不能再冷冻贮存再用。

将水化上样缓冲液加入蛋白样品中，终溶液中尿素的浓度须≥6.5 mol/L。

7. 牛血清蛋白(BSA)贮备液：取 10 mg 的 BSA 溶解于 10 mL ddH_2O 中，混合均匀制成 1 mg/mL 的母液，4℃冰箱中保存。

8. 蛋白质定量考马斯亮蓝 G-250 染色液。

试剂	用量	试剂	用量
考马斯亮蓝 G-250	0.1 g	95%乙醇	50 mL
85%磷酸	100 mL	ddH_2O	定容至 1 000 mL

9. 凝胶固定液。

试剂	用量	试剂	用量
40%无水酒精	400 mL	ddH_2O	定容至 1 000 mL
10%冰乙酸	100 mL		

10. 凝胶考马斯亮蓝染色液：配制方法见实验六。

11. 凝胶脱色液：配制方法见实验六。

十一、拓展知识

质谱分析

基质辅助激光解吸电离飞行时间质谱(matrix-assisted laser desorption/ionization time-of-flight mass spectrometry，MALDI-TOF-MS)成像技术，是目前应用最为广泛的质谱成像技术。通过采用不同的基质，MALDI-TOF-MS 可以实现从蛋白质、多肽等生物大分子到脂类、核苷类物质等中等分子质量生物分子及药物小分子的分析。所使用的经典基质有 3,5-二甲氧基-4-羟基肉桂酸(又称芥子酸)、α-氰基-4-羟基肉桂酸(CHCA)和 2,5-二羟基苯甲酸(2,5-DHBA)等。但由于这类基质的质谱响应易对小分子分析物产生背景干扰，因此常用于蛋白质等生物大分子的分析。

十二、参考文献

1. 黄耀江，王瑛，冯健男，等. 蛋白质工程原理及应用. 北京：中央民族大学出版社，2007.

2. 霍望. 低温胁迫下小麦叶片的蛋白质组差异研究(硕士学位论文). 河南农业大学，2017.

3. 金艳，许海霞，徐圆圆，等. 几种不同提取方法对小麦叶片总蛋白双向电泳的影响. 麦类作物学报，2009，29(6)：1083-1087.

4. 李强，张卫东，田纪春. 小麦抗白粉病基因 Pm21 抗病差异的蛋白质组学研究. 中国农业科学，2009，42(8)：2778-2783.

5. 刘伟霞. 适用于小麦叶片蛋白质组分析的双向电泳技术体系的建立(硕士学位论文). 中国农业科学院，2007.

6. 王慧娜，高建华，张淑英，等. 不同方法提取的小麦籽粒蛋白双向电泳凝胶分离效果的分析比较. 分子植物育种，2014，12(4)：788-795.

7. Klose J，Kobalz U. Two-dimensional electrophoresis of proteins：An updated protocol and implications for a functional analysis of the genome. Electrophoresis，1995，16(6)：1034-1059.

(陈旭君)

实验八　Western 印迹法

一、背景知识

Western 印迹法(也叫免疫印迹法),即 Western blotting,是在蛋白质电泳分离和抗原抗体检测的基础上发展起来的一项检测蛋白质的技术,也是分子生物学、生物化学和免疫遗传学中常用的一种实验方法。

相较于 Southern 杂交法检测 DNA 和 Northern 杂交法检测 RNA,Western 印迹法检测的是蛋白质。在 Western 印迹法的基础上还发展出 Eastern 印迹法。二者的区别在于,Western 印迹法检测单向电泳后的蛋白质分子,而 Eastern 印迹法检测双向电泳后的蛋白质分子。30 多年来,Western 印迹法已成为蛋白质研究中最常用的工具之一,用于鉴定目的蛋白是否存在,以及检测目的蛋白的表达量和在不同样品之间的表达差异性。

Western 印迹法既具有 SDS-PAGE 的高分辨率特点,又具有抗原抗体反应的高特异性特点。其基本步骤就是:先通过 SDS-PAGE 将蛋白组分分开,然后将电泳后凝胶上的蛋白质转移到固相载体(例如硝酸纤维素膜、PVDF 膜等)上,再用封闭试剂封闭载体膜上未吸附蛋白质的区域,最后通过免疫学检测来分析目的蛋白。Western 印迹法克服了 SDS-PAGE 后直接在凝胶上进行免疫学分析的弊端,极大地提高了分辨率和灵敏度,被广泛应用于检测特定基因表达产物的正确性,或者比较表达产物的相对变化量。

二、实验原理

Western 印迹法的基本原理是:经过 SDS-PAGE 分离的蛋白质样品,被转移到固相载体上,固相载体以非共价键形式吸附蛋白质,且能保持经电泳分离的蛋白类型及其生物学活性不变。固相载体上吸附的靶蛋白为抗原,与加入的抗体(简称为一抗)发生特异的免疫结合反应。结合有靶蛋白的一抗再与酶或同位素标记的第二抗体(简称为二抗)识别结合,进一步经过底物显色或放射自显影最终检测到复杂混合物中的特异目的蛋白(数字资源 8-1)。

数字资源 8-1
Western 印迹法原理示意图

Western 印迹法中常用的固相载体有硝酸纤维素膜(nitrocellulose filter membrane,简称 NC 膜)和 PVDF 膜(polyvinylidene fluoride membrane,聚偏二氟乙烯膜)。使用的一抗是特异性的,专一性强,但二抗具有通用性,可识别同一物种来源的所有一抗,且二抗上还被标记了额外的基团(如带荧光、放射性、化学发光或显色基团)。常用于标记二抗的酶有辣根过氧化物酶(horseradish peroxidase, HRP)和碱性磷酸酶(alkaline phosphatase, AP)两种。针对二抗上的不同标记,Western 印迹法中的显色方法又分为底物生色显色、底物化学发光显色、底物荧光显色和放射自显影等 4 种。

三、实验目的

1. 通过本实验学习和掌握 Western 印迹法的原理和操作步骤。
2. 通过本实验学习和掌握 Western 印迹法中的显色原理。
3. 通过对蛋白质的电泳和免疫学检测,学习和掌握蛋白质的电泳表现差异。

四、实验材料

待检测的蛋白样品。根据不同的实验目的,蛋白样品可以是组织或细胞提取的蛋白,可以是体外产生的外源重组蛋白,也可以是不同样品混合后发生反应的蛋白混合物。

五、试剂与仪器

SDS-PAGE 所需的全部试剂(见本书实验六"植物总蛋白的提取和电泳检测"的相关部分)、转膜缓冲液、TBS 缓冲液、TBST 缓冲液、封闭液、显色液、相关抗体、冰、ddH_2O。

硝酸纤维素膜、滤纸、微量移液器、灭菌枪头、锥形瓶、量筒、试剂瓶、玻璃棒、一次性塑料手套或乳胶手套、剪刀、镊子。

垂直电泳仪、电源仪电源、转膜仪、水平摇床、磁力搅拌器、电子天平。

六、实验步骤及其解析

(一)SDS-PAGE 垂直板电泳

按照实验六的相关描述对待分析的样品进行 SDS-PAGE 垂直板电泳。

选择合适内参作为空白对照,以检测蛋白转膜情况是否完全、整个 Western 印迹显色或者发光体系是否正常;也可作为对照,衡量蛋白表达水平的变化。

电泳结束前约 15 min 时,进行转膜前的准备工作,包括:将硝酸纤维素膜和滤纸裁剪至与胶的大小相当;将裁剪好的硝酸纤维素膜、滤纸、转膜仪中的海绵垫浸泡于 1 × 转膜缓冲液中 10 min。

剪滤纸和膜时尽量戴手套,因为手上附着的蛋白可能会污染膜进而影响后面的结果分析。

如果使用的是 PVDF 膜,需要先用无水甲醇浸泡 5 min,然后和滤纸、海绵一起浸泡于 1× 转膜缓冲液中 10 min。

(二)转膜

1. 待凝胶电泳结束后,将玻璃板从电泳槽中取出,用塑料切胶器在玻璃板的两边轻轻撬动至小玻璃板开始松动。除去小玻璃板后,将浓缩胶轻轻刮去,然后将剥出的分离胶用 ddH_2O 轻轻冲洗一下,转移至 1× 转膜缓冲液中浸泡 10 min。

撬动凹槽玻璃板时,不要在凹槽附近下手,以免损坏凹槽玻璃板。

转移胶的每一步都要小心,注意不要把分离胶刮破。

2. 打开转膜仪中的"三明治"夹子,将透明塑料板那面朝下平放在桌面上,如图 8-1 所示,依次放置 1× 转膜缓冲液浸泡过的海绵垫、3 层滤纸和硝酸纤维素膜,再将 1× 转膜缓冲液浸泡过的分离胶小心置于硝酸纤维素膜上并对齐,然后再依次放置 3 层滤纸和海绵垫,最后盖上黑色塑料板并夹紧夹子。

注意海绵垫、滤纸、硝酸纤维素膜、凝胶等的放置顺序,确保硝酸纤维素膜朝着透明塑料板的那边,凝胶朝着黑色塑料板的那边。这样才能将凝胶上的蛋白质转移至硝酸纤维素膜上。

将滤纸、凝胶、硝酸纤维素膜精确对齐。

放置海绵垫、滤纸、硝酸纤维素膜、凝胶的每一步,都要用玻璃棒缓慢地在表面小心滚动以除去可能的气泡。

滤纸可以比硝酸纤维素膜略大,但装好的"三明治"中膜上下两边的滤纸不能相互接触,以免发生短路。

转膜缓冲液中含有甲醇,故操作时需要戴手套。

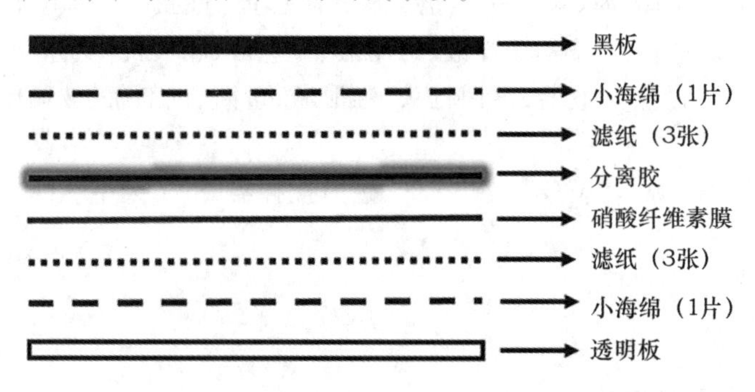

图 8-1 Western 印迹法中转膜"三明治"放置顺序示意图

3. 将上述制作好的转膜"三明治"放入电泳槽中,保证黑色塑料板那一面朝向黑色电极(负极),倒入 1× 转膜缓冲液至液面没过"三明治"的上沿,插好电极,80 V 恒压开始转膜。

1.0 mm 厚的凝胶转移 1 h 即可,1.5 mm 厚的胶则可延长至 2 h。

转膜过程中会产生热量,所以可以将整个电泳槽放在装有冰的容器中进行转膜,也可以在电泳槽的两边放冰袋来降温。

开始转膜后,即可配制封闭液(见附录),并置于磁力搅拌器上持续搅拌备用。

(三)免疫反应

1. 转膜完成后,小心取出硝酸纤维素膜,并立刻放入 1× TBST 缓冲液中,在水平摇床上洗 3 次,每次 5 min。

从这一步开始，每次对膜进行操作时，都要保证硝酸纤维素膜没有干燥，否则容易产生较高的背景。

2. 将洗涤过的膜放入提前准备好的适量封闭液中，室温下摇晃封闭约 1 h，也可于 4℃下封闭过夜。

如果可能，在封闭过程中尽量将转膜时与凝胶接触的那一面硝酸纤维素膜朝上。

如果后续使用的二抗上标记的是碱性磷酸酶，则封闭时选择 Tris 缓冲系统，不要用 PBS 缓冲液，因为 PBS 会在显色反应中干扰碱性磷酸酶的活性。

3. 封闭结束后，倒掉封闭液，将硝酸纤维素膜用 1×TBST 缓冲液在室温下摇晃洗涤 3 次，每次 5 min。

4. 将硝酸纤维素膜放入稀释至适当浓度的一抗稀释液中，室温下摇晃孵育 1～2 h，或 4℃下孵育过夜。孵育结束后，用 1×TBST 缓冲液将硝酸纤维素膜在室温下摇晃洗涤 3 次，每次 10 min。

根据实验目的选择合适的一抗，一抗需要用 1×TBST 缓冲液稀释后使用，一般稀释 2 000 倍。实际稀释的倍数由一抗的效价和所需的显色效果来定，有时也可以稀释至 20 000 倍。

根据膜的面积大小确定一抗溶液的用量，以一抗溶液能浸没整个硝酸纤维素膜为准，所以为了节省一抗的用量，可以将膜放在小的容器中孵育。

使用过的一抗如果有需要，可以回收后置于冰箱中短期内再次使用，但最好不要超过 3 次。

5. 将硝酸纤维素膜放入稀释至适当浓度的二抗稀释液中，室温下摇晃孵育 1～2 h。孵育结束后，用 1×TBST 缓冲液将硝酸纤维素膜在室温下摇晃洗涤 3 次，每次 10 min。

根据一抗的抗原表位选择合适的二抗，需要保证二抗能识别并结合步骤 4 中所使用的一抗。二抗需要用 1×TBST 缓冲液稀释后使用，根据二抗的性质和所需的显色效果可将二抗稀释至 2 000～30 000 倍。

二抗孵育快结束时，根据二抗上标记的酶开始准备相应的底物进行显色反应。

（四）显色反应

用镊子将充分洗涤过的硝酸纤维素膜转移至不含底物的显色反应缓冲液中，室温孵育 5 min。倒掉洗涤液，用微量移液器将现用现配的显色液均匀洒在膜上并保证显色液能完全覆盖住膜。然后将反应体系转移至遮光环境中室温孵育 5 min 左右。待目的带显色至合适深度后迅速加入 ddH_2O 冲洗 1～2 次即可终止反应。最后，将膜取出后置于滤纸上晾干，扫描或封存。

因为显色反应非常迅速，加入显色液后，每隔 10 s 可移开遮光物体观察硝酸纤维素膜上的显色情况，根据观察结果可随时终止显色反应。

二抗上标记的酶一般有辣根过氧化物酶或碱性磷酸酶两种。前者的生色底物为过氧化物和 3,3′-二氨基联苯胺（3,3′-Diaminobenzidine，DAB）等供氢体，供氢体不同，生成的底物颜色则不同。后者的生色底物为 NBT 和 BCIP，生成的底物显蓝紫色。目前针对这两种标记酶均有相应的商业化试剂盒可以购买进行显色反应，具体步骤可参考所购买试剂盒的使用说明书进行。

Western 印迹法中显色的方法除了本实验描述的生色底物显色，还有化学发光显色、荧光底物显色、放射自显影等。相比于后面 3 种显色方法，生色底物显色法不需要特殊的仪器观察显色结果，更为简便快捷。

数字资源 8-2
Western blotting 技术检测目标蛋白表达

七、实验结果与报告

1. 预习作业

熟悉 SDS-PAGE 的操作步骤，并思考该步骤在 Western 印迹法中的影响和作用。

2. 结果分析与讨论

(1)附上 Western 检测图，并对检测结果进行描述和分析；

(2)根据实验结果，总结 Western 印迹法的关键步骤和注意事项，并结合自己的实验结果提出改进的办法。

八、思考题

1. 为避免最后显色结果中背景过高，实验过程中应注意哪些事项？

2. 转膜时制备的“三明治”，为什么要特别注意放置顺序？如果放置凝胶的那一面朝向正极，硝酸纤维素膜朝向负极，会产生什么现象？

数字资源 8-3
实验八思考题参考答案

3. 如果显色结果中的蛋白条带不是很清晰，请问可能是什么原因？

九、研究案例

1. 西农 538 LMW-GS 基因的克隆、原核表达及功能鉴定(李万等，2017)

该研究同源克隆得到了 LMW-GS 基因序列(GenBank 登录号 KX452081)。SDS-PAGE 和 Western blotting(图 8-2)分析表明，该基因原核表达成功。采用 *ProteinIso* Ni-NTA Resin 纯化和收集目的蛋白。参照国家标准 GB/T 14614-93 和 HMW-GS 功能的体外鉴定方法，向 4 g 基础面粉中加入 10 mg 纯化的目的蛋白，混匀后加入适量的 ddH_2O 和 250 μL 浓度为 50 μg/mL 的 DTT 溶液，4 min 后再加入浓度为 200 μg/mL 的 KIO_3 氧化剂溶液 250 μL，揉面 20 min，结果发现：与对照相比，面团形成时间、离线时间、带宽、及线时间没有显著变化，而弱化度、机械耐力系数、断裂时间、稳定时间均显著上升，粉质质量参数显著下降。该微量掺粉试验表明，诱导表达的蛋白对小麦面粉加工品质有负效应。

2. Western 印迹法中检测小分子蛋白的实验条件优化(王文倩等,2015)

该研究探讨了 Western 印迹法的不同参数对小分子蛋白检测效果的影响,比较了不同转膜电压和时间,转膜缓冲液中的甲醇含量、不同化学发光剂对小分子蛋白的检测效果。结果表明:选择 20 V、10 min 转膜电压和时间所获得的信号大大高于 10 V、25 min 转膜条件;转膜缓冲液中含有 20%甲醇所获得的信号明显高于无甲醇的转膜缓冲液;显色反应时选择飞克级的化学发光剂所获得的信号大大高于使用纳克级的化学发光剂(图 8-3)。因此,Western 印迹法中,选用高电压、短转膜时间的组合,选择含 20%甲醇的转膜缓冲液,使用飞克级的化学发光底物,可以更迅速有效地检测小分子蛋白。

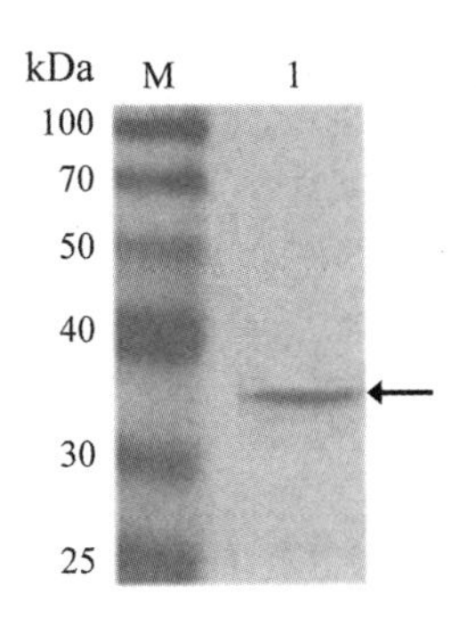

图 8-2 重组蛋白的 Western blotting 分析
M. 蛋白质 marker Blue Plus Ⅱ;
1. 重组蛋白

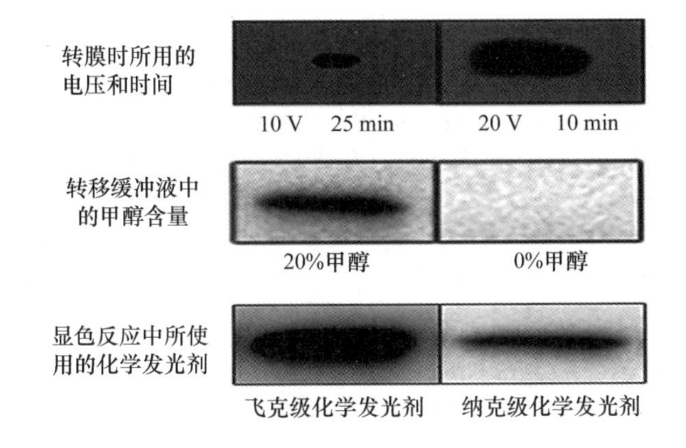

图 8-3 Western 印迹法中不同参数对小分子蛋白检测效果的影响

3. Western 印迹法中低丰度蛋白转膜方法的改进(牟宏宇等,2014)

当样品中蛋白质浓度较低,特别是目的蛋白为低丰度蛋白时,无论目的蛋白的分子质量大小,常规的 Western 印迹法都很难得到强信号的显色结果。如果能提高蛋白的转膜效率,使得更多的目的蛋白被转移到膜上,则有助于提高检测的灵敏度。该研究针对低丰度蛋白,探讨了不同孔径的 PVDF 膜、不同的转膜时间对转膜效率的影响。结果(图 8-4)表明:使用孔径为 0.22 μm 的 PVDF 膜,转移 2 h 的转膜效率最高。当用 0.45 μm 的 PVDF 膜时,一部分蛋白甚至穿透了前膜,被转移到了后膜上。Western 印迹法中根据蛋白分子质量的大小选择不同孔径的 PVDF 膜,一般常规分子质量的蛋白转膜时,选用孔径为 0.45 μm 的 PVDF 膜,对于分子质量小于 20 kDa 的蛋白才使用孔径为 0.22 μm 的 PVDF 膜。该实验中无论蛋白分子质量大小,使用孔径为 0.22 μm 的 PVDF 膜时,后膜几乎无蛋白残留,说明孔径为 0.22 μm 的 PVDF 膜能有效截留蛋白分子,减少蛋白被过度转移的流失,从而提高了检测灵敏度。

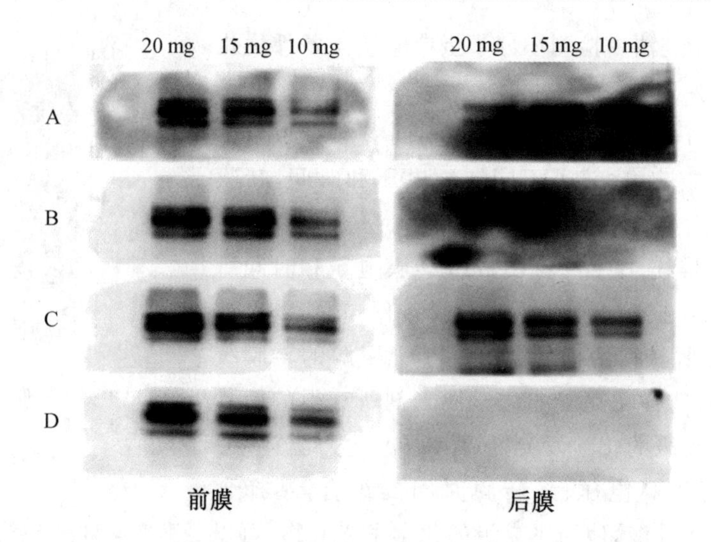

图 8-4 不同转膜条件下，低丰度蛋白的 Western 检测结果

A. 转膜时间 1 h，前膜孔径为 0.45 μm；B. 转膜时间 1 h，前膜孔径为 0.22 μm；C. 转膜时间 2 h，前膜孔径为 0.45 μm；D. 转膜时间 2 h，前膜孔径为 0.22 μm（图中的前膜指的是紧贴凝胶的 PVDF 膜，该膜之后再放置的一张 PVDF 膜为后膜。该实验中前膜孔径不同，后膜的孔径均为 0.22 μm）

十、附录

1. SDS-PAGE 所需的全部试剂，包括 30% Acr/Bis(29∶1)、1.5 mol/L Tris-HCl(pH 8.8)、0.5 mol/L Tris-HCl(pH 6.8)、10% SDS、10%过硫酸铵、10×SDS-PAGE 电泳缓冲液、2×上样缓冲液等。

配制方法：详见实验六"植物总蛋白的提取和电泳检测"的相关部分。

2. 10×转膜缓冲液：含有 480 mmol/L Tris、390 mmol/L 甘氨酸、13 mmol/L SDS。

配制方法：称取 58.2 g Tris、29.3 g 甘氨酸、3.7 g SDS，溶解于 800 mL ddH_2O 中，搅拌均匀后，用 ddH_2O 定容至 1 L。室温保存备用。

使用前 10 倍稀释，并加入终浓度为 20%的甲醇，即取 100 mL 10×转膜缓冲液、200 mL 无水甲醇，再添加 ddH_2O 至 1 L，混匀后使用。

3. 10×TBS 缓冲液：含有 250 mmol/L Tris、1.37 mol/L NaCl、27 mmol/L KCl。

配制方法：称取 30 g Tris、80 g NaCl、2 g KCl，溶解于 800 mL ddH_2O 中，滴加浓盐酸调节 pH 至 7.4，最后定容至 1 L。短期内 4℃保存备用。如果需要放置较长时间，则定容后高压湿热灭菌 20 min，再置于 4℃保存备用。

使用前 10 倍稀释，并加入终浓度为 0.05%的吐温-20。即取 50 mL 10×TBS 缓冲液，添加 ddH_2O 至 500 mL，再加入 0.25 mL 吐温-20，混匀后即为 1×TBST 缓冲液。

4. 封闭液：5% 脱脂奶粉。

配制方法：称取 2 g 脱脂奶粉，加至 40 mL 1×TBST 缓冲液中，用磁力搅拌器搅拌至使用。

封闭液需要新鲜使用，但因为 5%的脱脂奶粉是乳浊液，所以使用前约 1 h 开始配制，并持续搅拌至使用。

5. 显色反应缓冲液：含有 100 mmol/L Tris、150 mmol/L NaCl、5 mmol/L $MgCl_2$。

配制方法：称取 12.11 g Tris、8.77 g NaCl、1.02 g $MgCl_2$，溶解于 800 mL ddH_2O 中，加浓盐酸调节 pH 至 9.5，最后定容至 1 L。4℃保存备用。如果需要放置较长时间，则定容后高压湿热灭菌 20 min，再置于 4℃保存备用。

6. 显色液：含有 165 μg/mL BCIP、330 μg/mL NBT。

A 液：称取 100 mg BCIP 粉末，溶解于 2 mL 100%的二甲基甲酰胺中，混合均匀后即为 50 mg/mL 的 BCIP 母液。4℃避光保存备用。

B 液：先取 1.4 mL 100%的二甲基甲酰胺至 2 mL 离心管中，再加入 0.6 mL ddH_2O，即为 70%二甲基甲酰胺溶液。称取 100 mg NBT 粉末，溶解于配制好的 70%二甲基甲酰胺溶液中，混合均匀后即为 50 mg/mL 的 NBT 母液。4℃避光保存备用。

依次向 10 mL 显色反应缓冲液中加入 33 μL A 液和 66 μL B 液，即为显色液。显色液需要现用现配。

十一、拓展知识

1. Western 印迹法中如何选择合适的杂交膜

Western 印迹法中一个很重要的步骤就是将经过 SDS-PAGE 分离的蛋白质样品尽可能完全地转移到一个固相载体上。一旦完成转移，原先的凝胶将弃之不用，携带有蛋白质信息的固相载体将被用于后面的全部操作，并被用来分析实验结果。因此，选择质量好、合乎要求、方便适用的杂交膜是决定实验成败的重要环节。我们一般根据杂交方案、被转移的蛋白质分子特性以及分子大小等因素，考虑杂交膜的材质、孔径和规格，进而选择出合适的杂交膜。

Western 印迹法中常用到的固相载体有硝酸纤维素膜（nitrocellulose filter membrane，简称 NC 膜）、PVDF 膜（polyvinylidene fluoride membrane，聚偏二氟乙烯膜）和离子交换型膜。

（1）硝酸纤维素膜：在低离子缓冲液的环境下，硝酸纤维素膜能与大多数带负电荷的蛋白质发生疏水作用进而高亲和力地结合在一起。膜的孔径越小，对低分子质量蛋白的结合就越牢固，但当膜孔径小于 0.1 μm 时，蛋白的转移就很难进行了。我们通常用 0.45 μm 和 0.2 μm 两种规格的硝酸纤维素膜。目的蛋白大于 20 kDa 时可以选用 0.45 μm 的膜，否则就选用 0.2 μm 的硝酸纤维素膜。此外，硝酸纤维素膜的结合能力还与膜中硝酸纤维素的纯度有关，市场上有些硝酸纤维素膜中含有大量的乙酸纤维素，这会降低膜对蛋白的结合量。另外，常规的硝酸纤维素膜比较脆，强度和韧性不够，使用时要小心操作以免破损。

（2）PVDF 膜：PVDF 膜可以结合蛋白质，而且可以分离小片段的蛋白质，最初被用于蛋白质的序列测定，后来才用于 Western 印迹法中。PVDF 膜结合蛋白的效率没有硝酸纤维素膜高，但它更稳定，也更耐腐蚀。值得注意的是，使用 PVDF 膜时，一定要先用无水甲醇预处理以活化 PVDF 膜上面的正电荷基团，使得它更容易与带负电荷的蛋白质结合。

（3）离子交换型膜：相较于硝酸纤维素膜和 PVDF 膜靠疏水作用结合蛋白质，离子交换型膜按照离子交换的方式结合蛋白质。常用的离子交换型膜包括由 DEAE（二乙胺基乙基）修饰的纤维素制成的 DEAE 阴离子交换膜。当 pH 小于 10 时，DEAE 基团带正电荷，在低离子强度的环境中能有效结合带负电荷的蛋白质。DEAE 膜的最适 pH 为 5～7，可用于蛋白、多糖、病毒等的研究。

总之,硝酸纤维素膜和 PVDF 膜是 Western 印迹法中常用的两种固相载体。在用转膜仪转移蛋白时,这两种膜的差别很小。只是待检测的目标蛋白需要维持其三维结构才能被一抗识别时,应该优先选择硝酸纤维素膜。此外,经过甲醇预处理的 PVDF 膜在转膜时,转膜缓冲液中可以不必再加入 20%的甲醇。而使用硝酸纤维素膜时,有的需要预先用无水甲醇处理,有的则不需要,最好依据生产公司的说明书进行。

2. 膜封闭在 Western 印迹法中的作用

在 Western 印迹法中,将蛋白质从电泳凝胶上转移到杂交膜以后,在与一抗进行杂交以前,需要选择正确的封闭液对膜进行封闭,以便让抗体更准确地与膜上的目的蛋白(即抗原)结合,获得更好的显色结果。

凝胶中的蛋白经过电转移,以吸附的方式结合到了膜上,但杂交膜表面尚有其他未被占据的空隙。为防止这些位点与抗体结合形成非特异性的染色背景,一般用惰性蛋白质或非离子去污剂封闭膜上的未结合位点来降低抗体的非特异性结合。封闭剂应该封闭所有未结合位点而不替换膜上的靶蛋白,不结合靶蛋白的表位,也不与抗体或检测试剂有交叉反应。

常见的封闭剂有脱脂奶粉、牛血清白蛋白(bovine serum albumin,BSA)、鱼胶等。

(1)脱脂奶粉:脱脂奶粉最大的优点是价格便宜,所以使用最多,但是由于成分相对复杂且有少量的生物素和碱性磷酸酶残留,所以不适合分析磷酸化蛋白,也不适合生物素-亲和素系统和碱性磷酸酶标记的二抗。

(2)牛血清白蛋白:牛血清白蛋白是从牛血清中提纯之后的一种球蛋白,成分单一适用于大多数情况。但牛血清白蛋白在提纯过程中可能含有免疫球蛋白 IgG 或其他血清蛋白等污染物,这些污染物可与哺乳动物抗体产生交叉反应,所以 Western 印迹实验中使用哺乳动物抗体时要尽量避免使用牛血清白蛋白作为封闭剂。

(3)鱼胶:鱼胶是从冷水鱼的皮肤中提取出来的。它不像脱脂奶粉和 BSA,不含有任何血清蛋白,所以不会和哺乳动物抗体产生交叉反应,大大降低了背景信号。但是鱼胶含有内源性生物素,不能用来封闭生物素-抗生物素抗体蛋白系统。

3. 关于 Western 印迹法中的抗体

Western 印迹法是蛋白质分析的常规技术,该方法能检测特异蛋白的前提在于已经有了能识别并结合该特异蛋白的抗体。该抗体在 Western 印迹法中被称之为一抗,需要被鉴别的目的蛋白实际上就是一抗所对应的抗原。一抗是由抗原免疫宿主(例如兔子、小鼠、山羊等)后制备而来,因此能特异识别目的蛋白上的抗原表位,与之发生非共价键的可逆结合。二抗的选择需要根据一抗的种属来源,如果一抗是免疫小鼠得到的,则二抗需要选择抗小鼠的二抗(例如山羊抗小鼠或者兔抗小鼠等均可);如果一抗是免疫兔子后从兔血清里制备的,则二抗需要选择抗兔的二抗。Western 印迹法中识别蛋白的特异性由一抗决定,但二抗是通用的,并且不同种属来源与二抗质量差别不大。二抗上带有特定的标记,经处理后该标记可以在固相载体上显示出来,指示出二抗的位置。而二抗已经与一抗结合形成了抗体复合物,这样就指示出了一抗的位置,也就是待研究的蛋白质的位置。抗体的质量是影响 Western 结果的主要因素之一,高质量的抗体具有高特异性、高亲和力、低背景等特点,能增加检测的特异性和敏感性。

4. 关于 Western 印迹法中的显色反应

Western 印迹法中最后一步的显色方法主要有:底物生色显色、底物化学发光显色、底物荧光显色和放射自显影。

(1)底物生色显色:操作简便且成本低。该显色方法中二抗一般被标记了辣根过氧化物酶(horseradish perocidase, HRP)或者碱性磷酸酶(alkaline phosphatase,AP)。辣根过氧化物酶在有 H_2O_2 存在的条件下,可催化底物[例如 3, 3′-二氨基联苯胺(DAB)、4-氯-1-萘酚(4-C1N)、CN/DAB、3-氨基-9-乙基咔唑(AEC)和 3,3′,5,5′-四甲基联苯胺(TMB)等,其中底物 DAB 最常用]失去电子而形成有颜色的不溶性产物在膜上累积呈现出条带。而碱性磷酸酶则催化底物 5-溴-4-氯-3-吲哚基-磷酸盐(5-bromo-4-chloro-3-indolyl phosphate,BCIP)的水解,水解产物再与另外一种底物四唑硝基蓝(tetranitroblue tetrazolium chloride,NBT)发生反应,形成深蓝色至蓝紫色的不溶性产物。底物生色显色灵敏度高,特异性好,但需要现配现用,且显色结果过段时间会褪色,不能永久保存。

(2)底物化学发光显色:目前安全且灵敏度最高的显色方法。虽然碱性磷酸酶也有可用于化学发光的底物,但使用更多的还是辣根过氧化物酶。与上述生色显色不同,化学发光显色中的辣根过氧化物酶催化的底物是鲁米诺(luminol)。鲁米诺与过氧化氢反应生成一种过氧化物,产生波长为 428 nm 的荧光,该光可经 X 光胶片或其他显影技术记录下来。化学发光法由于仅在酶和底物都存在的时候才会发光,不会形成不溶的产物在膜上累积,所以对同一张膜可进行多次检测。

(3)底物荧光显色:使用的是碱性磷酸酶标记的二抗,底物多用 DDAO。DDAO 经过碱性磷酸酶分解后产生一种波长为 633 nm 的红色荧光产物。该产物不会因底物用完而消退,也不需要暗房或者压片,并且膜干燥后荧光更明显,在紫外或者扫描仪上可随时检测。

(4)放射自显影:显色中二抗被标记了有放射性的同位素,同位素所发射出来的带电离子可使照相乳胶或软片感光从而产生潜影,这种潜影可用显影液显示成为可见的像。该显色法虽然灵敏度很高,但使用了带有放射性的物质,需要特殊操作,所以一般实验室较少采用。

十二、参考文献

1. Kurien B T, Scofield R H. Western blotting. Methods, 2006, 38(4): 283-293.

2. Western 免疫印迹百度词条. https://baike. baidu. com/item/Western%E5%85%8D%E7%96%AB%E5%8D%B0%E8%BF%B9.

3. 萨姆布鲁克 J,拉塞尔 D W. 分子克隆实验指南. 3 版. 黄培堂,等译. 北京:科学出版社,2016.

4. 李万,杨明明,高翔,等. 西农 538 LMW-GS 基因的克隆、原核表达及功能鉴定. 麦类作物学报,2017,37(4):445-451.

5. 牟宏宇,罗波,何涛. Western blotting 中低丰度蛋白转膜方法改进. 泸州医学院学报,2014,37(5):472-475.

6. 王文倩,魏颖,王宇,等. 蛋白免疫印迹法检测小分子蛋白的实验条件优化研究. 现代生物医学进展,2015,15(07):1230-1232.

7. 朱玉贤. 现代分子生物学. 3 版. 北京:高等教育出版社,1997.

(陈旭君)

第三部分

目的基因的检测及其表达分析

目的基因的获取和检测有多种方法,利用聚合酶链式反应(PCR)技术扩增和检测目的基因或片段是最常用的手段,可以获得大量的目的基因或片段,利于回收和分析。InDel、SSR、CAPS 分子标记是基于 PCR 基础上的分子生物学技术手段,主要集中在基因定位、辅助育种、图位克隆等方面的研究工作,已广泛应用于动植物育种和生产。随着分子生物学理论与技术的迅猛发展,分子标记技术与提取程序化、电泳胶片分析自动化、信息(数据)处理计算机化的结合,必将加速遗传图谱的构建、基因定位、基因克隆、物种亲缘关系鉴别及与人类相关的致病基因的诊断和分析。

半定量 RT-PCR 与实时荧光定量 RT-PCR(realtime PCR,qRT-PCR)也是基于 PCR 基础上的一种检测基因表达量的方法。半定量 RT-PCR 是常用的一种简捷、特异的定量目标 mRNA 测定方法,通过 mRNA 反转录成 cDNA,再进行 PCR 扩增,并测定 PCR 产物的数量,可以推测样品中目标 mRNA 的相对数量。而实时荧光定量 RT-PCR 是在 PCR 反应体系中加入荧光基团,利用荧光信号积累实时监测整个 PCR 进程,最后通过标准曲线对未知模板进行定量分析的方法。总之,半定量 RT-PCR 操作简便,可快速推测样品中特异 mRNA 的相对数量;而 qRT-PCR 可实时定量,较半定量 RT-PCR 更准确,近年来已经广泛应用于基因表达谱的研究。

亚细胞定位是查找生物大分子在细胞内的具体存在位置(如在核内、胞质内或者细胞膜上)的一种技术。而原位杂交技术(in situ hybridization,ISH)是分子生物学、组织化学及细胞学相结合而产生的一门新兴技术。原位杂交技术应用于染色体、细胞和组织切片等样品中进行核酸特异性检测,与免疫组化技术的结合应用,能将 DNA、mRNA 和蛋白水平上的基因活性与样品的显微拓扑信息结合起来。

本部分包含 6 个实验:PCR 扩增目的基因片段、分子标记的开发和应用、半定量 RT-PCR 技术的原理及应用、实时荧光定量 PCR、基因表达部位的原位杂交检测和亚细胞定位实验。

(郭新梅)

实验九　PCR扩增目的基因片段

一、背景知识

基因工程需要一定量的纯度较高的目的基因；获得目的基因是基因克隆中最为关键的步骤，没有目的基因，基因操作就是无米之炊，谈不上什么基因工程。这里的目的基因既可以是含有“目的基因”(target gene)的DNA片段或是不含有多余成分的纯基因，如包含完整开放阅读框(open reading frame，ORF)或部分编码序列的cDNA，也可以是包含上游启动子序列和内含子序列在内的基因组DNA片段。随着分子生物学研究技术的发展，获得目的基因的方法层出不穷，如可以从基因组文库或cDNA文库获取。

聚合酶链式反应(polymerase chain reaction，PCR)是20世纪80年代发展起来的一种体外核酸扩增系统。由于其快速(数小时)、灵敏(ng甚至fg级的靶DNA片段)、操作简便(自动化)等优点，使其在短短的数年时间内即被广泛地应用于生命科学、考古学、法医学、体育等领域，现已成为分子生物学实验室的基本操作之一。

PCR实际上是一个在模板DNA、引物(根据模板DNA片段两端的已知序列人工合成)和4种脱氧核苷酸(dNTPs)等存在的情况下，在DNA聚合酶催化作用下的酶促合成反应。以欲扩增的DNA做模板，与模板正链和负链互补的2种寡聚核苷酸做引物，经过模板DNA的变性、模板与引物结合复性及在DNA聚合酶作用下发生引物链延伸反应的3步循环来扩增两引物间的DNA片段。每一循环的DNA产物经变性后又成为下一个循环的模板DNA。这样，目的DNA的数量将以2^n指数形式累积，短时间内的30个循环，DNA量就可达到原来的上百万倍，可高效获取大量目的基因。

PCR作为一种体外快速扩增目的基因或目的基因片段的技术(表9-1)，以其灵敏、快速、自动化而广泛地应用于基因工程的研究中。PCR既是获取目的基因片段的手段，同时又是扩增目的片段的手段。基于PCR扩增的机制，现已经发展了多种扩增目的基因的方法。

表9-1　体内DNA复制和PCR技术的比较

项目	体内DNA复制	PCR技术
反应体系	细胞内	无细胞体系
模板种类	双链DNA	双链DNA、DNA-RNA杂合分子
模板解链	局部解链，需解旋酶，消耗ATP	90～950℃受热变性，全部解链成两条单链分子
引物	由引发酶合成的一段寡聚RNA	通常为一段人工化学合成的寡聚DNA单链
DNA聚合酶	普通DNA聚合酶	热稳定DNA聚合酶(Taq酶)
共同点	都需要模板，4种脱氧核苷酸作为原料，延伸方向5′→3′	

二、实验原理

PCR 的原理与 DNA 的天然复制有相同点也有区别(表 9-1)。将待扩增的 DNA 片段和与其两侧互补的一对特异性引物,经过模板变性、引物退火以及在 DNA 酶作用下延伸,经过若干个循环后,使包括在一对引物端限定的特异性片段形成指数式累积。PCR 扩增的优点是操作简单、结果可靠,可在短时间内获得大量的特异 DNA 拷贝,扩增 DNA 的特异性主要取决于引物和模板相结合的特异性,每个循环分为 3 步反应。

1. 变性(denaturation):加热使模板 DNA 在高温下(94℃)变性,DNA 双螺旋的氢键断裂,形成游离于溶液中的单链 DNA。

2. 退火(annealing):降低溶液温度(50～70℃,依引物而不同),使合成引物能准确地配对于被扩增区域的两个侧翼。

3. 延伸(extension):溶液反应温度升至中温(72℃),在 DNA 聚合酶作用下,以 dNTPs 为原料,引物为复制起点,开始 5′→3′ DNA 链的延伸反应。n 个循环后,一个模板得到的扩增拷贝为 2^n。

重复循环变性—退火—延伸三过程,就可获得更多的“半保留复制链”,而且这种新链又可成为下次循环的模板。每完成一个循环需 2～4 min,1～3 h 就能将待扩目的基因扩增放大几百万倍。

三、实验目的

1. 加深理解 PCR 的基本原理及方法。
2. 掌握 PCR 扩增仪的编程和使用方法。

四、实验材料

DNA 模板、对应目的基因或目的基因片段的引物。

五、试剂与仪器

10×PCR 缓冲液、2.5 mmol/L dNTPs(含 dATP、dCTP、dGTP、dTTP 各 2.5 mmol/L)、Taq 酶(5 U/μL)、无菌 ddH_2O、琼脂糖、DNA marker 等。

基因扩增仪(PCR 仪)、电泳仪、电泳槽、紫外凝胶成像仪、0.2 mL 离心管、枪头、微量移液器等。

六、实验步骤及其解析

1. 在冰浴中,按以下次序将各成分加入 1 个无菌 0.2 mL 离心管中。

成分	用量/μL	成分	用量/μL
10× PCR缓冲液(含 Mg^{2+})	2.5	dNTPs(2.5 mmol/L)	2.0
上游引物(25 μmol/L)	1.0	下游引物(25 μmol/L)	1.0
Taq酶(5 U/μL)	1.0	DNA模板(30～1 000 ng/μL)	1.0
无菌 ddH_2O	16.5		

(1)引物:用于PCR扩增的引物是与模板DNA的某个区域具有互补碱基特异性的短的单链DNA片段。引物是PCR特异性反应的关键,PCR产物的特异性取决于引物与模板DNA互补的程度。PCR反应中引物浓度通常是1 μmol/L,浓度过高可能会导致错配和非特异性扩增,增加引物二聚体的形成机会。反之,如果引物浓度不足,则PCR的效率极低。

(2)PCR过程中使用酶是耐高温的Taq DNA聚合酶,目前使用的一种是从嗜热水生菌中提纯的天然酶,另一种是利用大肠杆菌生产的基因工程酶;具有依赖于聚合作用5′→3′外切酶活性,但缺乏3′→5′外切酶活性,因此,在聚合反应中,一旦发生错配,Taq酶是不能识别的。

(3)用于PCR扩增的dNTP的质量和浓度与PCR扩增效率有着重要的关系,特别是4种dNTP的浓度要相等。保存时应小量分装,－20℃下保存,多次反复冻融易导致其降解。最适dNTPs浓度在50～200 μmol/L。

(4)模板(靶基因)核酸的量及其纯化程度,是决定PCR反应成败的关键环节之一,一般DNA的纯化要用到SDS和蛋白酶K来消化处理样品DNA中的蛋白质。含有靶序列的DNA可以单链或双链形式加入PCR混合液中,虽然DNA的大小并不是关键的因素,但当使用极高相对分子质量的DNA(如基因组DNA)时,模板的纯度将影响PCR的效率。一般情况下,DNA的标准用量为100～500 ng。

(5)Mg^{2+}的存在对于PCR反应至关重要,它能增强酶蛋白的稳定性,维持酶活性;能增加dsDNA的Tm,提高复性温度;能与游离的dNTPs形成可溶性复合物,有利于dNTPs的掺入。Mg^{2+}的最佳浓度一般为1.5～2 mmol/L。Mg^{2+}浓度过高,会导致PCR反应特异性降低,Mg^{2+}浓度过低则会降低Taq酶的活性,使反应产物减少。Mg^{2+}的有效浓度会受到dNTPs的影响。

(6)PCR反应中,往往还要加入适量的灭菌的矿物油,以防止反应液在高温下的蒸发并减少污染,油的用量太少,达不到要求的效果,用量太多将减少循环的效率。一般50 μL反应体系中,加入40 μL矿物油,25 μL中加入30 μL矿物油。

(7)做多个样品的PCR反应时,可统一制备反应混合液,先将dNTPs、缓冲液、引物和酶混合好,然后分装,可减少操作环节,避免污染,增加反应的精确度。

(8)在操作过程中要谨防样品间的交叉污染。在样品制备扩增的所有环节都应该注意使用灭菌的一次性离心管、枪头等。操作过程中避免反应液飞溅,为避免打开反应管时液体飞溅,可在开盖前离心2～3 s;若不小心液体溅到桌面上或手套上,应立即更换手套并用稀酸擦拭桌面。

2.使用基因扩增仪,按以下反应程序进行扩增。

首先94℃预变性5 min;然后94℃变性1 min,58℃退火1 min,72℃延伸1.5 min,30个循环;最后72℃延伸7 min。

(1)PCR反应条件为温度、时间和循环次数。温度和时间的设置应遵循PCR原来的三步骤，即设置变性、退火、延伸3个温度和时间，对于扩增的目的片段较小时（一般长度为100～300 bp）可采用两步法，即将退火与延伸温度合二为一，一般采用94℃变性，65℃左右退火与延伸。退火的温度与时间，取决于引物的长度、碱基的组成及其浓度，还有靶序列的长度。一般对于引物长度20 bp，G+C含量约50%的引物，设置退火温度55℃较为理想。可通过下列公式选择合适的温度：

Tm（退火温度）＝4（G+C）＋2（A+T）

复性温度＝Tm－（5～10℃）

（2）在Tm允许的范围内，选择较高的复性温度可以大大减少引物与模板之间的非特异性结合，提高PCR反应的特异性。复性时间一般为30～60 s，视扩增片段长短而定。

（3）PCR反应的延伸温度一般在70～75℃，常用温度为72℃，过高的延伸温度不利于引物与模板的结合；延伸时间根据产物长度而定，一般为1 kb以内的扩增片段，延伸时间为1 min，3～4 kb的片段需要3～4 min，延伸时间过程会导致非特异性条带产生。

（4）循环次数主要取决于模板DNA的浓度。一般的循环次数在30～40次，循环次数越多，非特异性产物的量也随之增多。

3. 结束反应后，PCR产物放置于4℃待电泳检测或－20℃长期保存。

4. 采用1%的琼脂糖凝胶检测PCR结果，取5 μL扩增产物，加1 μL的6×loading buffer，混合后上样、电泳，利用凝胶成像系统记录电泳结果。

七、实验结果与报告

1. 预习作业：了解PCR原理及步骤。

2. 结果分析与讨论：根据电泳图，分析PCR产物的大小，估计产物的浓度。

八、思考题

1. PCR的特异性体现在哪些方面？影响PCR反应特异性的因素有哪些？

2. 如何避免PCR反应中的污染问题？

3. 在PCR反应循环结束后为什么还要进行一次72℃的延伸反应？

4. 如何解决PCR实验中假阳性的问题？

数字资源9-1
实验九思考题参考答案

九、研究案例

1. 利用PCR扩增小麦 *Avenin-like type b* 基因（赵丹阳等，2017）

该研究中为了明确 *Avenin-like type b* 基因的功能特性，以小麦品种西农188为材料，参照小麦7D染色体上的 *Avenin-like type b* 基因（EU096549）编码区序列，通过设计兼并引物克隆小麦 *Avenin-like type b* 基因序列，将PCR产物经0.7%的琼脂糖凝胶电泳检测后，得到800～1 000 bp的单一条带（图9-1）。该目的片段经过回收、纯化，连接至克隆载体，最后测序。

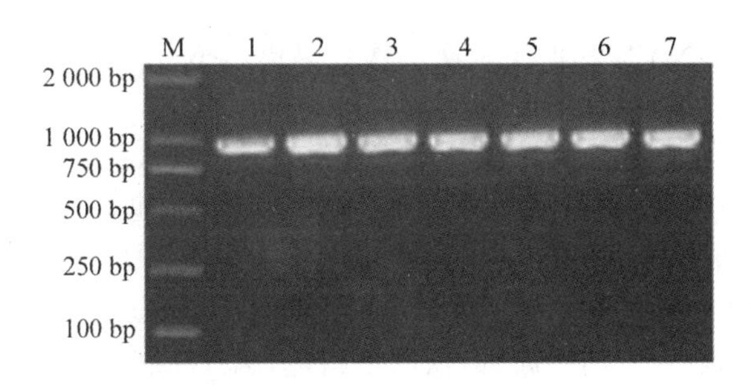

图 9-1 *Avenin-like type b* 基因的 PCR 扩增结果

2. 人工合成凝集素基因 *sGNA* 和 *sNTL* 的表达增强了小麦对蚜虫的抗性(Duan et al, 2015)

作者将人工合成的 *sGNA* 基因导入到普通小麦中,得到了 T_4 代转基因株系。以转基因株系的基因组 DNA 为模板,以 *sGNA* 和 *bar* 基因序列分别设计了 PCR 引物,对每代的转基因株系进行了检测(图 9-2),结果表明,这 20 个转基因株系均扩增出了 333 bp 的 *sGNA* 目标带,初步说明这些株系基因组中含有 *sGNA* 基因;有 3 个株系均扩增出了 344 bp 的 *bar* 基因目标带,初步说明有 17 个株系中不含 *bar* 基因。该论文最后筛选出 12 个 *sGNA* 基因纯合且不含 *bar* 基因的株系做后续研究。

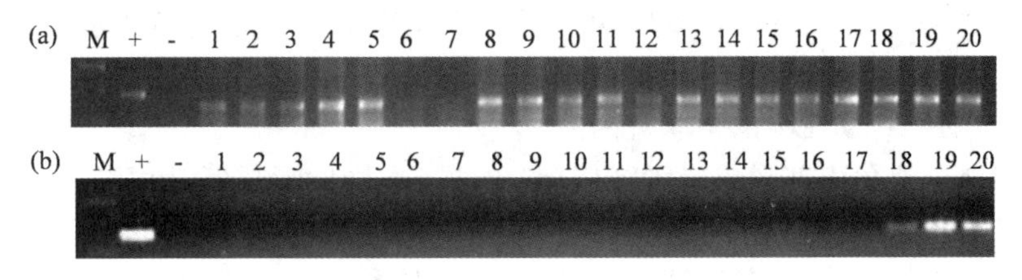

图 9-2 转基因株系的 PCR 检测

泳道 1～20,转基因株系:(a)*sGNA* 基因;(b)*bar* 基因;

M. DL2000 marker;+. pBrbcs-sGNA;-. negative control

十、附录

1. 50×TAE 电泳缓冲液:配制方法见实验一。

2. 6×上样缓冲液(室温贮存):配制方法见实验一。

十一、拓展知识

1. PCR 技术简史

PCR 反应最早的设想:1971 年 Korana 最早提出核酸体外扩增的设想,提出“经过 DNA 变性、与引物杂交、在 DNA 聚合酶作用下引物延伸,不断重复该过程便可以克隆基因”。

PCR 的实现:1985 年美国 PE-Cetus 公司人类遗传学研究室的 Mullis 博士(诺贝尔化学奖获得者)等发现了具有里程碑意义的聚合酶链式反应。其最初的想法是,DNA 的复制依赖于 DNA 聚合酶的特性(Mullis,1990)。在考虑到 DNA 聚合酶及其复制的特性后,他通过在试管中人工操作 DNA 聚合酶及相应的参与复制的成分(模板 DNA、寡核苷酸引物、合适的缓冲液)进行一个特定的DNA序列的千万次的拷贝。PCR技术正是源于这个想法,该技术对分子生物学及遗传学产生了革命性的影响。

PCR的改进和完善:最初Mullis使用的DNA聚合酶是大肠杆菌DNA聚合酶的Klenow片段,其存在的严重缺点是不耐高温,90℃会变性失活,因此,每加入一次酶只能完成一个扩增反应周期,每次循环都要重新添加酶,这给PCR操作带来了很大的困难,因此在最初的一段时间内也没有得到生物医学界的足够重视。1988年年初,Keohanog改用T4 DNA聚合酶进行PCR,其扩增的片段特异性、真实性高,但依旧不耐热,因此每扩增一次仍然需要加入新酶。之后,Saiki等从温泉中分离出一株水生嗜热杆菌(thermus aquaticus)中提取到一种耐热的DNA聚合酶,该酶具有耐高温的特点,在70℃下,反应2 h后酶活性仍能达到90%,在93℃下反应2 h后,残留活性可达到60%,在95℃下反应2 h后,残留活性是原来的40%,在每次反应后不用再添加新酶,因此大大地提高了扩增片段的特异性和扩增效率,为了同之前的Klenow片段相区别,将此酶命名为Taq DNA聚合酶(Taq DNA polymerase)。至此PCR被广泛应用。

PCR引物设计的原则:理论上只要知道任何一段模板DNA序列,就能按其设计互补的寡核苷酸链做引物,利用PCR就可将模板DNA在体外大量扩增。引物设计应遵循以下原则:

(1)引物的长度:在15~30 bp范围,一般常用20 bp左右。

(2)引物扩增产物的大小:以200~500 bp为宜,特殊条件下可扩增达到10 kb。

(3)引物包含的碱基:G+C含量以40%~60%为宜,G+C含量太低会导致扩增效果不佳,G+C含量太高,则容易引起非特异性扩增。另外,A、T、C和G 4种碱基最好随机分布,避免出现5个以上的嘌呤或嘧啶的串联排列。

(4)设计引物应避免内部形成二级结构,避免两条引物间形成互补序列,特别是3′端不能出现互补,否则会形成引物二聚体,产生非特异性扩增。

(5)引物的特异性:引物要具有序列特异性,应与核酸序列数据库中的其他序列无明显的同源性,以免引起非特异性扩增。

2.减少PCR产物中引物二聚体的方法

(1)从引物自身着手,重新设计引物,这是解决问题最根本的办法。

(2)可能模板质量有问题。

(3)模板浓度过小,适当加大模板量。

(4)Taq酶、引物、Mg^{2+}浓度可能过高,可适当降低它们的浓度。

(5)将上下游引物混合后,在100℃下的沸水中煮5 min,然后迅速拿出置于冰块之上瞬时冷却,最后再加入反应体系当中,引物二聚体就会消失。

(6)所配反应体系Mix中加5%的甘油或者5%的DMSO,可以增强特异性。

(7)PCR反应体系的配制在冰上进行,最后加Taq酶;PCR结束后,产物勿放置在室温下过长时间,有人认为室温下有些Taq酶会将多余的引物合成为二聚体。

(8)适当增加循环数。

(9)降低退火温度后有多条带,则应逐渐提高温度,若提高温度的同时产物量减少,则考虑增加Mg^{2+}浓度(根据扩增片段长度而定,片段长则相应Mg^{2+}浓度应该高一些)。

(10)若降低退火温度,发现还是只有引物二聚体,而且Mg^{2+}浓度在20~25 mmol/L没有区别,则考虑PCR缓冲液等试剂没有完全溶解、混匀,导致吸取的试剂浓度错误。

(11)将上次PCR产物用作模板进行第二次PCR,可以提高引物与模板的特异性,减少引物二聚体。如果两次时间间隔短的话，可以把原产物稀释 100～1 000 倍；如果间隔较长可以稀释 50～100 倍。

3. PCR 电泳图谱中出现涂抹带(smear)的原因和对策

原因	对　策
酶量过多	以 0.5 U 为间隔适当减少酶量 通常 25 μL 反应体系 1～2 U Taq
变性时间过短	变性时间以 5 s 间隔递增 基因组较大时，预变性时间要 3 min 以上
变性温度过低	变性温度 0.5℃间隔递增。变性温度通常为 94～95℃
退火温度过低	2℃间隔递增。根据 Tm 合理设计退火温度
Mg^{2+} 浓度过高	适当降低 Mg^{2+} 浓度，从 1 mmol/L 到 3 mmol/L，间隔 0.5 mmol/L 进行一系列反应，确定每个模板和引物对应的最佳 Mg^{2+} 浓度
dNTP 量过少	50 μmol/L 间隔递增
延伸时间过长	30 s 间隔递减 根据目标片段长度，按照 800 bp/min 估算延伸时间
循环次数过多	2 个循环递减，通常 PCR 的循环数 30～35 个
模板量过多	模板量 20%间隔递减 建议将模板浓度调整为 30～50 ng/μL，每个反应 1～2 μL

4. PCR 电泳图谱中出现很多非特异 DNA 带的原因和对策

原因	对　策
引物浓度过高	1.0 μmol/L 间隔递减
引物设计不合理	改变引物的位置，增强特异性。增长引物的长度，增强特异性。设计前，先做同源基因序列比对；设计后，要做 blast 核实
酶量过多	0.5 U 间隔递减，通常 25 μL 体系 1～2 U Taq
循环次数过多	2 个循环递减，通常 PCR 的循环数为 30～35 个
退火温度过低	2℃间隔递增 退火温度一般比 Tm 低 5～10℃，选择较高的退火温度可大大减少引物和模板间的非特异性结合，提高 PCR 特异性
预变性从室温升至变性温度过程中引物非特异性退火	采用热启动法(hot start)或冷启动法(cool start)
变性温度过低	变性温度 0.5℃间隔递增
延伸时间过短	30 s 间隔递增 根据目标片段长度，按照 800 bp/min 估算延伸时间
模板量过多	模板量 20%间隔递减 建议将模板浓度调整为 30～50 ng/μL，每个反应 1～2 μL

5. PCR扩增出现假阳性的原因和对策

原因	对　　策
靶序列或扩增产物的交叉污染	操作时应小心轻柔,防止将含靶序列的样品(模板)吸入加样枪内或溅出离心管外;防止将含靶序列的样品(PCR产物)在点样时漂移到相邻点样孔 试剂或器材应高压消毒,破坏存在的核酸
试剂污染	各种试剂先进行分装,并低温贮存
引物设计不合适	重新设计引物,使目的扩增序列与非目的扩增序列同源性很低
反应条件不合适	调整和优化反应体系和程序

十二、参考文献

1. Duan X L, Hou Q L, Liang R Q. Expression of Two Synthetic Lectin Genes sGNA and sNTL in Transgenic Wheat enchanced resistance to Aphids. Research Journal of Biotechnology, 2015, 10(7): 11-18.

2. Mullis K B. The unusual origin of the polymerase chain reaction. Scientific American, 1990, 262(4): 56-61, 64-65.

3. 李燕. 精编分子生物学实验技术. 西安:世界图书出版公司,2017.

4. 林炳辉,吕婷云. 聚合酶链式反应(PCR)的原理和应用. 生物技术通报,1990,05:1-5.

5. 牛建章. 实验分子生物学实验指南. 保定:河北大学出版社,2005.

6. 王金发,戚康标,何炎明. 遗传学综合实验教程. 北京:科学出版社,2012.

7. 薛仁镐,盖树鹏. 分子生物学实验教程. 北京:高等教育出版社,2011.

8. 赵丹阳,王卫东,张嘉程,等. 小麦新型 Avenin-like type b 基因克隆、功能预测及品质相关分析. 麦类作物学报,2007,37(10):1265-1275.

9. 张文超. 聚合酶链反应(PCR)技术与基因扩增分析仪器(PCR仪). 生命科学仪器,2005,3(3):13-19.

(邢国芳)

实验十　分子标记的开发和应用

一、背景知识

分子标记（molecular marker）是遗传标记的一种，是指可遗传的并可检测的DNA序列或蛋白质。狭义的分子标记仅指DNA标记，即DNA序列的差异，DNA序列的变化例如单碱基的替换、DNA片段的插入、缺失、易位和倒位等变化可以造成个体之间的遗传变异。DNA分子标记是继形态学标记、生化标记和细胞学标记之后发展起来的新型遗传标记法，因其具有数量多、多态性高、可直接反映生物基因组多态性，可应用于重要性状基因标记、连锁图谱构建、标记辅助选择及遗传多样性分析等方面，已广泛应用于动植物遗传育种和基因组研究领域。

利用分子标记来提高育种效率，缩短育种时间的新技术——分子标记辅助选择（marker assisted selection，MAS）技术，利用分子标记从分子水平上快速准确地分析个体的遗传组成，从而实现对基因型的直接选择，进行分子育种。利用分子标记技术检测与目标基因紧密连锁的分子标记的基因型，可以推测和获知目标基因型，直接对目标基因进行选择。相对于传统的选择方法，大大提高了选择效率。

随着现代分子生物学技术的迅速发展，特别是PCR技术、基因组学测序技术的发展，产生了许多新的分子标记。本实验只是介绍SSR分子标记、InDel分子标记和CAPS分子标记这3种现在常用的基于PCR的分子标记，以此来学习和掌握分子标记原理、实验操作和应用。

分子标记SSR（simple sequence repeats，SSR）即简单序列重复，是一种以特异引物PCR为基础的分子标记技术，也称微卫星DNA（microsatellite DNA），是基因组内以1～6个核苷酸为重复单元组成的串联重复序列，如$(AC)_n$、$(GA)_n$、$(AT)_n$、$(AAG)_n$、$(AAT)_n$等，其中n代表重复次数，从几个到几十个不等，广泛分布于基因组的不同位置，长度一般为100～200 bp。由于不同等位基因间的重复数存在丰富差异，具有高度变异性，这些变异表现为微卫星数目的整倍数变异或重复单位序列中的序列有可能不完全相同，因而SSR具有多态性，但每个SSR两侧的序列一般都是相对保守的单拷贝序列。SSR标记为共显性标记，大量、随机地分布在整个基因组中，多态性好，仅需少量DNA就可进行PCR扩增，其产物通过电泳分析，操作简单，分辨率高，PCR扩增的重复性高，已广泛应用于遗传图谱构建、基因定位、指纹图分析等研究中。

InDel（insertion-deletion）标记即插入缺失标记，指的是两种亲本中在全基因组中的差异，相对另一个亲本而言，其中一个亲本的基因组中有一定数量的核苷酸插入或缺失。根据基因组中插入缺失位点，设计一些扩增这些插入缺失位点的PCR引物，这就是InDel标记。尤其是基因组中功能基因序列中碱基的插入、缺失会对基因的转录激活活性产生一定影响，从而影响植物的性状。InDel 标记是一类共显性分子标记，在基因组中分布广泛、密度大、数目多，且检测准确性高、变异稳定，避免了由于特异性和复杂性导致后续分析模糊的问题。

CAPS(cleaved amplified polymorphic sequence，CAPS)技术是基于 PCR 扩增与酶切反应相结合的方法，即利用能够区分识别目标 SNP 位点序列的某种限制性内切酶，对不同 SNP 区段的 PCR 片段进行酶切并通过电泳分型。CAPS 分子标记通常基于已知的基因，为共显性标记，仅需少量的 DNA，通过 PCR 和琼脂糖凝胶电泳就能鉴定纯合基因型和杂合基因型，因其基于候选基因的基因型特征多态性，提高了育种程序中遗传作图和可靠分子标记应用的能力。

二、实验原理

SSR 分子标记是在动植物基因组中广泛存在的由 1～5 个碱基对组成的简单序列重复。同一类微卫星 DNA 可分布在基因组的不同位置上。由于微卫星中的重复单位数目是高度变异的，且每个微卫星 DNA 两端的序列一般是相对保守的单拷贝序列，因而通过在 SSR 两侧序列设计一段互补的特异性引物，对基因组总 DNA 进行 PCR 扩增，扩增片段通过电泳分析其长度多态性。

InDel 分子标记是基于基因特异性分子标记的开发，将等位基因 BLAST 比对后，查找筛选出特异的 InDel 位点，针对 InDel 位点来设计特异引物，进行 PCR 扩增，根据扩增产物片段的大小区分等位基因，从而获得目的基因的 InDel 标记。InDel 标记本质上属于长度多态性遗传标记，可基于 PCR 扩增技术对 InDel 进行检测，通过电泳即可对其进行检测，常用的电泳分型平台有琼脂糖凝胶电泳、变性或非变性聚丙烯酰胺及毛细管凝胶电泳。琼脂糖凝胶电泳，操纵简单，但分辨率差，聚丙烯酰胺凝胶电泳(PAGE)分辨率高、灵敏性好，被广泛应用于种子真实性鉴定中。毛细管荧光电泳以毛细管为分离通道，具有高通量、高自动化、数据容易整合等特点。

CAPS 分子标记技术是基于已知基因序列的 SNP 位点，利用特异性引物通过 PCR 扩增出包含有 SNP 位点的特异性片段，再用限制性内切酶切割目的片段，通过凝胶电泳检测不同品种之间 SNP 的差异和限制性内切酶切割位点的不同，从而进行多态性识别。与 RFLP 技术一样，CAPS 技术检测的多态性其实是酶切片段大小的差异。

三、实验目的

1. 掌握分子标记的原理和方法。
2. 认识 InDel、SSR 和 CAPS 的原理以及操作的基本步骤。
3. 掌握利用凝胶电泳检测的分子标记的原理及方法。

四、实验材料

1. 水稻 9311 和日本晴基因组 DNA、玉米豫玉 22 及其亲本综 3 和 87-1 基因组 DNA。
2. InDel 引物、SSR 引物、CAPS 引物。

五、试剂与仪器

10 × PCR 缓冲液、2.5 mmol/L dNTPs/(含 dATP、dCTP、dGTP、dTTP 各 2.5 mmol/L)、Taq 酶(5 U/μL)、无菌 ddH_2O、琼脂糖、DNA marker 等。

基因扩增仪、电泳仪、电泳槽、紫外凝胶成像仪、0.2 mL 离心管、枪头、微量移液器等。

六、实验步骤及其解析

(一)SSR 引物的开发及鉴定

1. 利用 CTAB 法提取玉米基因组 DNA。
2. 利用 SSR 引物,进行 PCR 扩增。
3. 对 PCR 产物进行聚丙烯酰胺凝胶电泳检测,采用变性 PAGE 胶银染的方法。
4. 数据分析。

(二)水稻 InDel 分子标记的开发及鉴定

1. 选择感兴趣的水稻已知功能基因。通过中国水稻数据中心网站(http://www.ricedata.cn/gene/index.htm),结合相关文献,下载已知基因的信息(Locus、基因名字、相关性状、基因功能)。

2. 在 NCBI 网站(http://www.ncbi.nlm.nih.gov/blast/)的 PLANT BLAST 网页下,将该基因的序列在籼稻与粳稻间进行比对,通过分析 BLAST 结果找到理想的 InDel 位点,一般要求多态性差异为 5~20 bp,这样的 InDel 设计成功率高,便于检测。

3. 将包含目标 InDel 位点 1 000 bp 左右的基因序列导入在线引物设计软件 Primer Premier 5.0 中在线设计引物。一般要求引物的长度为 18~22 bp,正反向引物长度差异不超过 3 bp,避免引物之间产生二聚体,引物的退火温度(Tm)在 55~62℃,PCR 产物大小在 500 bp 左右为宜。

4. 利用设计好的 InDel 引物,对不同品种材料的模板 DNA 进行 PCR 扩增,根据引物的 Tm 和产物大小,设置 PCR 的退火温度和延伸时间。

5. 对 PCR 产物进行聚丙烯酰胺凝胶电泳检测,银染。

6. 统计带型差异,鉴定引物是否可用。

(三)CAPS 引物的开发及鉴定

1. 从 GenBank(http://www.ncbi.nlm.nih.gov/)下载感兴趣的基因序列。

2. 根据文献报道定位已知的候选 SNP 位点,选择合适的 SNP 位点,分别开发 CAPS 分子标记。

3. 针对 SNP 位点,分别选择特异、经济的内切酶作为候选标记所用内切酶。

4. 利用 Primer5.0 软件在候选 CAPS 标记位点两侧设计 PCR 引物,预测产物大小和经酶切后的理论产物大小。

5. 以基因组 DNA 为模板，采用 CAPS 引物，进行 PCR 扩增，对 PCR 产物采用 1.5%琼脂糖凝胶电泳进行检测，对 PCR 产物进行测序。

6. 采用 Multalin（http://multalin.toulouse.inra.fr/multalin/multalin.html）和 DNAMAN 软件进行测序比对和分析。

7. 酶切分析参照限制性内切酶酶切操作指南，酶切体系为 10 μL，其中 PCR 产物 5 μL，内切酶 3 U，酶切缓冲液 1.5 μL。将酶切反应体系放入 37℃恒温水浴锅中，30 min 后取出。

8. 采用 1.5%的琼脂糖凝胶电泳检测 CAPS 标记的酶切产物。

七、实验结果与报告

1. 预习作业：什么是分子标记？常见的有哪些？

2. 结果分析与讨论：附上不同引物的琼脂糖凝胶电泳图（记录 DNA marker 位置及产物大小），比较 3 种分子标记引物的特点及应用范围。

八、思考题

1. 有哪些途径可以开发基因组 SSR 和 InDel 分子标记？

2. 如何利用现有的网站信息开发基因分子标记？

3. CAPS 分子标记与 SSR 和 InDel 标记有哪些不同？

4. InDel、SSR 和 CAPS 分子标记有哪些优缺点？

数字资源 10-1
实验十思考题参考答案

九、研究案例

1. InDel 分子标记在玉米杂交种纯度鉴定中的应用（张体付，2012）

利用玉米自交系 B73 和 Mo17 基因组序列差异，开发筛选出 13 对在亲本及杂交种之间扩增条带清晰、特异性强的共显性标记，用于相应杂交种的纯度鉴定。当杂交种样本的琼脂糖凝胶电泳条带为双亲互补型时，则认为是真的杂交种；当杂交种样本的琼脂糖凝胶电泳带型为偏像亲本的单一条带时，则认为是亲本自交种子；当杂交种样本的琼脂糖凝胶电泳条带不同于亲本互补带或单一带时，则认为是外来花粉污染的异交种（图 10-1）。

图 10-1 共显性 InDel 分子标记在杂交种样品中的检测

1. 母本条带；2. 父本条带；3～38. 泳道为杂交种本条带，其中 14 出现了母本条带，判断为母本自交种

2. 利用 SSR 分子标记定位玉米籽粒含水量性状候选基因（王新涛等，2018）

该论文利用 2 个玉米亲本（籽粒高含水量与低含水量）中具有多态性的 SSR 引物，采用 BSA 法，检测了 F_2 代分离群体中的低含水量 DNA 混合池和高含水量混合池，发现其中两对

引物在两池间具有多态性(图 10-2)。筛选到与玉米含水量连锁的分子标记。

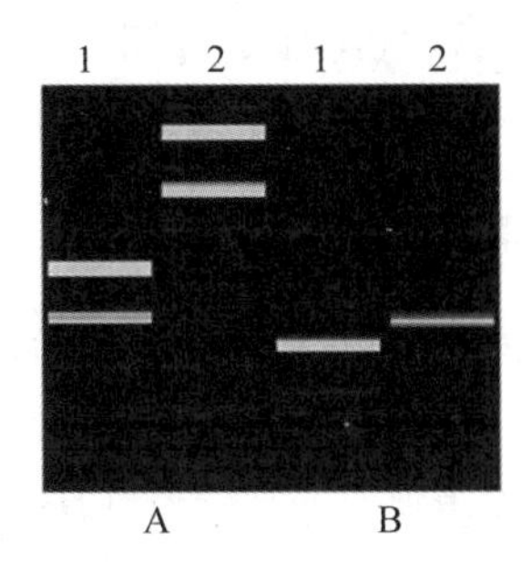

图 10-2　两对 SSR 引物在玉米含水量高与低的 2 个混合池中的扩增情况

A. 引物 umc1031;B. 引物 umc1088;1. 高含水量 DNA 池;2. 低含水量 DNA 池

3. 利用 CAPS 引物对大豆胞囊线虫主效抗病基因 *Rhg*4(*GmSHMT*)进行分离鉴定(史学晖等,2015)

该研究针对抗大豆胞囊线虫病的重要候选位点 *Rhg*4(*GmSHMT*)上的 SNP 位点开发了 CAPS 分子标记(*Rhg*4-389),并用该标记鉴定了 193 份代表性抗感种质(图 10-3)。开发了可用于辅助选择的抗大豆胞囊线虫的有效分子标记,方便育种家利用,为育种家利用优异抗原提供了重要信息。

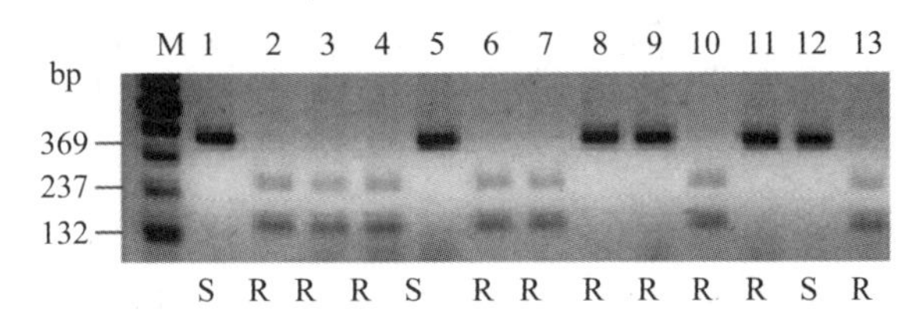

图 10-3　大豆 CAPS 分子标记 *Rhg*4-389 在 13 份大豆种质资源中的多态性

M. marker DL100;1. Williams 82;2. Peking;3. PI90763;4. Forrest;
5. Essex;6. PI437654;7. 元钵黑豆;8. PI 209332;9. PI 548316;
10. 赤不流黑豆;11. PI 88788;12. 泰兴黑豆;13. 抗线 1 号;
S. 感病种质;R. 抗病种质

十、拓展知识

1. 玉米 SSR 指纹库的构建

DNA 指纹是指某一品种特异的 DNA 片段,由各特异指纹片段构成 DNA 指纹库。DNA 指纹库的建立对于品种的真实性检验和品种审定工作具有重要意义。目前,我国在玉米 DNA 指纹库构建方面取得了重大进展。确立了以 40 对 SSR 引物为标准的体系,并进行了大量的 DNA 建库工作。农业部自 2010 年起,启动了对玉米、水稻、小麦、棉花、大豆等主要农作物的标准样品的征集工作,要求凡是已审定通过的品种,必须按规定提交标准样品,为标准样品 DNA 指纹库的构建提供了可靠的样品来源。赵久然等提出了核心引物组合法,通过有限组合不同的引物可以满足大范围的品种鉴定需求,不同的实验室通过使用固定的一套核心引物组合来对玉米种子的真实性进行检测,为玉米 DNA 指纹分析的标准化奠定了基础。王凤格等确立了玉米建库的SSR标记体系,毛细管电泳结合多色荧光的检测方法,提出固定一套核心引物,确定其等位基因BIN,基于荧光毛细管电泳检测平台,建立了基于3 998份玉米审定品种为标准品的40对SSR核心引物DNA指纹库,建立了玉米品种标准指纹库在全国种子检验系统的共享。

2.分子标记的发展历程

分子标记在分子生物学的发展过程中诞生和发展,目前已经发展到几十种。通常将分子标记的发展历程分为以下三个阶段。

(1)1974年,Grozdicker等利用经限制性内切酶酶切后得到的DNA片段差异鉴定温度敏感型腺病毒DNA突变体,首创了DNA分子标记,即第一代的分子标记——限制性片段长度多态性标记(restriction fragment length polymorphisms,RFLP标记),从而开创了直接应用DNA多态性发展遗传标记的新阶段。

(2)1980年后,随着PCR技术的出现,推动了许多新型分子标记的诞生和发展,如Hamade(1982)发现了第二代分子标记——简单序列重复标记(simple sequence repeats,SSR),Williams和Welsh等(1990)发明了随机扩增多态性DNA标记(random amplification polymorphism DNA,RAPD)和任意引物PCR(arbitrary primer PCR,AS-PCR),Zabeau和Vos(1993)发明了扩增片段长度多态性(amplified fragment length polymorphisms,AFLP),Zietkiewicz等(1994)发明了简单重复间序列标记(inter-simple sequence repeat,ISSR)。还有,Adams(1991)建立了可以简便快速鉴定大批基因表达的技术——表达序列标签(expressed sequence tag,EST)标记,Velculescu等(1995)发明了基因表达序列分析技术(serial analysis of gene expression,SAGE)。

(3)随着核酸测序技术的发展,在人类基因组计划的实施过程中,第三代分子标记——单核苷酸多态性(single nucleotide polymorphism,SNP)于1988年诞生了。SNP是指染色体基因组水平上某个特定位置单碱基的置换、插入或缺失引起的序列多态性。SNP的发现有两种途径:一是对同源片段测序或直接利用现有基因与序列,通过序列比对,获取多态性的位点,通过特异扩增和酶切相结合的方法进行检测;二是由于SNP标记通常表现为二等位多态性,也可直接应用高通量快速的微阵列DNA芯片等高新技术来发现与检测生物基因组或基因之间的差异。

十一、参考文献

1.姜静.分子生物学实验原理与技术.哈尔滨:东北林业大学出版社,2003.

2.李元龙,王中华.分子标记技术在作物育种中的应用与展望.河南师范大学学报,2016,44(3):140-145.

3.潘存红,王子斌,马玉银,等.InDel和SNP标记在水稻图位克隆中的应用.中国水稻科学,2007,21(5):447-453.

4.沈仁飞.SSR分子标记及其在玉米真实性鉴定上的应用.云南农业科技,2018,5:36-38.

5.史学晖,李英慧,于佰双,等.大豆胞囊线虫主效抗病基因Rhg4(GmSHMT)的CAPS/dCAPS标记开发和利用.作物学报,2015,41(10):1463-1471.

6.孙其信.作物育种学.北京:高等教育出版社,2011.

7. 王新涛，杨青，代资举，等. 玉米籽粒含水量性状相关 SSR 分子标记的筛选和分析. 分子植物育种，2018，16(2)：472-476.

8. 张丹丹，周延清，杨珂. 基因特异性分子标记在植物育种中的研究进展. 湖北农业科学，2018，57(11)：5-9.

9. 张体付，葛敏，韦玉才，等. 玉米功能性 Insertion/Deletion(InDel)分子标记的挖掘及其在杂交总纯度鉴定中的应用. 玉米科学，2014，20(2)：64-68.

10. 张献龙. 植物生物技术. 北京：科学出版社，2012.

（邢国芳）

实验十一　半定量 RT-PCR 技术的原理及应用

一、背景知识

高等生物基因表达的变化是调控细胞生命活动的核心机制，正是由于基因的差异表达才决定了生物体的所有生命过程。因此，研究不同类型细胞或同一类型细胞在不同发育时期或不同发育状态下基因表达的变化，已成为当今生物学的研究热点之一。而半定量反转录多聚合酶链式反应 RT-PCR(Reverse transcription polymerase chain reaction，RT-PCR)技术是探讨基因转录水平的有效方法。

半定量 RT-PCR 技术的核心是 PCR，是 20 世纪 80 年代末出现的一种相对定量的技术。可用于检测细胞中基因表达水平和直接克隆特定基因的 cDNA 序列。RT-PCR 与 Northern 印迹、RNase 保护分析、原位杂交及 S1 核酸酶分析在内的其他 RNA 分析技术相比，具有灵敏、简捷、特异性高等优点，因此我们常利用此技术克隆 cDNA 或分析某一特异基因在组织细胞中的表达情况。

二、实验原理

半定量 RT-PCR 是利用相同量的 RNA 反转录成 cDNA 后进行聚合酶链式扩增(PCR)，然后将扩增产物进行电泳判断基因表达产物量的差异。为避免样本间模板质量和扩增效率的差异而导致最终结果的差异，在 PCR 反应体系中引入表达量稳定的内参基因(如 β-actin，GAPDH，18S rRNA 等基因)作为对照。将 RNA 反转为 cDNA 后，用内参基因扩增各样本并分析各样本间扩增产物的密度是否一致，最后以内参基因扩增产物条带的光密度作为标准，计算出靶基因扩增条带光密度与其之比值，并通过观察各样本扩增产物的比值，得出靶基因表达量的相对变化。

三、实验目的

1. 掌握半定量 RT-PCR 技术的基本原理和操作方法。
2. 初步掌握反转录 cDNA 的步骤和注意事项。

四、实验材料

小麦、玉米和水稻等植物的特定时间或组织(如幼嫩叶片、灌浆期种子等)提取的总 RNA。

五、试剂与仪器

Takara 反转录试剂盒(PrimeScript™ Ⅱ 1st strand cDNA synthesis kit)、easy dilution、ddH_2O、dNTPs、PCR 缓冲液、rTaq 聚合酶、琼脂糖、6 ×上样缓冲液、50×TAE 电泳缓冲液(见附录)、10 000× DuRed 核酸染料。

微量移液器、灭菌 1.5 mL 和 2.0 mL 离心管、灭菌枪头、锥形瓶、量筒、台式离心机、电子天平、微波炉、电泳槽、电泳仪、紫外凝胶成像仪。

六、实验步骤及其解析

(一)cDNA 第一链合成

1. 将模板 RNA 在冰上解冻;Primer Mix、dNTPs、RNase-free ddH_2O 在室温(15～25℃)解冻,解冻后迅速置于冰上。配制下列反应混合液(10 μL)。

试剂	使用量
oligo dT primer(50 μmol/L)	1 μL
random 6 mers (50 μmol/L)	0.5 μL
dNTPs(10 mmol/L each)	1 μL
总 RNA	5 μg 以下
RNase-free ddH_2O	补至 10 μL

为避免 RNase 污染,在实验中要佩戴一次性手套和口罩。

所提取的总 RNA 中应加入 DNase,以避免总 RNA 中基因组 DNA 的干扰。

通常模板量为 50 ng 至 2 μg 总 RNA。在反转录之前必须对所提取的总 RNA 浓度进行调整,使所要进行反转录的 RNA 稀释到同一浓度,然后再进行反转录。

在进行反转录实验过程中,所用的枪头及 PCR 管都需同提 RNA 一样处理。

使用前将每种溶液涡旋振荡混匀,简短离心以收集残留在管壁的液体。

根据实验目的,可以用靶标基因的特异性下游引物代替 $oligo(dT)_{15}$ 引物或随机引物。特异性引物的浓度应根据反转录的种类进行调整,通常为 5 pmol/20 μL 反应体系,反转录反应可设置为 42℃,15 min。当 PCR 反应有非特异性扩增时,将反转录温度升到 50℃会有改善。

反应程序:65℃保温 5 min 后,冰上迅速冷却。

上述处理可使 RNA 变性,尤其是对于二级结构很复杂的 RNA 模板,从而提高反转录效率。

2. 在上述 PCR 反应管中配制下列反转录反应液,总量为 20 μL。

试剂	使用量
上述变性后反应液	10 μL
5× PrimeScript Ⅱ buffer	4 μL
RNase inhibitor (40 U/μL)	0.5 μL
PrimeScript Ⅱ RTase(200 U/μL)	1 μL
RNase-free ddH_2O	补至 20 μL

做反转录时,先将第一步和第二步的反应液同时配好,第一步变性结束后,将第二步的反转录反应液分装到第一步的 PCR 管中,避免 RNA 的损耗。

反转录体系可以根据需要相应扩大或缩小。

3. 缓慢混匀。

4. 反应程序:30℃ 10 min;42℃ 30～60 min;70℃ 10 min;4℃保存。

当 PCR 反应有非特异性扩增时,将反转录温度升到 50℃会有改善。

将逆转录产物置于冰上,再进行后续 PCR 反应;如果需要长时间保存,则置于－20℃以备后续实验。

所有操作过程均需在冰上进行。

(二)引物的设计

应用 Primer5.0 软件设计靶基因特异 PCR 引物,选择内参基因(如 β-actin, GAPDH, 18S rRNA 等的基因)作为对照。

靶基因引物尽量跨外显子或在基因非保守区设计,保证引物的特异性。

(三)以上述反转好的 cDNA 为模板可进行靶基因的表达检测

1. 对照组(以 *β-actin* 作为内参)

试剂	体积
10× PCR 缓冲液	1 μL
dNTPs	0.8 μL
rTaq	0.06 μL
β-actin (F+R)(5μmol/L)	0.8 μL
cDNA(用 easy dilultion 1∶2 稀释)	2 μL
ddH_2O	补至 10 μL

反应程序:首先 94℃预变性 3 min;接着 94℃变性 30 s,60℃退火 30 s,72℃ 延伸 50 s,共 35 个循环;然后 72℃延伸 10 min;最后 18℃保存。

为了降低 PCR 仪工作负荷,延长其使用寿命,建议最后采用 16～18℃保存,而不是 4℃保存。

电泳结果分析:

(1)配置 1%的琼脂糖胶,在扩增产物中加入 2 μL 6×上样缓冲液,电泳,用紫外凝胶成像仪拍照。

(2)用 Gene Tool 软件选定电泳图谱区带,根据光密度值和浓度成正比的关系,选定各样品其中一个样品作为参考,根据光密度值调整其他样品模板的浓度,使扩增靶基因时加入各个样品 cDNA 模板的浓度都相同。用内参基因将模板浓度调整一致即胶图亮度一致(图 11-1)。

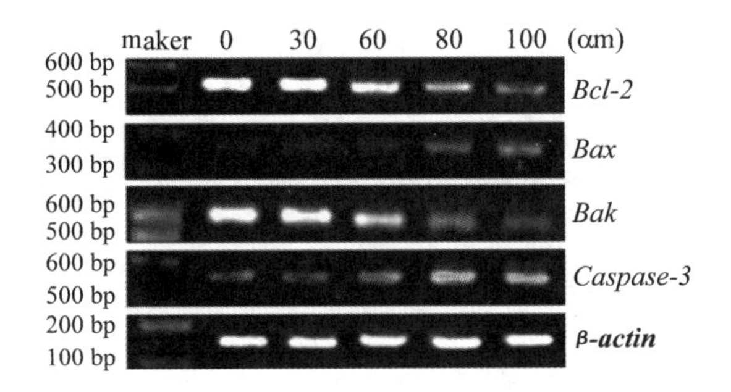

图 11-1　用内参基因调整模板浓度

内参基因 *β-actin*；靶基因 Bcl-*2*、Bax、Bak 和 Caspase-*3*。

2. 通过内参基因将各样品的 cDNA 模板浓度调整一致后进行靶基因的表达检测

样品组

试剂	用量/μL
10× PCR 缓冲液	1
dNTPs	0.8
rTaq	0.5
靶基因 Primer (F+R)(5 μmol/L)	0.8
cDNA(用 easy dilultion 1∶2 稀释)	根据调整的浓度加
ddH_2O	补至 10

反应程序：先 94℃预变性 3 min，接着 94℃变性 30 s，适当温度退火 30 s，72℃ 延伸适当时间，35 个循环，然后 72℃ 10 min，最后 4℃保存。

cDNA 原液在作为模板之前需要用 easy dilution 稀释，一般以 1∶2 稀释，做 PCR 时取 2 μL 稀释后的溶液进行普通 PCR 反应，如果用原液作模板，加入量不能超过总体积的 1/10。

在 RT-PCR 反应中，若产生非特异性扩增或无扩增产物时，将 cDNA 合成反应液用 RNase H 处理可以改善 PCR 扩增结果。

使用基因特异引物时，反转录反应可设置为 42℃，15 min。当 PCR 反应有非特异性扩增时，将反转录温度升到 50℃会有改善。

若后续实验为实时荧光定量 PCR，反转录产物的加量应不超过 PCR 体系终体积的 1/10。

(四)电泳检测

配制 1%的琼脂糖胶，在扩增产物中加入 2 μL 6×上样缓冲液，电泳跑胶，用紫外凝胶成像仪拍照。

七、实验结果与报告

1. 预习作业：PCR 过程中的预变性、变性、退火和延伸各步骤的目的是什么？
2. 结果分析与讨论：RT-PCR 过程中产生弥散条带是什么原因？

八、思考题

1. 琼脂糖凝胶分析中看到少量或没有 RT-PCR 产物可能的原因及处理方法？

2. 在琼脂糖凝胶分析中观察到非预期条带的原因及处理方法？

3. 怎样检测 RT-PCR 模板是否降解？

数字资源 11-1
实验十一思考题参考答案

九、研究案例

1. 利用半定量 RT-PCR 分析水蛭抗凝因子 Antistasin 的时空表达情况(Kwak & Park, 2019)。

该研究以拉塔白纹夜蛾和澳大利亚黑斑夜蛾为材料，利用半定量 RT-PCR 技术研究了在墨西哥水蛭唾液腺中发现的，从澳大利亚海洛氏菌中新分离出来的抗凝因子编码基因 *antistasin* 在胚胎形成过程中的时间表达模式。结果(图 11-2)表明，*Hau-antistasin1* 在胚胎分裂的第 4 阶段有独特的表达，在器官形成的后期有强烈的表达，其他 *antistasin* 成员也有表达。

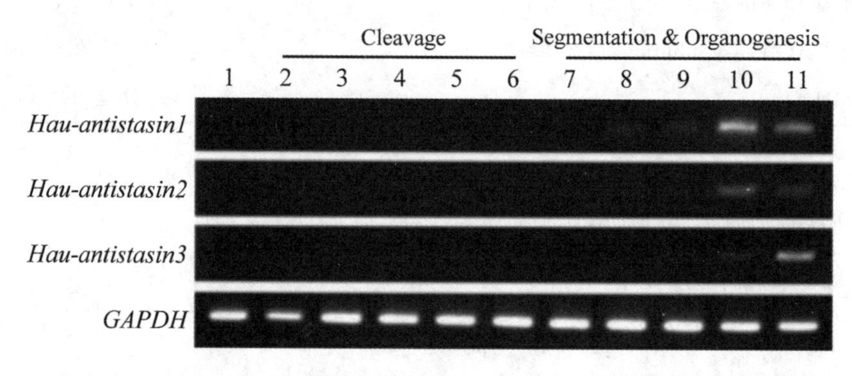

图 11-2 *Hau-antistasin* 基因和内参基因 *GAPDH* 的半定量 RT-PCR 分析

2. 利用半定量 RT-PCR 技术分析低温胁迫差异表达基因在佛手和枳中的表达情况(张真真和邱立军，2015)

该研究以佛手和枳为试材，−4℃低温处理 24 h 后，采用半定量 RT-PCR 技术，研究佛手 34 个低温胁迫差异表达基因在佛手和枳中的表达情况，通过比较获得佛手低温敏感相关基因，分析两者抗寒性差异原因。结果(图 11-3)表明，佛手和枳中变化趋势不同的基因有 17 个，其中 14 个基因在佛手中表达量有变化，枳中表达量不变，3 个基因在佛手与枳中表现出完全相反的变化趋势；8 个基因变化趋势相同；9 个基因在枳中未检测到。推测 17 个变化趋势不同的基因可能与佛手低温敏感相关，它们所介导的分子途径可为揭示佛手低温敏感提供有力证据；9 个枳中未检测到的基因是佛手中特异表达基因，可能是引起佛手低温敏感，造成佛手和枳抗寒性差异的关键基因。

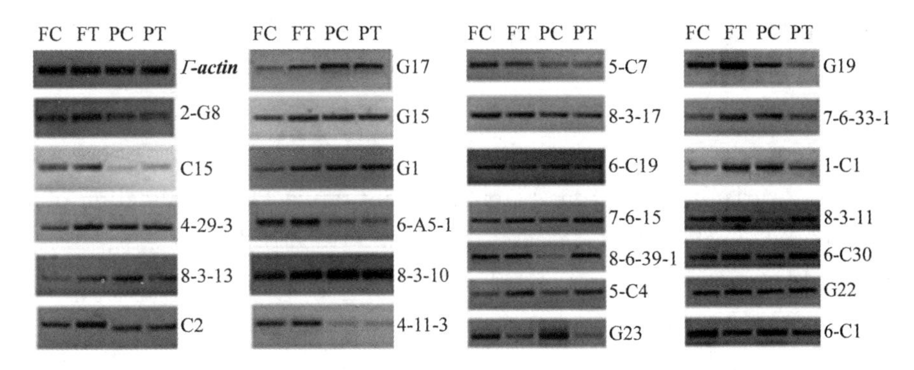

图 11-3　佛手 34 个低温胁迫差异表达基因在佛手和枳中的半定量 RT-PCR 分析

FC. 佛手对照；FT. 佛手低温处理；PC. 枳对照；PT. 枳低温处理

十、附录

1. 泡实验器具的 DEPC-ddH_2O 的配制：配制方法见实验一。

2. 反转录中所用的 DEPC-ddH_2O 的配制：100 mL 蓝盖试剂瓶内装 40 mL ddH_2O，加 40 μL DEPC，37℃过夜，拧松蓝盖，高压灭菌 20 min 后，分装到多个 1.5 mL 离心管中，−20℃冰箱中保存备用。

十一、拓展知识

半定量 RT-PCR 技术是基因表达分析的一种方法，其操作方法是在野生型和突变体中用一个管家基因（通常是 *actin*）做参照标准来观察目标基因在各自的表达情况（上调还是下调），所谓半定量的“半”是通俗的说法，即在看电泳图估计参照亮度一致（可看作是表达的细胞数一致）情况下，确定目标基因的表达情况。

利用该技术研究某基因表达量的变化时，需要将相同量的 RNA 进行反转录后，再 PCR 扩增，然后将扩增产物进行电泳判断表达量的差异。为避免样本间模板质量和扩增效率的差异而导致最终结果的差异，在 PCR 反应体系中引入了内参基因。在一般情况下大多选用与靶基因序列无关的内参基因，如 β-肌动蛋白（β-actin）和甘油-3-磷酸脱氢酶（GAPDH）以及 18S rRNA 等的基因，因为这些基因的转录比较稳定，含量相对丰富。

将相同浓度等量的 RNA 反转录为 cDNA 后，使靶基因和内参基因在同管或不同管中一起扩增。同管扩增时，内参扩增产物的大小最好与靶基因扩增产物的大小相差 200 bp 以上，这样便于观测结果；在异管扩增时，在对扩增产物分析时，首先根据各样本间内参基因扩增条带密度是否一致，亮度是否一致，粗略地判断各样本抽提的效率、质量和扩增效率是否一致，然后用 Gene Tool 软件对内参基因扩增样品的电泳图谱进行分析，计算每个样品的光密度值，选定其中一个样品条带的光密度值作为参考对照，计算其他样品的光密度值与参考对照光密度值的比值，根据光密度值和浓度成正比的关系，在检测靶基因的表达时，在 PCR 反应中使加入的各个样品的 cDNA 的浓度一致，最后将扩增的电泳图谱用 Gene Tool 软件分析各样品的光密度值，计算出靶基因扩增条带光密度与对照样品光密度的比值，并通过观察各样本扩增产物的比值,得出靶基因的表达量的相对变化来确定靶基因的表达水平。

十二、参考文献

1. Cottrez F, Auriault C, Apron A, et al. Quantitative PCR: validation of the use of multispecific internal. Nucleic Acid Research, 1994,22(1):2712-2713.

2. Wei L J, Wang Z Y, Yang X, et al. The mechanism and tumor inhibitory study of Lagopsis supine ethanol extract on colorectal cancer in nude mice. BMC Complementary and Alternative Medicine, 2019 (19): 173.

3. Kwak H J, Park J S, Medina Jiménez B I, et al. Spatiotemporal expression of anticoagulation factor antistasin in freshwater leeches. International Journal of Molecular Sciences, 2019 (20): 3994.

4. 张真真,邱立军,李玲,等. 低温胁迫差异表达基因在佛手和枳中的半定量 RT-PCR 分析. 浙江农业学报,2015,27(12):2105-2113.

（张　宏）

实验十二　实时荧光定量 PCR

一、背景知识

实时荧光定量 PCR 技术(quantitative real-time RT-PCR,qRT-PCR)是 20 世纪 90 年代由美国 Applied Biosystems 公司推出的一种在 PCR 反应体系中加入荧光基团,利用荧光信号积累实时监测整个 PCR 进程,最后通过标准曲线对未知模板进行定量分析的方法。它可以从复杂的样品中检测出微量的目标核酸,具有高准确性、高特异性,即使是检测单分子也具有很高的敏感性。目前,该技术已经渗透到所有的分子学科和诊断应用,在生物科学研究和医学研究中发挥着重要的作用。

荧光定量 PCR 按照荧光产生的原理可以分为染色法(SYBR Green 法)和探针法(以 TaqMan 探针为例),前者是利用嵌入荧光染料,简单地反映 PCR 反应体系中总的核酸量,是一种非特异性的检测方法。后者由于增加了探针的识别步骤,特异性、专一性更高。二者各有优缺点,在不同的研究领域中应用。目前,实时荧光定量 PCR 已成为科研的主要工具,一方面实时荧光定量 PCR 技术与其他分子生物学技术相结合使定量极微量的基因表达或 DNA 拷贝数成为可能;另一方面荧光标记核酸化学技术和寡核苷酸探针杂交技术的发展以及实时荧光定量 PCR 技术的应用,使实时荧光定量 PCR 技术有一个足够的基础,被广大临床诊断实验室及法医学实验室所接受,其应用前景将越来越广阔。

二、实验原理

荧光定量 PCR 检测时,加入的荧光化合物可分为非特异性的嵌入荧光染料和特异性荧光(引物)探针两大类型。利用荧光信号的积累来实时监测整个 PCR 进程,得到产物扩增曲线,然后采用合适的数据分析方法计算初始模板数量(绝对定量)或初始模板数量的相对比值(相对定量)。本实验所用 SYBR Green Ⅰ是一种能结合到 dsDNA 小沟部位替代溴化乙啶的具有绿色激发波长的染料,它只有与 dsDNA 结合后才会发出荧光。DNA 解链成为单链时,它从链上释放出来,这时荧光信号急剧减落。因此,荧光强度可以代表扩增产物的数量。

三、实验目的

1. 掌握核酸定量分析技术。
2. 掌握反转录实验基本步骤。

3. 熟悉荧光定量 PCR 基本步骤。
4. 检测 PCR 反应处于指数期的某一点时的 PCR 产物的量。

四、实验材料

小麦、玉米和水稻等植物的幼嫩叶片提取的 RNA(置于－80℃中备用)。

五、试剂与仪器

反转录试剂盒(包含 5×gDNA Eraser buffer、gDNA Eraser 等)、实时荧光定量 PCR 试剂盒、无菌 ddH_2O、RNase-free ddH_2O、上下游引物。

冰盒、微量移液器、灭菌 1.5 mL 离心管、灭菌枪头、八联管、封口膜。

离心机、普通 PCR 仪、超微量分光光度计、realtime PCR 仪。

六、实验步骤及其解析

(一)PCR 特异性引物设计和合成

在 NCBI 网站获取目的基因的 mRNA 序列,利用 Primer premier 5 软件设计引物并进行验证,由公司合成引物。

(二)植物 RNA 反转录

1. 去除基因组 DNA

在冰上配制反应混合液(成分及使用量如下)。为了保证反应液配制的准确性,应先按反应数＋2 的量配制 Master Mix,然后再分装到每个反应管中,最后加入 RNA 样品。

试剂	用量	试剂	用量
5×gDNA Eraser buffer	2.0 μL	gDNA Eraser	1.0 μL
总 RNA	1～2 μg	RNase-free ddH_2O	补至 10 μL

↓

42℃ 2 min(或者室温 5 min)

4℃＋∞

20 μL 反转录反应体系中,TB Green qRT-PCR 法最多可使用 1 μg 的总 RNA,探针 qPCR 分析法最多可使用 2 μg 的总 RNA。

室温反应时,可以延长至 30 min。

部分降解的 RNA 可能无法给出目标基因表达的正确结果。

2. 反转录

在冰上进行反应液配制。考虑到吸取误差,进行各项反应时,应先按反应数＋2 的量配制 Master Mix,然后将 Master Mix 分装 10 μL 到每个反应管中,最后加入 10 μL 步骤 1 的反应液。轻柔混匀后立即进行反转录反应。

试剂	用量/μL	试剂	用量/μL
步骤 1 的反应液	10.0	PrimeScript RT Enzyme Mix I	1.0
RT Primer Mix	1.0	5×PrimeScript buffer 2(for Real Time)	4.0
RNase-free ddH_2O	4.0	Total	20

↓

37℃ 15 min

85℃ 5 s

4℃

先配制 Master Mix,轻轻混匀进行反转录反应。

对于二级结构很复杂的 RNA 模板,推荐使用变性步骤,即在操作步骤之前,将模板 RNA 在 65℃孵育 5 min 后迅速转移到冰上,进行下一步操作。

反转录体系可以根据需要相应扩大。

合成的 cDNA 需要长期保存时,于－20℃或更低温度保存。

(三)实时荧光定量 PCR 的反应体系和程序

1. 退火温度优化

以 Fermentas 公司的 SYBR Green Ⅰ染料为例,按照说明书配制定量 PCR 反应体系。将反转录得到的 cDNA(cDNA mix)作为模板,加入目的基因和内参基因的上下游引物进行扩增,优化退火温度条件。

试剂	用量/μL	试剂	用量/μL
cDNAmix(100 ng/μL)	4	2×SYBR GreenⅠmix	40
上游引物(10 μmol/L)	2	下游引物(10 μmol/L)	2

用灭菌 ddH_2O 补至 80 μL,将上述混合液分装至 4 个离心管中,每管 20 μL 设置不同退火温度梯度,进行优化,程序如下。

首先 50℃孵育 2 min,95℃ 变性 10 min; 然后 95℃变性 15 s,温度梯度 55～65℃退火 15 s,72℃延伸 30 s(读板),共 35 个循环; 最后 72℃延伸 7 min。熔解曲线分析,95℃变性 15 s,60℃退火 30 s,60～95℃,每 1℃读板一次,最后 95℃变性 15 s(读板)。

2. 引物扩增效率分析

根据上述优化后的条件,将 cDNA mix 系列稀释(400 ng/μL、200 ng/μL、100 ng/μL、50 ng/μL)后为模板进行扩增,考察目的基因和内参基因扩增效率是否相同,以便选择定量方法。

(1)实时定量 PCR 扩增及数据分析。

以实验所需 2 个 cDNA 为模板进行扩增,并设置阴性对照(ddH_2O 为模板)和内参基因对照。根据实验获得的 *Ct* 进行数据分析。

试剂	用量/μL	试剂	用量/μL
cDNA mix(100 ng/μL)	1	2×SYBR Green Ⅰ mix	10
上游引物(10 μmol/L)	0.5	下游引物(10 μmol/L)	0.5
无菌 ddH_2O	8		

扩增程序如上，根据优化结果选择最优退火温度。

(2)采用比较阈值法($2^{-\Delta\Delta Ct}$ 法)对实时荧光定量结果进行分析。

此方法基于2个假设：①扩增效率为100%，即每个PCR循环产物的量都翻倍，这可以通过扩增效率的验证来解决；②有合适的内参基因以纠正上样量的误差。

步骤：①选择合适的内参基因；②内参基因与靶基因扩增效率验证；③统计学分析，处理组与未处理组之间经转换后 Ct 的比较；④得出结论，相对于未处理组，处理组中靶基因的表达相对于内参基因的改变倍数。最终计算公式：

$$\Delta\Delta Ct=(Ct_{靶基因}-Ct_{内参基因})_{处理组}-(Ct_{靶基因}-Ct_{内参基因})_{未处理组}$$

七、实验结果与报告

1. 预习作业

了解反转录及荧光定量PCR技术原理及实验步骤。

2. 结果分析与结论

(1)附上扩增曲线和熔解曲线图片并分析结果是否符合定量检测要求；

(2)计算 $2^{-\Delta\Delta Ct}$ 结果并分析目的基因表达量。

八、思考题

1. 荧光定量结果中没有 Ct 是什么原因？
2. 什么原因导致熔解曲线峰不是特异的？
3. 为什么荧光定量产物扩增效率低？
4. 扩增曲线呈现“S”形曲线是什么原因？

数字资源 12-1
实验十二思考题参考答案

九、研究案例

1. 实时荧光定量PCR鉴定小麦矮腥黑穗菌技术研究(年四季等，2009)

该实验以小麦黑穗菌(*Tilletia controversa* Kühn，TCK)和小麦网腥黑穗病菌[*Tilletia caries* (DC) Tul，TCT)]为材料，利用SYBR Green Ⅰ 染料法做荧光定量实验，结果如图12-1所示。

从图12-1可知定量PCR检测体系的灵敏度达到0.1 fg(7～10 ng)，对应的拷贝数为 2.31×10^4 个。加入PCR产物的熔解曲线分析，保证了SYBR Green Ⅰ染料定量PCR检测的特异性。

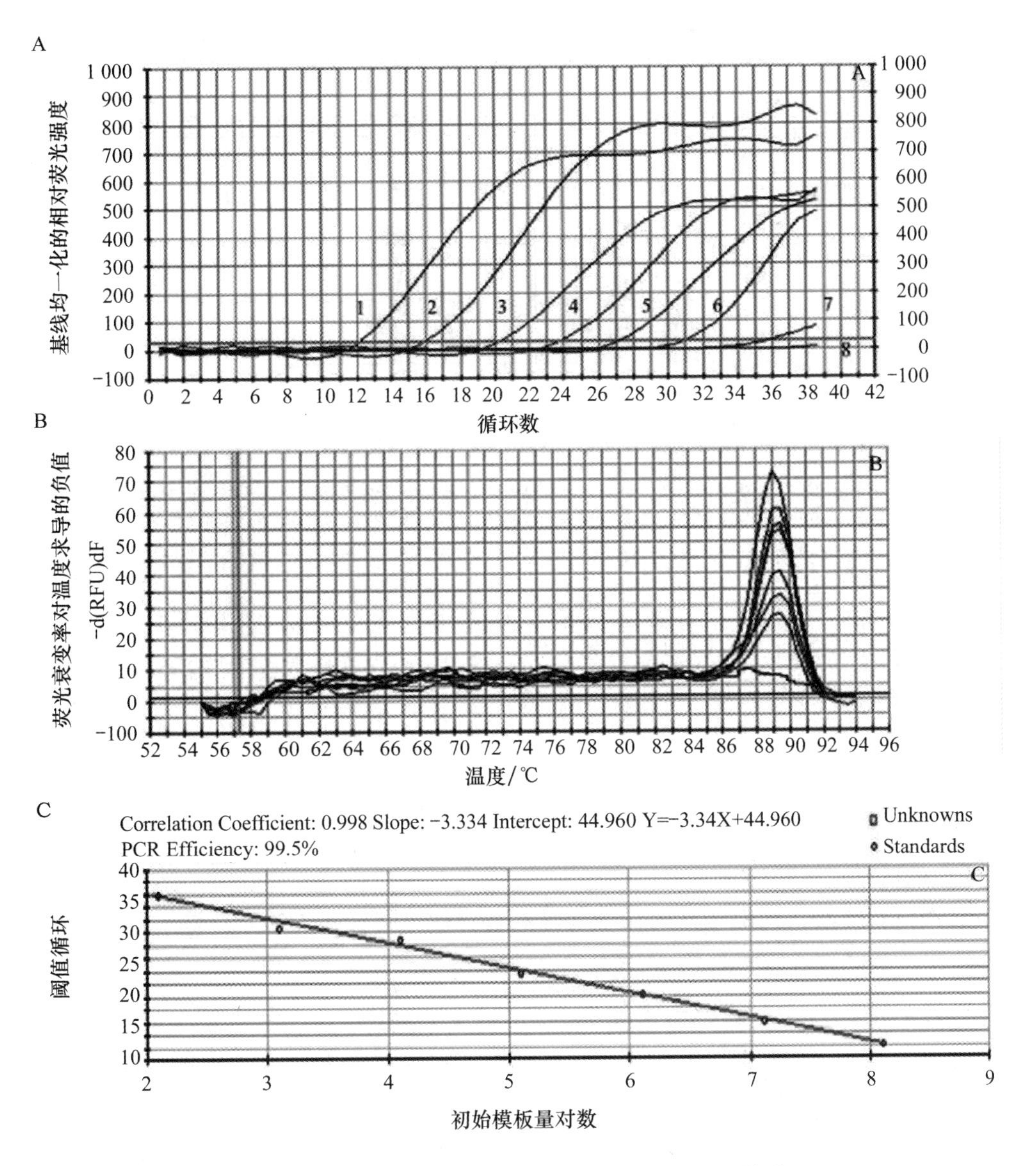

图 12-1　SYBR Green Ⅰ 染料定量 PCR 检测体系的建立

A. 实时扩增曲线；B. 熔解曲线分析；C. 标准曲线

2. 小麦耐盐相关基因 *TaRSTR* 的克隆与功能分析（王玉等，2020）

该研究为了检测 *TaRSTR* 基因在盐胁迫下的表达量，以二叶一心期的 RH8706-49 小麦幼苗为材料，在 175 mmol/L NaCl 胁迫 0 h、1 h、6 h、24 h、72 h 时分别取叶片和根，进行实时定量 PCR，分析 *TaRSTR* 基因在胁迫不同时间点的叶片和根中的表达量。结果表明，无论是在根中还是在叶中，*TaRSTR* 基因在盐处理 1 h 时表达量最高；之后随处理时间延长，在叶中先下降后升高，胁迫 72 h 时 *TaRSTR* 基因的表达量是未胁迫（0 h）时的 2 倍；而在根中自 1 h 时达到最高值后，*TaRSTR* 基因的表达量持续下调（图 12-2），表明 *TaRSTR* 基因在盐胁迫初期即被诱导表达，但是在叶中和根中的表达模式不一样。

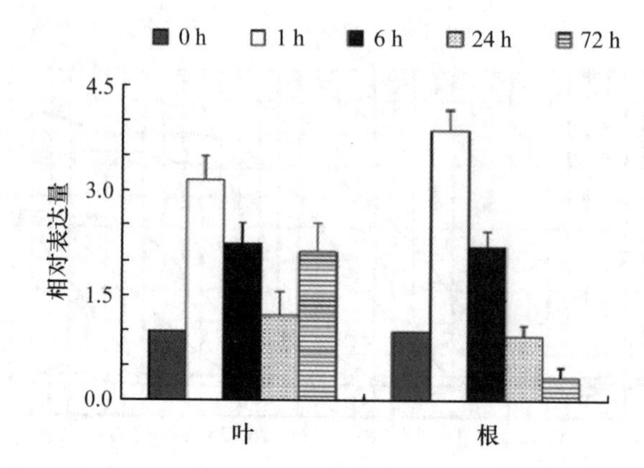

图 12-2 盐胁迫下 *TaRSTR* 基因的表达模式

十、附录

1. 50×TAE 电泳缓冲液：配制方法见实验一。

2. 1×TE 缓冲液(pH 8.0)：配制方法见实验一。

十一、拓展知识

1. 荧光定量引物设计原则

(1)引物应在核酸系列保守区内设计并具有特异性。

(2)扩增产物长度在 80～150 bp。最长不要超过 300 bp。

(3)产物不能形成二级结构(自由能小于 58.61 kJ/mol)。

(4)引物长度：一般在 17～25 bp，上下游引物不宜相差太大。引物长度是决定退火温度(Tm)最重要的因素。一般来讲，每增加一个核苷酸可使引物特异性提高 4 倍，但是由于熵的原因，引物越长，它退火结合到靶 DNA 上形成供 DNA 聚合酶结合的稳定双链模板的速率越小。

(5)引物自身不能有连续 4 个碱基的互补，避免形成发卡结构。

(6)引物之间不能有连续 4 个碱基的互补，避免形成引物二聚体。

(7)引物 G+C 含量在 40%～60%，45%～55%最好。引物中碱基要随机分布，尽量均匀，若是引物存在严重的 GC 倾向或 AT 倾向则可以在引物 5′端加适量的 A、T 或 G、C 尾巴来平衡。

(8)引物 Tm 在 58～62℃，上、下游引物 Tm 不宜相差太大，最好不要超过 5℃。如果引物碱基数较少，可以适当提高退火温度，提高 PCR 的特异性；如果碱基数较多，那么可以适当减低退火温度，使 DNA 双链结合。

(9)引物 5′端可以修饰。引物 5′端一般不会影响扩增的特异性，可进行修饰，如加酶切位点、标记生物素、荧光、地高辛、Eu3+等;引入突变位点、插入与缺失突变序列等。

(10)引物 3′端不可修饰,引物 3′端是延伸开始的地方,决定扩增的特异性。3′端应避开连续的 T/C,A/G(2~3 个);也不能形成任何二级结构。

(11)引物 3′端要避开密码子的第 3 位。因为密码子的兼并性,因密码子的第 3 位易发生简并,会影响扩增特异性与效率。

2. RNA 反转录原理及应用

反转录是以 RNA 为模板,通过反转录酶,合成 DNA 的过程,是 DNA 合成的一种特殊方式。所得到的 cDNA 可作为荧光定量 PCR 的模板。

3. 荧光定量 qRT-PCR 在转基因中的应用

根据 qRT-PCR 的定量原理,可以快速地得到检测样品的转基因成分的准确含量。我国已经初步建立了以 TaqMan 为探针的荧光定量 PCR 法,在部分口岸已进行转基因产品的定量检测,目前 TaqMan 探针已经被用在转基因农作物或初加工制品(玉米、棉花、水稻、烟草、大豆、豆粉)的定量检测,检测灵敏度均达到了 0.1%。利用 qRT-PCR 方法对若干植物及其加工产品的转基因成分进行检测,检测结果显示 qRT-PCR 的转基因大豆检测结果与标准含量的误差仅为 1.0%,在 3 种不同玉米标准品中误差仅为:2.0%、10.0%、7.0%。Song 等采用 qRT-PCR 技术,通过使用特异的引物和探针,对玉米中的内源基因 *Invertase* 和转基因玉米 *Mon810*、*Event 176* 中的外源基因进行了定量检测,建立了商业化转基因玉米 Mon 810 和 Event 176 的定量 PCR 检测方法。该方法的检测灵敏度小于 0.01%,是国际上设定的转基因最低限量的 100 倍。此外,qRT-PCR 在转基因水稻、动物、烟草的定量研究中同样发挥着其他转基因定量检测无可比拟的优越性。

十二、参考文献

1. 实时荧光定量 PCR 引物设计原则. https://www.biomart.cn/specials/4abio/article/528822.

2. 敖金霞,高学军,仇有文,等. 实时荧光定量 PCR 技术在转基因检测中的应用. 东北农业大学学报,2009,40(6):141-144.

3. 丁超,李惠民. 实时荧光定量 PCR 应用及实验条件优化. 大连医科大学学报,2007,29(4):404-407.

4. 纪冬,辛绍杰. 实时荧光定量 PCR 的发展和数据分析. 生物技术通讯,2009,20(4):598-600.

5. 年四季,袁青,殷幼平,等. 实时荧光定量 PCR 鉴定小麦矮腥黑穗菌技术研究. 中国农业科学,2009,42(12):4403-4410.

6. 任广睦. 实时荧光定量 PCR 技术的研究进展. 临床医药实践杂志,2007,16(4):243-245.

7. 王玉，连娟，王聪，等. 小麦耐盐相关基因 TaRSTR 的克隆与功能分析. 山东农业科学，2020，52(1)：10-16.

8. 叶棋浓. 现代分子生物学技术及实验技巧. 北京：化学工业出版社，2015.

9. 张惟材. 实时荧光定量 PCR. 北京：化学工业出版社，2013.

10. 赵玉红，李欣，赵立青，等. 实时荧光定量 PCR 技术在实验教学中的应用. 实验技术与管理，2018(4)：61-64，68.

（常　成）

实验十三　基因表达部位的原位杂交检测

一、背景知识

原位杂交技术(in situ hybridization,ISH)是分子生物学、组织化学及细胞学相结合而产生的一门技术,始于20世纪60年代。1969年美国耶鲁大学的Gall等首先用爪蟾核糖体基因探针与其卵母细胞杂交,将该基因进行定位,此后又有人利用同位素标记核酸探针进行了细胞或组织的基因定位,从而创造了原位杂交技术。自此以后,由于分子生物学技术的迅猛发展,特别是20世纪70年代末到80年代初,分子克隆、质粒和噬菌体DNA的构建成功,为原位杂交技术的发展奠定了深厚的技术基础。

为了更好地了解植物生长发育和遗传的生物学机理,基因表达调节方面的研究日益受到重视。在此类研究中,原位杂交分析是十分重要的研究方法,通过原位杂交可以对待测基因进行定性和定位分析,是从分子水平上研究细胞内基因表达和调控的重要手段。核酸分子杂交具有很高的灵敏度和高度的特异性,主要应用于转基因的细胞学鉴定、检测外源染色体片段及基因的空间表达部位等。

根据不同实验目的,可将原位杂交分为两大类:定性原位杂交技术和定量原位杂交技术。定性原位杂交注重特异性杂交信号的定位即组织细胞中哪一种或哪一些组织细胞存在该靶核酸。原位杂交特异性杂交信号的定量分析是指用量化的方法以数字的表达形式对信号的强弱、杂交信号面积以及表达这种信号的细胞数量进行定量分析。杂交信号的强弱能间接反映组织细胞中被检测靶核酸的多少,杂交信号的面积能反映细胞的大小。定量原位杂交又分为相对定量或半定量和绝对定量两种。相对定量是通过计算各种实验条件下杂交信号的强弱来反映特异性靶核酸的变化,它注重各种实验条件下特异性靶核酸含量的不同,并不关心组织细胞中到底有多少靶核酸;绝对定量则试图通过检测原位杂交信号的强弱来代表某组织细胞中靶核酸的分子数目。

二、实验原理

原位杂交组织化学技术是利用带有标记物的核酸(DNA或RNA)探针检测组织或细胞内待测核酸的表达和分布情况,已知序列的探针和组织或细胞内的待测核酸通过碱基互补配对结合,探针上带有的特定标记物,可以通过组织化学或免疫组织化学的方法在相应的检测系统中检测待测核酸的原位形成的杂交信号,从而显示出待测核酸的表达和分布情况。通常分为RNA原位杂交和染色体原位杂交两大类。目前RNA原位杂交使用放射性或非放射性标记(地高辛、荧光素和生物素)的单链RNA探针检测基因的表达部位,而染色体原位杂交使用荧光标记的寡核苷酸探针检测外源染色体片段。

RNA 原位杂交用标记的特异探针与被固定的组织切片反应，若细胞中存在与探针互补的 mRNA 分子，两者杂交产生双链 RNA，就可通过检测放射性标记或经酶促免疫显色，对该基因的表达产物在细胞水平上做出定性定量分析。

三、实验目的

1. 学习和掌握原位杂交(ISH)检测基因表达部位的实验操作。

2. 通过对 ISH 结果的观察，学习和掌握如何分析 ISH 实验结果，若出现问题，可以合理分析产生的原因和获得解决的方法。

四、主要材料

新鲜的植物组织，含 SP6/T7 启动子的 T 载体，带有生物素或地高辛标记的 dNTP。

五、试剂与仪器

Tris 相关母液用 DEPC-ddH_2O 配制后灭菌，其他溶液均在配制后用 DEPC 处理 4 h 以上再灭菌。因原位杂交步骤繁杂，耗时较长，大部分试剂需现配现用且灭菌。大部分所用试剂配制方法见附录。

1. 样品处理：DEPC-ddH_2O、8.5% NaCl(DEPC-ddH_2O 配制)、2%曙红溶液(乙醇配制)、3.7% FAA 固定液(DEPC-ddH_2O 配制)、无水乙醇、含 0.85% NaCl 的梯度乙醇溶液(DEPC-ddH_2O 配制)、50%二甲苯溶液(用无水乙醇配制)。

2. 探针制备：配制 4 mol/L NH_4Ac 溶液、2×碳酸盐缓冲液、10%冰乙酸、3 mol/L NaAc (pH 5.2)溶液、70%乙醇、50%甲酰胺溶液(均用 1.5 mL RNase-free 管分装，−20℃保存)、ruitaibio yeast tRNA 溶液(用 200 μL DEPC-ddH_2O 溶解，−20℃保存)、50%甲酰胺(用 DEPC-ddH_2O 配制，−20℃保存)。

3. 杂交前预处理：提前准备 16 个大染色缸、各种规格量筒、约 10 个 1 L 的空瓶(180℃，6 h 以上)、15 L 左右 DEPC-ddH_2O。当天，用 DEPC-ddH_2O 配制梯度乙醇各 1 L、1×PBS 缓冲液 4 L、0.85% NaCl 溶液 1 L、乙酸酐溶液 500 mL、蛋白酶 K 溶液 500 mL(37℃提前预热)，0.2%甘氨酸溶液、4%甲醛溶液各 500 mL。

4. 探针杂交：2 L 0.2×SSC、2 L 1×NTE、500 mL 含 20 μg/mL RNase A 的 1×NTE、500 mL 1×TBS、抗体溶液、1 L buffer C、20 mL NBT/BCIP 底物溶液、杂交缓冲液、2×SSC/50%甲酰胺溶液。

5. 观察：50 mL buffer C 溶液、50 mL 1×TE 缓冲液、梯度乙醇各 50 mL(用 DEPC-ddH_2O 配制即可)。

所用仪器主要有石蜡切片机、载玻片、盖玻片、湿盒、灭菌锅、水浴锅、染缸、显微镜。玻璃器皿(烧杯、量筒)用前 180℃处理 6 h 以上。

六、实验步骤及其解析

因 RNA 极易降解，所有操作所用的仪器及耗材等应无 RNase 污染，有条件的应尽量灭菌。所用试剂应妥善保存，最好有专门的药品试剂柜，与其他试剂不混放。

所有操作应在清洁的环境中进行，操作时穿好实验服，戴好手套和口罩，有条件的可以开辟原位杂交专用实验室。

1. 样品处理

(1)取样(第 1 d)：将样品取下立即放入新鲜配制的 3.7% FAA 固定液(预冷)中，抽真空 15 min，至样品沉底，换新固定液，4℃振荡过夜。

样品要马上放入预冷的 FAA 固定液，防止核酸降解。

抽真空操作在冰面上进行。

(2)脱水(第 2 d)：在 4℃摇床的振荡下，依次经过含 0.85% NaCl 的 50%、70%、85%和 95%的梯度乙醇溶液，每一次加几滴 2%曙红溶液后在 4℃摇床上分别振荡 1.5 h，最后换新的无水乙醇，4℃振荡过夜。

含 0.85% NaCl 的 50%、70%、85%和 95%的梯度乙醇溶液和无水乙醇需要放置于 4℃冰箱预冷 0.5 h 以上。

(3)透明处理(第 3 d)：换新的无水乙醇置于室温振荡 2 h，再换 50%二甲苯溶液室温振荡 1 h。换 3 次 100%二甲苯，每次室温振荡 1 h。换新的 100%二甲苯，加入 1/4 体积 Paraplast 蜡片，通风橱静置过夜。

在摇床上室温振荡样品。

透明处理时间因组织块大小及不同组织类型而定。

(4)浸蜡(第 4 d)：将样品置于 42℃水浴锅至蜡片全部溶解，倒掉二甲苯，倒入熔化的蜡，60℃静置过夜。连续换新蜡 6 次，每天换 2 次。在第 4 d，换新蜡并将样品整齐摆入模具。

这种甲醛溶液固定、石蜡包埋的组织可在室温无限期贮存。

(5)切片、展片和烘片：将包埋有样品的蜡块修成梯形小块，粘固在小木块上，装在切片机上，设定蜡片厚度为 8 μm，旋转手柄进行切片，将切下的连续蜡带小心平放在干净的 A4 纸上，镜检。先在载玻片上滴加 1 mL DEPC-ddH_2O，将镜检后中选的蜡片漂浮在水面上，将载玻片平放在 42℃的烘片机上展片。5～10 min 后蜡片完全展开，吸干水后 42℃烘片 2～3 d。

一次可做 60 张片子，正义探针 2～3 张，反义探针 3 张以上。

将梯形小块的较大底面粘固在小木块上，固定结实，以便切割。

如果切片表面积较小，则使用较高浓度的胶，以便切片与载玻片粘贴得牢。

用吸水纸小心从载玻片一侧将水吸干，并用力将蜡片下少量的水甩出，或用针尖扎破水泡再用干的吸水纸将蜡带下的水滴吸干。

不宜长时间 42℃烘片。烘干后的载玻片可于 4℃干燥保存长达数月。

2. 探针制备

1)模板制备：选择目标基因 cDNA 的特异区段，分别扩增正义探针(mock)和反义探针片段。以 cDNA 或表达载体为模板利用高保真酶进行 PCR 扩增，将 PCR 产物纯化并用 Nanodrop 测定浓度，保存备用。

正义探针的上游引物、反义探针的下游引物需带有 T7 启动子序列：5′-TAATACGACTCACTATAGGG-3′。

探针序列选择应遵循：①碱基组成 G-C 含量应处于 40%～60%，以降低非特异性杂交。②探针内部应无互补区域，以免形成可抑制探针杂交的“发夹”结构。③避免含有超过 4 个的单碱基重复序列。④应做 Blast 分析探针和非靶分子的同源性，不应使用与非靶分子区域的同源性大于 70%或超过 8 个连续碱基的探针序列。

探针大小 100～1 000 bp(一般 300 bp 左右)。同时扩 20～30 个孔，每孔 20 μL 体系。纯化时，用 20 μL DEPC-ddH_2O 洗脱，不用 TE 溶液洗脱。

2)体外转录：使用 Roche 体外转录试剂盒。反应体系为 20 μL，37℃保温 2 h。取 1 μL 产物电泳检测转录情况。

10×transcription buffer	2 μL
10×DIG-RNA labeling mix	2 μL
RRI(重组 RNA 酶抑制剂，TaKaRa)	1 μL
T7 RNA 聚合酶(Roche)	2 μL
DNA 模板	≥1 μg
RNase-free ddH_2O	补至 20 μL

DNA 模板 1 μg 可生成 2 μg RNA，理论上只有 2 μg RNA 被标记。

3)探针纯化：

(1)消化 DNA 模板：向上述转录产物依次加入 75 μL RNase-free ddH_2O、1 μL 100 mg/mL ruitaibio yeast tRNA 溶液和 1 μL 5 U/μL RNase-free DNase Ⅰ溶液，37℃保温 30 min，去除 DNA。

37℃保温 30 min 足以去除 DNA，不要延长保温时间。

(2)沉淀探针：加入 95 μL 预冷的 4 mol/L NH_4Ac 溶液和 190 μL 预冷的无水乙醇，轻轻颠倒混匀，−20℃ 静置 1～2 h。然后 4℃ 14 000 r/min 离心 10 min，弃上清液。用 600 μL 70%乙醇漂洗沉淀，4℃ 14 000 r/min 离心 7 min，弃上清液。在超净台中，置于冰上吹干 1 h。

14 000 r/min 高速离心有利于沉淀探针。

(3)水解：加入 100 μL RNase-free ddH_2O 重悬沉淀，再加入 100 μL 2×碳酸盐缓冲液，60℃保温适当时间。

保温所需时间 t=[(初始片段长度−终长度)×1 000]/(k×初始片段长度×终长度)；其中 k= 0.11 kb/min，最适终长度为 150 bp。如初始片段长度为 651 bp，则计算出时间约为 46 min。

(4)中和：依次加入 10 μL 10%冰乙酸、21 μL 3 mol/L NaAc(pH 5.2)、420 μL 无水乙醇，混匀，−20℃静置 3 h 以上。4℃ 14 000 r/min 离心 10 min，弃上清液，沉淀用 600 μL 70%乙醇漂洗，4℃ 14 000 r/min 离心 7 min，弃上清液。在超净台中，置于冰上吹干 1 h。加入 40 μL

50%甲酰胺溶解沉淀，于－80℃冰箱长期保存。

若探针长500 bp，一张片子需25 ng探针。根据序列长度计算探针工作浓度：一张载玻片所需探针量(ng)＝0.5 ng×杂交液体积(μL)×探针长度(kb)。

用放射性标记探针进行杂交时，其灵敏度的浓度范围为1～100 ng/mL，非放射性标记的探针为25～1 000 ng/mL。当超过一定浓度后其敏感性并不增加，此时只会增加背景反应。

(5)探针检测：琼脂糖凝胶电泳检测探针质量。

3.杂交前的预处理

将粘有样品薄片的载玻片放入染色架上，在大染色缸中依次经过以下溶液处理：

(1)	二甲苯	10 min	
(2)	二甲苯	10 min	
(3)	100%乙醇	1 min	乙醇清除残留于组织中的固定液
(4)	100%乙醇	1 min	
(5)	95%乙醇	30 s	
(6)	85%乙醇(含0.85% NaCl)	30 s	
(7)	70%乙醇(含0.85% NaCl)	30 s	
(8)	50%乙醇(含0.85% NaCl)	30 s	
(9)	30%乙醇(含0.85% NaCl)	30 s	
(10)	0.85% NaCl	2 min	配蛋白酶K溶液
(11)	1×PBS	2 min	清除残留于组织中的固定液
(12)	蛋白酶K溶液(37℃)	30 min	增加组织通透性，暴露待测mRNA 配0.2%甘氨酸溶液
(13)	0.2%甘氨酸溶液	2 min	除去组织中游离醛基
(14)	1×PBS	2 min	
(15)	1×PBS	2 min	
(16)	4%甲醛溶液	2 min	终止蛋白酶K作用
(17)	1×PBS	2 min	清除残留于组织中的固定液
(18)	1×PBS	2 min	
(19)	乙酸酐溶液	10 min	轻柔搅拌，可降低非特异性反应
(20)	1×PBS	2 min	
(21)	1×PBS	2 min	
(22)	0.85% NaCl	2 min	
(23)	30%乙醇(含0.85% NaCl)	30 s	
(24)	50%乙醇(含0.85% NaCl)	30 s	
(25)	70%乙醇(含0.85% NaCl)	30 s	

(26)	85%乙醇(含0.85% NaCl)	30 s
(27)	95%乙醇	30 s
(28)	100%乙醇	1 min
(29)	100%乙醇	1 min

可在底部含有少量无水乙醇的容器中暂时保存几个小时。

蛋白酶K缓冲液中加入蛋白酶K(终浓度10 μg/μL),蛋白酶K消化可以达到的目的:①使固定后被遮蔽的靶核酸暴露,促进探针与靶核酸接触;②去除靶核酸周围的蛋白,提高杂交信号。

0.2%甘氨酸溶液用于抑制蛋白酶K活性。

4.杂交及观察

1)探针稀释

将制备好的探针用50%甲酰胺稀释5倍或10倍,如1 μL探针加23 μL 50%甲酰胺。每张切片准备1 μL探针稀释液。

2)杂交

(1)将载玻片从染色架移至玻片板上于室温晾干5~10 min。

(2)同时将探针稀释液80℃变性2 min,立即置于冰上2~3 min,短暂离心。加入96 μL杂交液,用剪过的枪头吸打混匀。

将探针稀释液80℃变性后立即置于冰上,是防止探针复性。

(3)在免疫组化湿盒中垫上双层吸水纸,用2×SSC/50%甲酰胺溶液将吸水纸浸湿,并喷洒去RNase溶液。

甲酰胺降低Tm,可避免温度过高引起组织形态结构破坏和标本脱落。

(4)先用80~120 μL不加探针的杂交液预洗一次,沥干后加入含探针的杂交液120 μL,待液体完全覆盖样品后盖上盖玻片。

含探针的杂交液完全覆盖样品后,加盖一张盖玻片,随即马上放入湿盒中。

较高浓度的Na^+,可提高杂交效率,降低探针与标本之间的静电结合。

硫酸葡聚糖是应用最广泛的双链长探针的杂交促进剂。它是一种平均分子质量为500 000的多阴离子物质,使用终浓度为5%~10%。使用硫酸葡聚糖的优点是:它能与水结合,减少杂交液的有效容积,提高探针的有效浓度,从而提高杂交效率;缺点是:其高分子质量聚合体会大大增加杂交溶液黏度。

tRNA可以阻断探针与组织结构成分间的非特异性结合。

(5)将湿盒用胶带密封,置于50℃过夜。

50℃杂交需16~20 h。

温度较低时,探针不仅可与完全配对的靶核酸特异性结合,还可以与不完全配对的核苷酸进行非特异性结合。杂交温度越高即杂交越严格,其特异性越好。但过高将不能形成杂交体则无杂交信号。需要根据探针Tm而设置杂交温度。

3)显色

(1)在55℃预热的0.2×SSC中去掉盖玻片,将载玻片重新放入染色架中,在0.2×SSC

中，55℃静置 1 h。

去掉未杂交的核酸探针，降低背底染色。

(2)更换新的 0.2×SSC，55℃静置 1 h。

(3)转入含 20 μg/mL RNase A 的 1×NTE 中，37℃处理 5 min。重复一次。

将 2 L 含 20 μg/mL RNase A 的 1×NTE 溶液在 37℃提前预热。

(4)在含有 20 μg/mL RNase A 的 1×NTE 中 37℃处理 30 min。

(5)换用新含 20 μg/mL RNase A 的 1×NTE 清洗，37℃下放置 5 min。再用 1×NTE 清洗 1 次。

(6)转入 0.2×SSC 中，55℃静置 1 h。

此时配制 1 L 1×封闭液(1%)：将 10×Roche 封闭液置于 60℃溶解后稀释 10 倍。

(7)转入 1×TBS 中，室温漂洗 5 min。

(8)将载玻片摆放在托盘内，加入适量 1×Roche 封闭液，室温下摇床上孵育 1 h。

将 60 张片子放于 2 个托盘，每个托盘 0.5 L 封闭液。摇床转速不宜过大，每转动一圈 3～4 s 即可。

(9)倒掉封闭液，加入 4 L 1% BSA/0.3% triton X-100 溶液，室温下摇床上孵育 45 min。

1% BSA/0.3% triton X-100 提前置于 60℃预热 1 h 以上，期间搅拌均匀。待充分溶解后冷却至室温待用。

(10)倒掉 1% BSA/0.3% triton X-100，将载玻片转移至玻片板上，用 120 μL 抗体溶液冲洗 2 次，甩干。在样品上加入 120 μL 抗体溶液，盖上盖玻片，转入加有适量 1% BSA/0.3% triton X-100 溶液的湿盒中，室温下孵育 2 h。

用 1% BSA/0.3% Triton X-100 溶液按 1∶1 250 稀释，每张片子 360 μL(冲洗 2 次，孵育 1 次)。60 张片子，配 25 mL 抗体溶液，需要加 20 μL 抗体。

洗一张片子，盖一张片子，盖好后立刻放入湿盒。

(11)在 1% BSA/0.3% triton X-100 溶液中去掉盖玻片，将载玻片重新放到托盘中，室温下摇床上用 1% BSA/0.3% triton X-100 溶液清洗 4 次，每次 15 min。

(12)将载玻片转入 buffer C 室温下振荡清洗 5 min，更换 buffer C 再清洗 5 min。

(13)将切片用 120 μL NBT/BCIP 底物溶液润洗后，两个对贴在一起，转入底部加有 2～3 mL 底物溶液的考普林杯中显色(每个杯中可放 10 张片子)，用胶布密封，放置于黑暗环境中，室温下 1～3 d 显色。

显色时间与基因表达强度有关，最长不超过 3 d，组蛋白 1～2 h 即可。

4)观察

(1)在 buffer C 溶液中将两张片子分开。

(2)将分开后的玻片在 1×TE 中漂洗 2 次，然后进行乙醇梯度脱水(依次为 30%、50%、70%、85%、95%、100%，每步各 5 s)，再用二甲苯漂洗 2 次。

(3)用加拿大树胶封片，晾干后即可于显微镜下观察拍照。

用 ^{3}H、^{35}S 和 ^{32}P 核素标记的核酸探针可用于细胞水平定量分析，而非核素原位杂交需经 2～3 级放大，实验步骤多，标准化困难，一般用于定性分析。

通常，^{3}H 标记 cRNA 探针(与靶 mRNA 片段互补的 RNA 探针)显示的阳性信号为黑色银颗粒，一般位于细胞质中，细胞核无黑色银颗粒分布；荧光素 DIG 标记 cRNA 探针显示的阳性信号为紫蓝色，一般也位于细胞质中，细胞核无着色；被双重标记的细胞表现为紫蓝色的胞质中出现许多黑色的银颗粒。

七、实验结果与报告

1. 预习作业

原位杂交实验的原理及步骤。

2. 结果分析与讨论

(1)详细记录原位杂交实验的过程及现象；

(2)附上显微拍照图片，并对结果进行描述和分析。

八、思考题

1. 影响杂交效果的可能原因有哪些？

2. 使用单链 RNA 探针检测基因表达部位时，正义探针和反义探针序列与目标基因双链 DNA 的有义链和无义链序列、组织中目标基因的 RNA 序列分别有怎样的对应关系？基于此，实验步骤中分别合成正义探针和反义探针的原理是什么？

数字资源 13-1
实验十三思考题参考答案

九、研究案例

1. 利用核不育基因构建杂交水稻育种雄性不育系(Chang 等，2016)

*OsNP*1 是一个水稻花药特异表达的基因。使用地高辛标记的单链 RNA 探针，在花药横切的石蜡切片上进行原位杂交，对比正义探针的杂交结果，反义探针的显色部位即为该基因的表达部位(数字资源 13-2)，结果表明，*OsNP*1 在绒毡层和小孢子细胞中表达。

2. 小麦耐盐相关基因 TaRSTR 的克隆与功能分析(王玉等，2020)

该研究将 TaRSTR 的 cDNA 序列连接到载体 pRTL2-AN-mGFP 中，得到 TaRSTR∷GFP 融合表达载体，通过 PEG 介导转化拟南芥叶肉细胞原生质体，对转化细胞进行激光共聚焦显微镜观察，根据荧光的位置确定蛋白质的亚细胞定位。空载体 pRTL2-AN-mGFP 转化的细胞作为对照。结果表明，对照 GFP 的荧光分布在细胞核、细胞质和细胞膜上(数字资源 13-3)，而 TaRSTR∷GFP 融合蛋白的荧光只分布在细胞核里(数字资源 13-3 B)，表明 TaRSTR 定位在细胞核内。

数字资源 13-2
*OsNP*1 在花后 7 d 和 8 d 的野生型水稻花药中的表达部位

数字资源 13-3
TaRSTR 蛋白的亚细胞定位

3. Simultaneous transfer of leaf rust and powdery mildew resistance genes from hexaploid triticale cultivar sorento into bread wheat (Li et al., 2018)

该研究以六倍体小黑麦 Sorento 为母本，以普通小麦薛早为父本，通过利用杂交和回交的育种方法将六倍体小黑麦的优良抗病性状导入到普通小麦背景中。

数字资源 13-4
含 2R 染色体 BC2F3 家系 1289 的 GISH(A)及 FISH(B)结果

串联重复序列是重复序列的一种，广泛分布于不同禾谷类作物基因组中。植物串联重复序列在拷贝数目及序列上变异非常丰富，因此，利用串联重复序列鉴定小麦背景下的黑麦染色体片段极其有效。pAs1 和 pSc119.2 是已经克隆并用做检测小麦及黑麦的探针，使用这 2 个探针对 BC2F3 纯合抗病家系进行细胞学检测(数字资源 13-4)，表明 Sorento 的 4R 和 2R 染色体确实成对导入到感病的小麦材料薛早中，并能稳定遗传。结果显示，该家系材料含有一对 2R 染色体。

十、附录

1. 0.1% DEPC-ddH_2O：配制方法见实验三。

2. 3.7% FAA 固定液(100 mL)

将 50 mL 无水乙醇、5 mL 冰乙酸、10 mL 37%甲醛加入 35 mL DEPC-ddH_2O。

3. 2%曙红(100 mL)

2 g 曙红溶于 100 mL 无水乙醇中，充分混匀。

4. 2×碳酸盐缓冲液

将 0.134 4 g $NaHCO_3$ 和 0.254 4 g Na_2CO_3 溶于 DEPC-ddH_2O 中，定容至 20 mL。分装 1 mL/管，−20℃保存。

5. 4 mol/L NH_4Ac 溶液

称取 3.084 g 乙酸铵，加入适量 DEPC-ddH_2O 溶解，定容至 10 mL。混匀，抽滤灭菌。

6. 3 mol/L NaAc(pH 5.2)溶液

2.550 4 g 无水 NaAc(分子质量 82.03)溶于 10 mL DEPC-ddH_2O 中，用冰乙酸调 pH 至 5.2。

7. 50%甲酰胺溶液

5 mL DEPC-ddH_2O 加入 5 mL 甲酰胺，混匀，1 mL/管分装，−20℃保存。

8. 10×PBS 溶液

配制方法见实验五。将该贮备液用 DEPC-ddH_2O 稀释 10 倍，即得到 1×PBS 工作液。

9. 蛋白酶 K 溶液

将 0.5 g 蛋白酶 K 溶于 5 mL DEPC-ddH_2O，配制成 100 mg/mL 贮备液。分装，−20℃保存。

将 50 mL 1.0 mol/L Tris-HCl(pH 8.0)和 50 mL 0.5 mol/L EDTA 加入 400 mL DEPC-ddH_2O 中，提前 12～14 h 在水浴锅 37℃预热，用时再加 625 μL 蛋白酶 K 贮备液。

10. 0.2%甘氨酸溶液

将 1 g 甘氨酸溶于 500 mL 1×PBS 溶液中。

11. 4%甲醛溶液

将 50 mL 10×PBS 溶液、54 mL 37%甲醛先后加入 396 mL DEPC-ddH_2O 中，边加边搅拌。

12. 乙酸酐溶液

首先将 2 mL 浓盐酸加入 500 mL DEPC-ddH_2O 中，再用剪过的枪头吸取 6.62 mL 三乙醇胺，混匀，用 10 mol/L NaOH 调 pH 至 8.0。用前加 2.5 mL 乙酸酐，边加边剧烈搅拌 2 min 左右。

13. 10×Salts 溶液

将 30 mL 5 mol/L NaCl 溶液、10 mL DEPC-ddH_2O 和 5 mL 0.5 mol/L EDTA 溶液混匀，再加入 0.371 g Na_2HPO_4 固体（分子质量 119.18），搅拌溶解，最后加入 5 mL 1 mol/L Tris-HCl（pH 8.0）和 0.328 5 g NaH_2PO_4 固体（分子质量 141.96），混匀。灭菌，分装，－20℃长期保存。

14. 50%硫酸葡聚糖溶液

将 5 g 硫酸葡聚糖加入 10 mL DEPC-ddH_2O，在 60℃水浴有利于充分溶解，分装，－20℃长期保存。用前在 60℃预热，便于吸取。

15. 50×denhardt′s 溶液

先后将 100 mg Ficoll 400 mg、100 mg PVP 和 100 mg BSA 加入 10 mL DEPC-ddH_2O 中，混匀后分装，－20℃可以保存 2 年。

16. 杂交液

将 1 mL 10×Salts 溶液、5 mL 100%甲酰胺、2 mL 50%硫酸葡聚糖溶液、200 μL 50×denhardt′s 溶液、100 μL 100 mg/mL tRNA 溶液加入 1.7 mL DEPC-ddH_2O，边加边搅拌，混合均匀。60 张片子配 10 mL，用剪过的枪头吸取。

17. 2×SSC/50% 甲酰胺

先后将 50 mL 20×SSC 溶液和 250 mL 甲酰胺加入 200 mL DEPC-ddH_2O 中，混匀。

18. 10×TBS 溶液

配制方法见实验八。

19. 2 mol/L $MgCl_2$ 溶液

203.3 g $MgCl_2 \cdot 6H_2O$ 溶于 ddH_2O 中定容至 500 mL，加 0.5 mL DEPC 处理 4 h 后灭菌。

20. 5 mol/L NaCl 溶液

146.1 g NaCl 固体溶于 ddH_2O 中定容至 500 mL，加 0.5 mL DEPC 处理后灭菌。

21. 1×NTE 溶液

将 100 mL 5 mol/L NaCl 溶液、10 mL 1 mol/L Tris-HCl（pH 7.5）和 2 mL 0.5 mol/L EDTA 溶液加入 800 mL DEPC-ddH_2O 中，混匀，定容到 1 L，高压灭菌。

22. 1×NTE（含 20 μg/mL RNase A）

将 1 mL 10 mg/mL RNase A 贮备液加入 500 mL DEPC-ddH_2O 中，混匀。

23. 10%封闭液

先将 50 mL 10× TBS 贮备液加入 400 mL DEPC-ddH_2O 中，混匀，再加 10× 封闭液，60℃溶解充分，冷却至室温，定容至 500 mL。

24. 1% BSA/0. 3% triton X-100 溶液

将 100 mL 10× TBS 溶液加入 900 mL DEPC-ddH_2O 中，混匀，再加 Triton X-100 搅匀，最后加 BSA，室温即可搅拌均匀。

25. 抗体溶液

用 1% BSA/0. 3% triton X-100 溶液按 1∶1 250 稀释，每张片子 360 μL(润洗 2 次，孵育 1 次)。将 20 μL 抗体加入 25 mL 稀释液，满足 60 张片子需求。

26. buffer C

将 100 mL 1 mol/L Tris-HCl(pH 9. 5)溶液、25 mL 2 mol/L $MgCl_2$ 溶液和 20 mL 5 mol/L NaCl 溶液加入 800 mL DEPC-ddH_2O 中，边加边混匀，定容至 1 L。

27. NBT/BCIP 底物溶液

吸取 200 μL NBT/BCIP (Roche)加入 10 mL buffer C 溶液中(即每 10 mL 底物溶液中含 2 250μg NBT 和 1 750 μg BCIP)，混匀，遮光保存。每个考普林杯中可放 10 张片子，需 2～3 mL 底物溶液，60 张片子约需 20 mL 该底物溶液。

NBT/BCIP－20℃保存有沉淀，用枪吸打几次即可吸取，无须完全溶解。

十一、拓展知识

1. 关于原位杂交实验中对照的设置

除了设置竞争抑制对照实验和正义 RNA 探针(适应于 RNA 核酸探针)对照外，通常还需要设置阴性对照和阳性对照。

(1)阴性对照标本

对照组标本用核酸酶(RNase 或 DNase，取决于检测 RNA 还是 DNA)处理待测标本：先用核酸酶酶处理组织标本，使待测核酸降解，然后进行原位杂交反应，结果为阴性，其结果能说明阳性结果不是探针及显示系统非特异性吸附组织细胞的某些成分所造成。

(2)阴性对照杂交液(不加探针)

在杂交液中不加标记核酸探针，其结果应该为阴性，说明显示系统是特异性的显示系统。具体操作：在杂交液中不加标记的核酸探针，其他操作步骤与实验组相同。结果：对照组应该为阴性；如果为阳性，说明显示系统非特异性结合组织细胞。

(3)阳性对照实验

一般阳性对照实验是在已知某组织细胞中存在要检测的靶核酸，然后用相应的标记核酸探针去检测，其结果应该为阳性；如果为阴性说明杂交系统或显示系统存在问题。

2. 原位杂交中常见问题及其原因

(1)假阳性，也即组织切片非特异着色

常见原因有：探针浓度过高或探针非特异性结合高；杂交温度过低；杂交后冲洗不充分；内源性酶未处理完全；抗体浓度过高或过期失效；显影时间过长等。

(2)无阳性结果，也即实验失败

常见的原因有：探针降解；切片中待测核酸降解；杂交前液体被核糖核酸酶污染；蛋白酶 K 失活；组织中待测核酸含量极少。

3.其他原位杂交技术简介

除本实验步骤及解析中介绍的原位杂交技术外，还有以下几种原位杂交技术。

(1)基因组原位杂交技术(GISH)

基因组原位杂交技术是20世纪80年代末发展起来的一种原位杂交技术。它主要是利用物种之间DNA同源性的差异，用另一物种的基因组DNA以适当的浓度作封阻，在靶染色体上进行原位杂交。

(2)荧光原位杂交技术(FISH)

荧光原位杂交技术是在已有的放射性原位杂交技术的基础上发展起来的一种非放射性DNA分子原位杂交技术。它利用荧光标记的核酸片段为探针，与染色体上或DNA显微切片上的DNA特异性杂交，通过荧光检测系统(荧光显微镜)检测信号DNA序列在染色体或DNA显微切片上的目的DNA序列，进而确定其杂交位点。

FISH技术不需要放射性同位素，试验周期短，检测灵敏度高，若用经过不同修饰的DNA探针还能在同一张切片上同时观察几种DNA探针的定位情况，从而得到相应位置和排列顺序的综合信息。

(3)多彩色荧光原位杂交技术

多彩色荧光原位杂交(mFISH)是在荧光原位杂交技术的基础上发展起来的一种新技术，它用几种不同颜色的荧光素单独或混合标记的探针进行原位杂交，能同时检测多个靶位，各靶位在荧光显微镜下和照片上的颜色不同，呈现多种色彩。

(4)原位PCR

原位PCR技术是常规的原位杂交技术与PCR技术的有机结合，即通过PCR技术对靶核酸序列在染色体上或组织细胞内进行原位扩增使其拷贝数增加，然后通过原位杂交技术进行检测，从而对靶核酸序列进行定性、定位和定量分析。

十二、参考文献

1. Ausubel F M, Brent R, Kingston R E. Short protocols in molecular biology (5rd). Chichester: John Wiley & Sons, 2002.

2. Chang Z, Chen Z, Wang N, et al. Construction of a male sterility system for hybrid rice breeding and seed production using a nuclear male sterility gene. Proceedings of the National Academy of Sciences,2016,113(49):14145-14150.

3. Li F, Li Y, Cao L, et al. Simultaneous transfer of leaf rust and powdery mildew resistance genes from hexaploid triticale cultivar sorento into bread wheat. Frontiers in Plant Science, 2018, 9:85.

4. 向正华，刘厚奇. 核酸探针与原位杂交技术. 上海：第二军医大学出版社，2001.

5. 王玉，连娟，王聪，等. 小麦耐盐相关基因TaRSTR的克隆与功能分析. 山东农业科学，2020,52(1):10-16.

(张润祺　张玉峰)

实验十四　亚细胞定位实验

一、背景知识

蛋白分布在不同细胞的不同部位，在植物的生长发育和逆境调控过程中发挥着重要作用。基因编码蛋白产物位于细胞的部位不同，所行使的功能也不同，因此对蛋白的亚细胞定位分析可以有助于蛋白功能研究的初步判断。

二、实验原理

亚细胞定位是指某种蛋白或表达产物在细胞内的具体存在部位。例如，在核内、胞质内或者细胞膜上。GFP 是绿色荧光蛋白，在共聚焦显微镜的激光照射下会发出绿色荧光，可以作为荧光标记与目的蛋白质融合表达并转运到细胞特定的组织来发挥功能，通过检测绿色荧光在细胞中的位置来获得目的蛋白质的亚细胞定位信息，从而可以精确地定位蛋白质的位置。

三、实验目的

1. 学习和掌握亚细胞定位，检测蛋白质或表达产物在细胞内的部位的实验操作步骤。
2. 通过对亚细胞定位结果的观察，学习和掌握如何运用激光共聚焦显微镜。

四、主要材料

含有目的蛋白的农杆菌，烟草叶片、洋葱表皮或原生质体。

五、试剂与仪器

克隆菌株感受态细胞（*E. coli* DH5α）、农杆菌菌株（GV3101）、T 载体（pMD 19-T simple）、亚细胞定位载体 pCambia1300-GFP、卡那霉素、利福平、乙酰丁香酮（AS）、2-（N-吗啉）乙磺酸（MES）、核酸内切酶 *Xba* Ⅰ及其缓冲液、LB 培养基、YEP 培养基、灭菌 ddH_2O、PCR 试剂盒、凝胶回收试剂盒、质粒小提试剂盒。

微量移液器、灭菌离心管、灭菌枪头、灭菌培养皿。

PCR 仪、水浴锅、共聚焦显微镜（FV10-ASW，Olympus，Tokyo，Japan）。

六、实验步骤及其解析

(一)亚细胞定位载体构建

1. 目的蛋白的克隆

提取总RNA,反转录为cDNA,以cDNA为模板,扩增包含目的蛋白的CDS序列,凝胶电泳检测PCR产物,将与目标片段相符的条带进行切胶回收。将纯化产物与pMD19-T simple载体连接,并转化DH5α大肠杆菌感受态。菌液PCR检测,并对阳性单克隆进行测序。

2. 亚细胞定位载体构建

以上述测序正确的质粒为模板,用带酶切位点引物扩增目的基因(缺失终止密码子),凝胶电泳检测PCR产物,将与目标片段相符的条带进行切胶回收。将纯化产物与pMD19-T simple载体连接,并转化DH5α大肠杆菌感受态。菌液PCR检测,并对阳性单克隆进行酶切和测序验证。

PCR反应体系:

反应组分	体积/μL	反应组分	体积/μL
Taq 酶	0.5	template	1.0
正向引物 F	1.0	反向引物 R	1.0
10× PCR 缓冲液	4.0	$MgCl_2$	2.0
dNTPs	2.0	ddH_2O	8.5
total	20.0		

PCR反应条件:

(1)94℃,5 min。

(2)94℃,30 s;55～60℃,30 s;72℃,1～2 min;35个循环。

(3)72℃,10 min。

(4)16℃,10 min。

将测序正确的pMD19-T simple目的蛋白质粒与pCambia1300-GFP质粒分别用限制性内切酶 *Xba* Ⅰ酶切,电泳检测,将目的片段和pCambia1300-GFP质粒进行胶回收纯化。并将上述酶切纯化的产物连接pCambia1300-GFP线性化载体,转化DH5α,涂布在含有卡那霉素的LB平板,倒置培养16 h,挑取单菌落进行菌液PCR并测序验证。

酶切体系如下(20 μL):

反应组分	用量	反应组分	用量
10×Cutsmart	5.0 μL	质粒	x(1 μg)
Xba Ⅰ	1.0	ddH_2O	x(补至 50 μL)

反应条件:37℃,30 min。

连接反应的体系(10 μL):

反应组分	用量/μL	反应组分	用量/μL
目的片段	4.0	质粒	2.0
T4 DNA ligase	1.0	10×ligase buffer	1.0
ddH_2O	2.0	total	10.0

反应条件：16℃，过夜。

将连接产物转化 DH5α，挑取单菌落 PCR 验证后，测序进一步验证，按照质粒提取试剂盒操作说明进行质粒抽提。

（二）农杆菌侵染烟草

取农杆菌 GV3101 感受态，冰上溶解，每 50 μL 分别加入 1 μL 质粒，冰浴 5 min，液氮中静置 5 min，置于 37℃水浴 5 min，然后冰浴 5 min，涂布在含有卡那霉素和利福平的平板上，28℃倒置培养 2 d 后，挑取单菌落，PCR 验证后用于烟草叶片或原生质体的侵染。

1. 挑取正确的单菌落于 1～3 mL 含有卡那霉素和利福平的 YEP 液体培养基中，28℃振荡培养。

2. 以 1∶100 的比例接种至含有 40 μmol/L AS 和 100 μmol/L MES 的 LB 液体培养基，28℃振荡培养至 OD_{600} 为 1～3。

3. 将上述菌液，6 000 r/min 离心 10 min 后弃上清液，用缓冲液（无菌 ddH_2O + 10 μmol/L $MgCl_2$ + 20 μmol/L AS）重悬至 OD_{600} 为 1.0～1.5。

4. 室温静置 3 h，用 10 mL 注射器注射烟草，注射后 2～3 d，在共聚焦显微镜下观察 GFP 荧光信号，确定蛋白在细胞中定位。

七、实验结果与报告

1. 详细记录亚细胞定位实验的过程及每一步的实验结果；
2. 附上电泳、测序及共聚焦图片，并对结果进行描述和分析。

八、思考题

影响亚细胞定位信号的可能原因有哪些？

数字资源 14-1
实验十四思考题参考答案

九、研究案例

1. Alternative splicing of rice *WRKY62* and *WRKY76* transcription factor genes in pathogen defense (Liu et al., 2016)

数字资源 14-2
OsWRKY76.1 的亚细胞定位

该文为了研究 OsWRKY76.1 和 OsWRKY62.1 的互作情况，对 2 个蛋白进行亚细胞定位，将

Cam35S：OsWRKY76.1-GFP 载体的农杆菌注射烟草，3 d 后撕取烟草叶片下表皮，用共聚焦荧光显微镜观察绿色荧光蛋白的位置（数字资源 14-2），发现 OsWRKY76.1 定位于细胞核。

数字资源 14-3
在洋葱表皮细胞中表达 *ZmbZIP22*-eYFP 和 eYFP 产生的荧光信号

2. The ZmbZIP22 transcription factor regulates 27-kD γ-Zein gene transcription during maize endosperm development(Li et al. ,2018)

为了初步了解 ZmbZIP22 的功能，在 C 末端融合增强的 YFP(eYFP)在洋葱(Allium cepa)表皮细胞中瞬时表达重组蛋白(数字资源 14-3)。观察发现与 eYFP 相比，ZmbZIP22-eYFP 信号仅集中在细胞核中，表明 *ZmbZIP22* 在细胞核中起作用。

十、附录

1. 1 mol/L AS 配制：1.962 g AS(乙酰丁香酮)溶解于 DMSO 中，定容至 10 mL。
2. 0.5 mol/L MES 配制：5.33 g MES 溶解于 50 mL 水中，用 NaOH 颗粒调 pH 至 5.6。MES 中文名称 2-(N-吗啉代)乙磺酸，易溶于水，其水溶液无色透明。

十一、参考文献

1. Liu J Q, Chen X J, Liang X X, et al. Alternative splicing of rice *WRKY62* and *WRKY76* transcription factor genes in pathogen defense. Plant Physiol, 2016, 17: 1427-1442.

2. Li C B, Yue Y H, Chen H J, et al. The *ZmbZIP22* transcription factor regulates 27-kD γ-Zein gene transcription during maize endosperm development. Plant Cell, 2018, 30: 2402-2424.

（刘国玉，宋健民）

第四部分

重组质粒的构建及其遗传转化

基因工程技术也叫重组 DNA 技术，是在分子水平上，采取工程建设方式，即按照预先设计的蓝图，借助于分子生物学实验室技术，将某种生物的基因或基因组转移到另一种生物中去，并且使后者定向获得新的遗传性状的一门技术。重组 DNA 是先将特定的目的基因分离，然后利用载体或其他物理、化学方法将目的基因导入植物细胞受体并整合到植物受体细胞的染色体上，之后目的基因在植物受体中表达并传代，最终导致植物某些性状（如品质、抗病、抗虫、抗逆等）得到改变，并能够用于快速培育植物新品种的目的。植物基因工程技术不仅在培育优质、高产和抗逆植物新品种中具有巨大潜力，而且它还是植物分子生物学基础研究的常用手段，因而使实验和应用生物学领域产生巨大变革。

基因工程的发展起始于 1971 年，史密斯（Smith H O）等从细菌中分离得到一种限制性内切酶，该酶能切开病毒 DNA 分子，这标志着 DNA 重组时代的开始。1972 年，伯格（Berg P）等用限制性内切酶分别酶切猿猴病毒和 λ 噬菌体的 DNA，之后将两种 DNA 分子用连接酶连接起来，因而得到一种新的 DNA 分子。1973 年，科恩（Cohen S）等进一步将酶切的 DNA 分子与质粒 DNA 分子连接起来，并将重组的质粒 DNA 转入大肠杆菌细胞中。1982 年，美国食品卫生和医药管理局批准用基因工程在细菌中生产人的胰岛素投放市场。1985 年，转基因植物获得成功。1986 年，Mullis 发明了 PCR 技术，专利转让费达 3 亿美元，并获得了 1993 年诺贝尔化学奖。1994 年，延熟保鲜的转基因番茄获得商业化生产。1997 年，Wilmut 研究小组报道用胎儿细胞为核供体，获得了表达治疗人血友病的凝血因子Ⅸ的转基因克隆羊“多莉”。

基因工程技术主要步骤包括：①分离和鉴定目的基因，分离目的基因的策略有很多，主要有从基因文库中分离、PCR 同源扩增等。②构建重组 DNA 分子，即在体外选择相同的限制性内切酶将目标基因的 DNA 分子和载体 DNA 进行 DNA 酶切；酶切产物经过琼脂糖凝胶电泳分离、回收并纯化后，用连接酶进行黏末端或平末端连接；连接产物转化大肠杆菌、挑选鉴定阳性克隆并获得重组 DNA 分子；繁殖扩增重组 DNA 分子；之后进一步构建目的基因其他载体。③转基因：把重组 DNA 分子引入宿主受体细胞。④筛选出含有目的基因的定向性状变异的个体，即获得具有目的基因重组 DNA 的无性繁殖系或个体。⑤外源基因在受体细胞中正常表达，翻译成蛋白质等基因产物、回收产物。表达通常是指目的基因编码的蛋白质合成。重组 DNA 分子进入寄主细胞后，目的基因能否表达及表达效率高低，影响因素有很多。生物反应器中基因工程的最后一个步骤，是把所获得的蛋白质分离纯化，得到蛋白质产品。

植物转基因的常用方法有农杆菌介导法、基因枪法、花粉管通道法、电击法、PEG 介导法、激光微束穿孔法、显微注射法和 DNA 浸泡/直接吸入法等。根癌农杆菌介导的植物转化技术在双子叶植物和单子叶植物中应用最为广泛。该方法是以农杆菌Ti质粒经过人工改造后的双元载体为骨架,在其左右边界序列(LB与RB)之间具有启动子、多克隆位点及终止子结构,将目的基因亚克隆到启动子与终止子之间的多克隆位点上,获得含有目的基因的重组DNA分子。之后把重组DNA分子转化到大肠杆菌受体细胞,筛选得到含有重组DNA分子的大肠杆菌克隆,通过大量扩增繁殖因而获得能够用于转化到农杆菌中的重组DNA分子。转化到农杆菌后,获得含有目的基因重组DNA分子的重组农杆菌就可以用于侵染植物细胞,实现农杆菌介导的植物遗传转化。在构建农杆菌遗传转化质粒载体时,一般将外源基因与选择标记基因串联在一起,也就是将外源基因与选择标记基因构建在同一个重组质粒DNA分子上,使得两者一同进入宿主细胞并插入其染色体。之后再根据选择标记基因的特性在培养基中施加选择压(加相应的化学物质),杀死未携带标记基因的细胞,而使得携带有标记基因(同时也携带目的基因)的细胞存活下来成为转化子。利用大肠杆菌中分离克隆的抗草甘膦(glyphosate)的EPSP合成酶基因,已培育出高抗除草剂转基因植物。基因枪转基因技术是以高压气体为动力,高速发射包裹有重组DNA分子的金属颗粒,轰击目标植物组织或细胞,而将目的基因直接导入植物细胞并整合到染色体上的一种方法。基因枪转化通常要求选用分子质量比较小的质粒载体,一般不能超过10 kb,载体越大,转化效率越低。转化的载体多以pUC系列质粒为基础构建而成,通常具有细菌复制原点及抗性选择标记;可在植物中表达的启动子、终止子及调控序列;植物抗性选择标记(如除草剂、潮霉素等抗性)。

目前,基因工程研究发展迅速,已取得一系列重大突破。基因工程技术已广泛用于工业、农业、畜牧业、医学、法学等领域,为人类创造了巨大的财富。在细菌中生产多种药品,如表皮生长因子、人生长激素因子、干扰素、乙型肝炎工程疫苗等。酵母菌、植物悬浮细胞、植株和动物培养细胞均成功地应用于表达外源蛋白。全球种植转基因作物(以大豆、棉花、玉米为主)面积逐年增长。中国种植的转基因作物品种包括:棉花、番茄、杨树、牵牛花、抗病毒木瓜和甜椒。转基因棉花已经大规模商品化生产。印度转基因棉花产量已增加了50%,而杀虫剂的使用量则减少50%以上。已有报道中国种植了25万棵转基因白杨树,这些抗虫杨树有助于加快再造林工程的进展。

这部分包含6个实验:DNA片段的回收和连接、重组子的转化和蓝白斑筛选、重组质粒的酶切验证、农杆菌蘸花法转化拟南芥、根瘤农杆菌介导的玉米遗传转化,以及小麦基因枪转化(瞬时表达)。

(叶建荣)

实验十五　DNA 片段的回收和连接

一、背景知识

回收DNA片段的主要目的是去除一些影响DNA连接酶活性的物质及其他DNA片段以获得浓度较高且无杂质的目的片段。多年来，人们提出了许多从琼脂糖凝胶中回收DNA的方法，由于分离方法众多，且各种不同的方法可能同时依据多项原理，所以粗略地将其分成五大类：电泳法、收集孔法、机械破碎法、溶(熔)胶法与酶处理法。根据是否切割凝胶，电泳法又分为透析袋法与流动电洗脱法(割胶)，滤纸-透析膜法与DEAE膜法(不割胶)，主要适合大片段的回收；收集孔法包括蔗糖法和羟基磷灰石法，这类方法对小片段的回收效率较高；机械破碎法是指用机械力将凝胶压碎后再回收DNA片段，有冻挤法、冻融法、压碎浸泡法、(单层)滤膜过滤法及双层(亲和)膜过滤法，这类方法因片段大小不同，回收率差异较大，适合小片段的回收；溶胶法根据物理或化学溶胶的不同可分为低熔点法(物理熔胶)与NaI、KI、$NaClO_4$溶胶法(化学溶胶)；对于大片段DNA的回收，如酵母人工染色体的克隆试验中，克隆片段可大到2 000 kb，一般采用酶处理法即用琼脂糖酶较温和地裂解琼脂糖，最终成功回收DNA片段。综上所述，只有在合适的回收方法基础上注意操作细节才能有效回收所需片段，为以后的酶切、连接、标记等工作打下良好基础。

将回收纯化后的外源基因片段与载体连接，形成重组子再转入受体细胞后，重组子独立自主大量复制并且很容易从宿主细胞中分离纯化，因而在分子生物学中使用十分广泛。常用的载体可分为克隆载体和表达载体，根据载体进入受体细胞的不同，分为原核细胞表达载体、真核细胞表达载体以及穿梭载体。本实验中，我们所说的重组质粒是指加入目的基因片段的克隆载体。因此，我们简单回顾一下质粒的基本生物学特质。细菌质粒是存在于细胞质中的一类独立于染色体的自主复制的遗传成分，多数为环形双链的DNA组成的复制子。目前，作为基因克隆载体的所有质粒DNA分子都是人工改造后的质粒，包含复制基因、选择标记和克隆位点。因此，我们只需要将目的基因插入到克隆载体的多克隆位点上，并利用连接酶进行连接，就可以形成闭合的环状质粒载体。

二、实验原理

(一)琼脂糖凝胶中DNA的回收

目前，大多数回收实验都使用离心吸附柱DNA回收试剂盒。这个方法的原理就是在吸附柱内使用一种特殊的硅基质滤膜，这种滤膜在低pH、高浓度盐(盐酸胍、NaI、KI、$NaClO_4$)

存在的情况下,可以选择性吸附 DNA 片段,而蛋白质和其他杂质不会被吸附。再通过一系列漂洗、离心等步骤将存留的杂质去除。最后用低盐、高 pH 的洗脱液将目的 DNA 从滤膜上洗脱下来,得到纯化后的目的片段。

(二)克隆载体与连接策略

通常将从病毒、质粒或高等生物细胞中获取的 DNA 作为克隆载体(cloning vector),常见的载体有质粒、噬菌粒、酵母人工染色体。目前克隆载体多为质粒。大多数常用的质粒载体含有可被多种内切酶识别的多克隆位点,因此一般来说总能找到一个带有与某一特定外源 DNA 片段末端相匹配的酶切位点的质粒载体。当然,如果现有载体没有合适的酶切位点,我们还可以通过使用带有多克隆位点的引物在扩增目的片段两端加入酶切位点,或者将合成的接头连接到线状质粒或外源 DNA 片段的末端。另外,带有 3′凹陷末端的 DNA 片段可以通过控制大肠杆菌 DNA 聚合酶 Klenow 片段的作用部分加以填平,使原本某些不相匹配的酶切位点配变为匹配,以便质粒与外源 DNA 连接。

重组质粒构建中最重要的一步是我们需要将目的基因插入到克隆载体的多克隆位点上,并利用连接酶进行连接,以形成闭合的环状质粒载体。外源 DNA 片段和质粒载体的连接反应策略主要有以下几种:一是带有非互补突出端的片段,即用两种不同的限制性内切酶进行消化可以产生带有非互补的黏性末端,这也是最容易克隆的 DNA 片段。一般情况下,利用质粒载体自带的多个不同限制酶的识别序列组成多克隆位点;也可在 PCR 扩增时,在 DNA 片段两端人为加上不同酶切位点,然后直接利用连接酶与载体相连,从而将外源片段定向地克隆到载体上。二是带有相同的黏性末端的情况,即用相同的酶或同尾酶处理得到的末端,由于质粒载体也必须用同一种酶消化,亦得到同样的两个相同黏性末端,因此在连接反应中外源片段和质粒载体 DNA 均可能发生自身环化或几个分子串联形成寡聚物,而且正反两种连接方向都可能有。所以,必须仔细调整连接反应中两种 DNA 的浓度,以便使正确的连接产物的数量达到最高水平。还可将载体 DNA 的 5′磷酸基团用碱性磷酸酯酶去掉,最大限度地抑制质粒 DNA 的自身环化。带 5′端磷酸的外源 DNA 片段可以有效地与去磷酸化的载体相连,产生一个带有两个缺口的开环分子,缺口在重组子转入受体菌后可自动修复。三是带有平末端的连接反应,这是由产生平末端的限制酶或核酸外切酶消化产生,或由 DNA 聚合酶补平所致。由于平端的连接效率比黏性末端要低得多,故在其连接反应中,T4 DNA 连接酶的浓度和外源 DNA 及载体 DNA 浓度均要高得多。通常还需加入低浓度的聚乙二醇(PEG 8000)促进 DNA 分子凝聚以提高转化效率。在某些特殊情况下,外源 DNA 分子的末端与所用的载体末端无法相互匹配,则可以在线状质粒载体末端或外源 DNA 片段末端接上合适的接头(linker)或衔接头(adapter)使其匹配,也可以有控制地使用大肠杆菌 DNA 聚合酶Ⅰ的 klenow 大片段部分填平 3′凹端,使不相匹配的末端转变为互补末端或转为平末端后再进行连接。

三、实验目的

1. 掌握重组质粒构建的原理和方法。
2. 认识和掌握 DNA 回收的原理和方法,成功获得纯化的目的片段。
3. 学习利用 T4 DNA 连接酶把载体片段和外源目的 DNA 片段连接起来,构建体外重组

DNA分子的技术,了解并掌握几种常用的连接方法。

4.后续实验准备样品。

四、实验材料

克隆载体(以pGEM-T easy vector为例)和外源DNA电泳后的琼脂糖凝胶。

五、试剂与仪器

乙醇、TE缓冲液、灭菌 ddH_2O、琼脂糖、6×上样缓冲液、50× TAE电泳缓冲液、溴化乙啶EB、T4 DNA连接酶、限制性内切酶、凝胶回收试剂盒。

微量移液器、灭菌1.5 mL离心管、50 μL离心管和枪头。

台式离心机、水浴锅、微波炉、电泳槽、电泳仪、紫外成像仪、紫外分光光度计。

六、实验步骤及其解析

(一)目的DNA的回收与检测

PCR扩增产物(或酶切反应产物)在0.8%(低熔点)琼脂糖凝胶中电泳,电泳结束后在紫外灯下切割目标条带,并使用DNA回收试剂盒(离心柱法)进行回收。

电泳时最好使用新的电泳缓冲液,以免影响电泳和回收效果,如下一步实验要求较高,则应尽量使用TAE电泳缓冲液。

1.戴上手套,在紫外灯下,用锋利的刀片在紧靠目的条带前的凝胶上切一切口(两边比条带略宽),从琼脂糖胶中切下目的条带。

切胶时,紫外照射时间应尽量短,以免对DNA、实验人员造成损伤。

注意保护眼睛,应该佩戴防紫外的护目镜。操作宜迅速,避免脸部、手的照射。

尽可能使切下的凝胶体积最小,以减少抑制剂对DNA的污染,并缩短DNA迁移出凝胶的距离。

回收过程应用长波紫外灯。因为短波紫外线(254 nm)会引起DNA的断裂或形成TT二聚体,前者会使以后的连接与转化等实验失败,后者可能造成基因突变。

2.按照每100 mg凝胶加入400 μL结合缓冲液(binding buffer),放入灭菌后的1.5 mL离心管中。

结合缓冲液主要是低pH、高浓度盐(盐酸胍、NaI、KI、$NaClO_4$)组成的溶液,这种溶液可以与吸附柱内的硅基质滤膜共同作用,选择性吸附DNA片段。

与回收片段接触的试剂和器皿等都应进行灭菌(酶)处理,即使是不能用干热或湿热法灭菌的器皿,也要用乙醇浸泡以灭杀活菌与DNA酶,否则可能发生回收片段部分降解的现象,有时甚至一无所获。在黏性末端发生轻微的降解反应也会导致严重的连接困难。

由于回收效率的原因,一般少于500 ng DNA条带不值得回收。

3. 将离心管放入45～65℃水浴锅中温育，直至所有琼脂糖都已经溶解。

在温育过程中可以轻微振荡混匀，但在回收较大片段时，吸取液体、转动离心管等操作均应缓慢、轻柔，防止机械剪切作用对DNA的破坏。

4. 将DNA吸附柱套在收集管上，把溶解后的混合液转移至DNA吸附柱中，室温下放置1～2 min，10 000 r/min离心1 min。

吸附柱上含有Resin合成树脂，在一定的高盐缓冲系统下高效、专一地吸附DNA。通常片段越大与树脂结合越牢固，因而也就越难以洗脱。

吸附柱吸附DNA的量存在上限，试剂盒说明书通常会有介绍。

回收＜100 bp或＞10 kb的DNA片段时，应加大溶胶液体积，延长吸附和洗脱的时间。

5. 弃掉滤液，将吸附柱重新置于收集管后，加入500～600 μL漂洗缓冲液（washing buffer）至吸附柱中，12 000 r/min离心1 min。

通过一系列漂洗缓冲液漂洗、离心等步骤去除存留的杂质（如蛋白质、其他有机化合物、无机盐离子及寡核苷酸引物等）。

6. 重复步骤5。

7. 弃滤液，把吸附柱放入收集管中，12 000 r/min离心2 min。

离心的目的是充分去掉残留的漂洗缓冲液。

尽量让吸附柱上残留酒精挥发完全，以免影响后续实验。

8. 将吸附柱置于经灭菌的1.5 mL离心管中，向吸附柱中央加入30～40 μL洗脱缓冲液（elution buffer），静置2 min后，12 000 r/min离心1 min。弃去吸附柱，将纯化后的DNA溶液保存于－20℃冰箱中。

洗脱缓冲液主要是低盐、高pH的洗脱液，洗脱液可以将目的DNA从滤膜上洗脱下来，得到纯化后的目的片段。试剂盒洗脱液为TE缓冲液，也可用ddH_2O来洗脱。

洗脱液的体积应大于最低推荐体积（不同规格的吸附柱要求不同）。体积过小则洗脱液不足以完全浸泡整个高分子树脂膜，致使洗脱不完全；体积过大会导致目的DNA片段浓度过低。

回收率与初始DNA量和洗脱体积有关，初始量越少、洗脱体积越小，回收率越低。

（二）回收片段浓度和纯度的检测

1. 开启紫外分光光度计，预热稳定20～30 min。

2. 用1 mL TE或ddH_2O作为空白，处理校正零点。

校正溶液应与回收后保存DNA时所用溶液一致。如使用试剂盒进行回收，洗脱缓冲液的成分一般为TE溶液。

3. 取995 μL TE或ddH_2O放入石英比色皿中，再加入5 μL待测样品，用封口膜封口后上下颠倒几次，使样品混匀。

4. 在230 nm、260 nm、280 nm波长下测量吸光值，估算回收片段的浓度与纯度。具体内容参考实验一。其中，OD_{260}用于估算样品中DNA的浓度，1个OD_{260}相当于50 μg/mL双链DNA。

样品浓度（mg/mL）＝OD_{260}×稀释倍数×50/1 000

若回收的DNA片段溶液浓度较低，会大大降低后续连接的概率。可以在冷冻干燥机中适当浓缩。

(三)回收片段大小的琼脂糖电泳检测

1. 取 2～5 μL 回收 DNA 溶液与 1～2 μL 6 ×上样缓冲液混合均匀，在 1%的琼脂糖凝胶上点样，电泳(55 V/40 min)。

2. 待溴酚蓝迁移至凝胶长度的 2/3～4/5 处结束电泳。在紫外灯下观察回收 DNA 片段的大小是否与目的片段一致。

若需要将 PCR 产物连接于商业 T-A 克隆载体上，PCR 反应体系中应加入普通 Taq 酶(或 PCR 结束后加入 rTaq 和 dATP 温浴 30 min)使 PCR 产物含 A 尾巴，并尽量于一周内完成连接反应。

通常在做 DNA 片段重组前，需要对酶切回收的载体片段溶液、回收的目的基因片段溶液同时进行凝胶电泳检测和浓度测定。浓度太低，很难获得重组分子。

(四)外源 DNA 与载体的连接

1. 用两种适当的限制性内切酶消化载体和外源 DNA 片段，若外源片段和载体均为非互补突出端的片段，此步骤可以省略。

注意确认两种限制性内切酶是否可以在同样的缓冲液中工作。如果可以，则可直接用两种限制性内切酶对质粒 DNA 和外源片段进行消化。如果两种限制性内切酶不能用同样的缓冲液，则最好分别消化。

2. 取经灭菌处理的 0.5 mL 离心管。

3. 加入 1 μL 10×T4 DNA 连接酶缓冲液。

连接酶缓冲液中含有 ATP，使用前应在室温放置至融化或用手掌温度辅助融化，然后置于冰上。不要加热融化以免 ATP 降解。

4. 将 0.1 μg 载体 DNA 加入无菌离心管中，按照载体与插入片段摩尔比为 1∶(3～5)的比例加入外源片段 DNA。

注意此时应同时做两组对照反应，其中一组对照只加质粒载体无外源 DNA 片段，另一组对照只加外源 DNA 片段无质粒载体。

一般载体和目的片段摩尔比是 1∶(3～10)。关键要看载体、目的片段的大小以及浓度。摩尔＝质量/分子质量。假如目的片段和载体大小分别为 600 bp 和 4 000 bp，假设载体和片段的浓度为 50 ng/mL，且体积相同，则片段的摩尔数＝50/600，载体的摩尔数＝50/4 000，假如需要片段与载体的摩尔比为 4∶1，则加入的片段与载体的体积比＝[4×(50/4 000]/(50/600)∶1＝0.6∶1。

5. 加入 0.5 μL T4 DNA 连接酶。

连接酶的连接效率与加入 T4 DNA 连接酶的量成反比关系，如果连接酶效率较高，可以适当降低使用体积。

T4 DNA 连接酶对热敏感，容易失活。使用时应放置冰上，用后立即置冰箱中冷冻保存。如需在连接反应后灭活，于 65℃孵育 10 min 即可。

6. 加灭菌 ddH_2O 至体积为 10 μL。混匀样品并短暂离心使样品全部沉于管底。

7. 将离心管置于连接酶要求的温度孵育适当时间(根据不同公司的酶的要求而定,一般为22℃ 连接 1～3 h 或 16℃连接过夜)。

一般而言,连接反应的温度和时间与所购连接酶的效率、片段大小有关。连接酶的最佳活性温度是 37℃,但做黏性末端连接时,为了提高连接的效率,常常使用较低的温度,因为温度越高,黏性末端的互补配对越易解链,从而不利于连接,也就是说,尽管 37℃时连接酶的活性比较高,但高温会破坏黏性末端的配对,从而降低了连接的效率。通常反应条件是 4℃或 16℃连接过夜,现在许多公司的连接酶在室温反应半小时就可以。如果片段不大,且仅仅是 TA 连接,16℃反应 1～2 h 就足够;如果是平末端连接、外源片段较大或者构建文库最好连接时间稍长一些。

七、实验结果与报告

1. 预习作业

PCR 产物回收的方法有哪些?有哪些连接策略?

2. 结果分析与讨论

(1)附上琼脂糖凝胶电泳检测图和浓度检测结果;

(2)根据电泳图谱和 OD,判断目的 DNA 和载体的最佳连接比例是多少。

八、思考题

1. DNA 回收的主要方法有哪些?
2. DNA 连接酶的工作原理是什么?
3. DNA 连接分几种情况?

数字资源 15-1
实验十五思考题参考答案

九、研究案例

1. 玉米 C_4 型 *pepc* 基因的分子克隆及其在小麦的转基因研究(陈绪清等,2004)

作者以甜玉米京科甜 115 的 DNA 为模板,采用 TaKaRa 公司的一种长片段高保真扩增 Taq DNA 聚合酶 LA-Taq,以 p1 和 p2 为引物进行 LA-PCR 扩增。电泳分析结果见图 15-1(a)。从琼脂糖凝胶中回收纯化 6.7 kb 的目的片段,与 pGREEN-M-T 的回收纯化片段进行连接,连接产物转化大肠杆菌 Top10 的感受态细胞,挑选阳性克隆,命名为 pBAC207,其酶切鉴定见图 15-1(b)。结果表明,6.7 kb 的 PCR 扩增产物插入到了载体 pGREEN-M-T 中。从凝胶中回收 pBAC211 经 *Xba* Ⅰ 和 *Xho* Ⅰ 酶切后的 5.6 kb 载体片段与 pBAC207 经 *Xba* Ⅰ 和 *Xho* Ⅰ 酶切后回收的 6.7 kb 的产物连接,构建表达载体 pBAC214(12.3 kb),其酶切鉴定见图 15-1(c)。

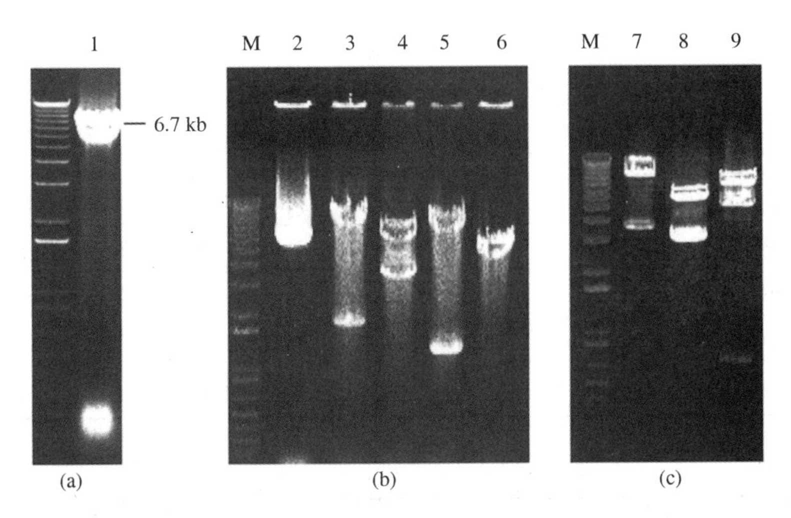

图 15-1　玉米 C_4 型 *pepc* 基因的克隆与表达载体构建分析

(a)*pepc* 基因的 PCR 扩增;(b)质粒 pBAC207 及其酶切鉴定;(c)质粒 pBAC214 酶切鉴定。1. pepc 基因 PCR 扩增产物;2. pBAC207/*Bam*HⅠ;3. pBAC207/*Eco*RⅠ;4. pBAC207/*Eco*RⅤ;5. pBAC207/*Sca*Ⅰ;6. pBAC207;7. pBAC214/*Eco*RⅤ;8. pBAC214/*Pvu*Ⅰ;9. pBAC214/*Stu*Ⅰ;M. 1 kb plus DNA marker(Gibco)

2. 水蜜桃 E3 泛素连接酶 PpARIⅠ基因的克隆及表达载体构建(苑婕等,2019)

作者将用新引物(引物的 5′分别加上了 *Xba*Ⅰ和 *Bam*HⅠ酶切位点)扩增的 PCR 产物与 pGM-T 连接后转入大肠杆菌 Top 10 感受态细胞,测序正确后提取质粒,用 *Xba*Ⅰ和 *Bam*HⅠ双酶切 pGM-T-PpARIⅠ质粒,回收目的基因片段,如图 15-2(a)所示。

用相同的内切酶对 pCambiay1300 质粒进行双酶切,回收载体大片段,并与目的基因片段相连接,转化大肠杆菌 Top 10 感受态细胞。挑选单克隆用特异性引物进行 PCR 鉴定,鉴定正确的进行摇菌,提取质粒,并用 *Xba*Ⅰ和 *Bam*HⅠ双酶切,得到约 1 800 bp 的片段,如图 15-2(b)所示。测序结果完全正确,说明表达载体 pCambiayl300-PpARIⅠ构建成功。

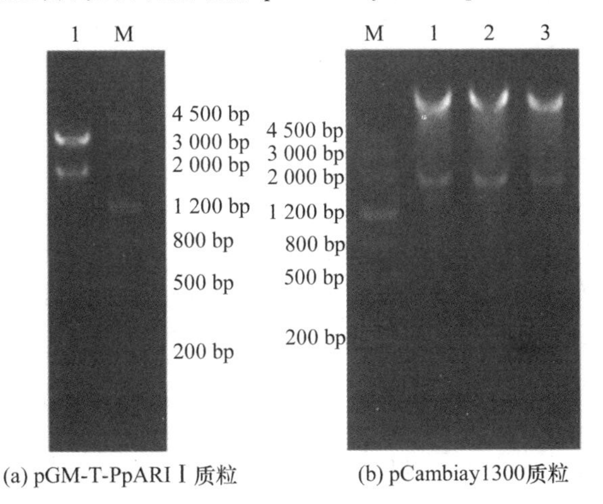

(a) pGM-T-PpARIⅠ质粒　　(b) pCambiay1300质粒

图 15-2　重组质粒及其双酶切验证

十、附录

1. 结合缓冲液

成分及终浓度	配制 100 mL 溶液各成分的用量
50 mmol/L Tris-HCl(pH 8.0)	5 mL 1.0 mol/L Tris-HCl(pH 8.0)
10 mmol/L EDTA(pH 8.0)	1 mL 1.0 mol/L EDTA(pH 8.0)
1 mol/L NaCl	5.844 g
ddH_2O	补至 100 mL

2. 漂洗缓冲液

成分及终浓度	配制 150 mL 溶液各成分的用量
50 mmol/L Tris-HCl(pH 8.0)	7.5 mL 1.0 mol/L Tris-HCl(pH 8.0)
10 mmol/L EDTA(pH 8.0)	1.5 mL 1.0 mol/L EDTA(pH 8.0)
80%乙醇	120 mL 无水乙醇
ddH_2O	补至 150 mL

3. 洗脱缓冲液

成分及终浓度	配制 100 mL 溶液各成分用量
50 mmol/L Tris-HCl(pH 7.5)	5 mL 1.0 mol/L Tris-HCl(pH 7.5)
10 mmol/L EDTA(pH 7.5)	1 mL 1.0 mol/L EDTA(pH 7.5)
ddH_2O	补至 100 mL

若担心 EDTA 会影响后续的连接反应，可以不加。用 ddH_2O 代替洗脱缓冲液也是可行的。

十一、拓展知识

聚丙烯酰胺凝胶中 DNA 的回收——电洗脱透析袋法

1. 戴上手套，在紫外灯下，用锋利的刀片在紧靠目的条带的聚丙烯酰胺凝胶中切下目的条带，置于用 0.25×TBE 湿润的方形石蜡膜上。

尽可能使切下的凝胶体积最小，以减少抑制剂对 DNA 的污染，并缩短 DNA 迁移出凝胶的距离，同时也能保证更容易将其放入透析袋中。

2. 用透析袋夹将透析袋的一端封住。用 0.25×TBE 充满透析袋直至溢出，拿住袋颈，轻挤透析袋以打开袋口。用药勺将凝胶转移至充满缓冲液的透析袋中。

3. 使凝胶切片下沉至透析袋底部，去掉大部分缓冲液，留下少量液体以使凝胶切片始终保持与缓冲液接触。然后在凝胶切片的上方用透析袋夹将袋夹紧，避免存留气泡和夹碎凝胶切片。

4. 把透析袋浸泡在盛有一浅层0.25×TBE的水平电泳槽中，将玻璃棒或吸管轻轻放在透析袋上，防止透析袋漂浮，同时使凝胶切片的方向与电极平行。使电流通过透析袋，电压通常为7.5 V/cm，持续45～60 min。

用手提式长波紫外灯来监测DNA在凝胶切片中的迁移情况。如果电泳时间太短，只有部分DNA从切片中迁移出来，会降低回收率。如果时间太长，则会导致DNA附着到透析袋上。一般在0.25×TBE缓冲液中，电压7.5 V/cm，持续45～60 min就可以从切片中将0.1～2.0 kb的DNA片段洗脱85%。不同缓冲液、不同片段大小和凝胶浓度需要不同洗脱时间。

5. 倒转电流的极性再电泳20 s，使DNA从袋壁中释放下来。切断电源，从电泳槽中取出透析袋轻揉，以便使DNA进入缓冲液。

6. 打开透析袋，小心将凝胶周围的所有缓冲液转移至一个塑料管中，并将凝胶切片取出。用吸管吸取少量缓冲液冲洗透析袋，并将冲洗后的缓冲液一起放入塑料管中。

凝胶取出后可用EB或SYBR Gold染色，以检查DNA是否洗脱完全。

7. 加入等体积苯酚/氯仿抽提后，再加入1/10体积的3 mol/L NaAc和2倍体积的预冷无水乙醇，获得DNA絮状沉淀，再用100 mmol/L pH 8.0 TE溶解，获得纯化的目的DNA溶液。

十二、参考文献

1. 萨姆布鲁克J，拉塞尔D W. 分子克隆实验指南. 3版. 黄培堂，等译. 北京：科学出版社，2016.

2. 陈绪清，张晓东、梁荣奇，等. 玉米C_4型*pepc*基因的分子克隆及其在小麦的转基因研究. 科学通报，2004，49(19)：1976-1982.

3. 苑婕，马方玮，李梦云，等. 水蜜桃E3泛素连接酶PpARIⅠ基因的克隆及表达载体构建. 上海大学学报：自然科学版，2019，25(4)：604-611.

（郭新梅）

实验十六　重组子的转化和蓝白斑筛选

一、背景知识

转化是分子遗传、基因工程等研究领域的基本实验技术之一。细菌受体细胞经过一些特殊方法，如电击法、$CaCl_2$ 等化学试剂法处理后，细胞膜的通透性发生变化，成为能容许外源DNA 分子通过的感受态细胞。能被转化进入受体细胞的 DNA 分子比率极低，20 世纪 70 年代，Dong Hanahan 在冷泉港实验室最早发明了一种可以高效转化细菌的转化液配方，至此，质粒的遗传转化才得以广泛、大量地应用于分子生物学实验中。

转化子的筛选主要基于抗性筛选和颜色筛选。由于大肠杆菌不能耐受氨苄西林和卡那霉素，而携带外源基因进入受体细胞的质粒载体上带有氨苄西林或卡那霉素的降解基因，因此只有转化菌才能在含有抗生素的 LB 平板生长。但导入了空载体的受体细胞也能生长，因此抗性筛选不能鉴别载体上是否整合了外源基因，需借助于颜色筛选对转化子进一步鉴别。目前，有多种颜色筛选，而蓝白斑筛选是重组子颜色筛选最常用的一种方法。

二、实验原理

（一）转化原理

作为受体的大肠杆菌是重组、限制和修饰系统三缺陷型，因此，外源 DNA 导入受体细胞后不会发生遗传重组，不会被受体细胞内限制性内切酶消解，也不会被甲基化酶所修饰，从而保证外源 DNA 分子在受体细胞中的稳定性。DNA 分子转化过程分为：吸附、转入、稳定和表达。目前，最主要的转化方法是热激转化和电转化，本实验我们主要学习热激转化。热激转化的原理是大肠杆菌在 0℃ $CaCl_2$ 低渗溶液中，细菌细胞膨胀成球形，转化混合物中的 DNA 复合物（重组子）形成抗 DNase 的羟基-钙磷酸复合物黏附于细胞表面，经 42℃ 短时间热冲击处理，促进细胞吸收 DNA 复合物，在培养基上生长数小时后，球状细胞复原并分裂增殖。在被转化的细胞中，重组基因将得到表达，因而可以在选择性培养基上挑选所需的转化子。

（二）筛选原理

蓝白斑筛选是重组子筛选的一种重要方法，是根据载体的遗传特征筛选重组子。现在使用的许多载体都带有一个大肠杆菌的 DNA 短区段，其中有 β-半乳糖苷酶基因（*lacZ*）的调控序列和前 146 个氨基酸的编码信息。在这个编码区中插入了一个多克隆位点（MCS），它并不破坏阅读框，但可使少数几个氨基酸插入到 β-半乳糖苷酶的氨基端而不影响功能，这种载体

适用于可编码 β-半乳糖苷酶 C 端部分序列的宿主细胞。因此，宿主和质粒编码的片段虽都没有酶活性，但它们同时存在时，可形成具有酶活性的蛋白质。这样，*lacZ* 基因在缺少近操纵基因区段的宿主细胞与带有完整近操纵基因区段的质粒之间实现了互补，称为 α-互补。由 α-互补而产生的 $LacZ^+$ 细菌在诱导剂 IPTG 的作用下，在生色底物 X-Gal 存在时产生蓝色菌落，因而易于识别。然而，当外源 DNA 插入到质粒的多克隆位点后，几乎不可避免地导致产生无 α-互补能力的氨基端片段，使得带有重组质粒的细菌形成白色菌落。这些重组子的结构可以通过限制性内切酶酶切或其他方法进一步分析。

三、实验目的

1. 掌握重组质粒的转化方法和筛选方法。
2. 学习并掌握热激转化法转化 *E. coli* 的原理和方法。
3. 了解和掌握白菌落法筛选获得重组子的原理和方法。
4. 后续实验准备样品。

四、实验材料

已连接好的连接产物和大肠杆菌感受态细胞（以 JM109 菌株为例）。

五、试剂与仪器

大肠杆菌感受态细胞、IPTG（100 mg/mL）、X-gal（50 mg/mL）、氨苄西林（Amp）贮液（100 mg/mL）、LB 液体培养基、LB 固体培养基（含氨苄西林）、SOC 液体培养基。

微量移液器、灭菌 1.5 mL 离心管、灭菌枪头、接种针、灭菌三角瓶、培养皿、酒精灯。

台式离心机、恒温水浴锅、超净工作台、恒温培养箱、制冰机、恒温摇床。

六、实验步骤及其解析

1. 从低温冰箱取出 3 管制备好的大肠杆菌感受态细胞，融化细胞并迅速放置冰浴中。

实验过程中必须设置两类对照，阴性对照和阳性对照。

阳性对照一般为已知量的质粒和感受态细胞，用于估计本次转化效率，并可以用于分析失败原因（正常情况下，质粒带有抗性基因，转化后此板应有菌落出现，并可以根据菌落的多少判定转化效率）。

阴性对照一般为只有感受态细胞，并正常涂布于含抗生素的平板上，用以消除可能的污染或者进行失败原因的分析（由于该板上只有感受态细胞，无抗性基因，因此正常情况下此板不应该有菌落出现）；如果试验失败，为了进一步分析原因还需要将只有感受态细胞的对照正常涂布于不含抗生素的平板上，用以检测感受态细胞是否合格（如果感受态细胞合格，此板应长满菌落）。

2. 迅速在 1.5 mL 离心管中加入 5～10 μL 连接产物，另一管为没有连接产物的对照，轻

轻混匀后,冰浴 30 min。

1.6×10^8 受体菌细胞与 1 μg DNA 分子(4.3 kb)比例的转化率较好,且 DNA 连接液的体积不超过感受态体积的 10%。

DNA 分子与细胞混合时间在 30～60 min,60 min 最佳,可使更多的 DNA 分子与细菌表面结合。转化反应保持在冰浴条件下操作,温度变化会影响转化效率。

3.将离心管转入 42℃水浴中热激 90 s。

严格控制热击温度和时间,温度和时间的改变极大地影响转化效率。热激时间过长会使细菌大量死亡。

4.迅速将离心管取出,冰浴 1～2 min 使其冷却后,加入 800 μL LB 液体培养基,在 37℃培养箱中,150 r/min 振荡培养 45～60 min。

热处理后,要迅速将离心管放置于冰浴中冷却,通过温度的极致变化提高转化效率;同时加入 37℃预热后的 LB 液体培养基也可以提高细菌表达效率,延迟加 LB 将使转化率迅速降低。

37℃摇菌 45 min 可以让细菌质粒上的抗生素抗性基因表达。

5.5 000 r/min 离心 5 min,弃部分上清液,将沉淀重新悬浮。

此步骤的主要目的是收集扩繁后的细菌体,因此,转速不宜过高,离心时间也不宜太长,以免菌体沉淀后难以重新悬浮。

6.在重悬的离心管中加入 8 μL IPTG(100 mg/mL)及 16 μL X-gal (50 mg/mL),轻轻混匀,将菌液用细菌涂抹器均匀涂抹在含有 Amp 的 LB 固体培养基上,室温下,于超净台上放置至表面液体被吹干。

涂板前,需将 LB 平板提前从冰箱中取出,放置在 37℃恒温培养箱中提前温育 30～60 min,以有利于细菌的生长。在涂布过程中要避免反复来回涂布,因为感受态细菌的细胞壁此时仍较脆弱,过多的机械碾压涂布将会使细胞破裂,影响转化率。

7.将涂布好的平板放入 37℃培养箱中,倒置培养 14～16 h,观察转化结果。

在用平板培养过夜时,须采用倒置培养的方式,主要是因为倒置培养可以避免冷凝水回落到培养基表面时使空气中的杂菌一并沉降到培养基表面造成污染;也可防止冷凝水回落到培养基表面,破坏菌落形态,或使菌落中的菌随水扩散,菌落间相互影响,难以分离;有利于微生物利用营养物质。因为重力作用在一定程度上会使营养物质沉积到表面,利于微生物利用。另外,在强制通风培养箱中,倒置可减小培养基表面的空气流动,培养基所含的水分蒸发相对较慢,不容易干裂,利于微生物生长。

8.用接种针挑选白色单菌落,进行菌液 PCR,或者挑取白色单菌落接种于 5 mL 附加相应抗生素的 LB 液体培养基(或 SOC 液体培养基)中,37℃ 250 r/min 振荡培养过夜。

阳性重组质粒挑选条件:白色、圆形、透明或半透明、周围没有大量菌斑。

9.根据碱裂解法小量提取质粒 DNA,保存待检。

七、实验结果与报告

1.预习作业

常用的重组子的转化方法有哪些?如何筛选连接正确的重组子?

2. 结果分析与讨论

(1)附上菌落照片(应标注各对照的生长情况)。如果转化平板上只有蓝斑,可能的原因是什么?如果白斑多蓝斑少是什么原因?

(2)根据对照菌落数判断所用感受态细胞的转化效率,与说明书上写的效率是否一致,如果不一致可能的原因是什么?

八、思考题

1. 感受态细胞制作的原理是什么?

2. 转化的方法有哪些?

3. 什么情况下平板上会出现卫星菌落?

4. 蓝白斑筛选后平板上白斑比蓝斑多的原因是什么?

数字资源 16-1
实验十六思考题参考答案

九、研究案例

1. 红、黄、绿三种颜色荧光质粒导入大肠杆菌中的稳定性表达(杨晓玫和师尚礼,2018)

该研究以大肠杆菌 DH5α 为受体菌株,通过热激转化法构建荧光标记菌,将携带 3 种荧光蛋白质粒 Red-123、YFP-69、GFP-104,即红、黄、绿 3 种颜色的荧光蛋白的质粒 DNA 成功导入大肠杆菌.经 PCR 重复检测,条带明显并符合红、黄、绿 3 种颜色荧光质粒基因序列大小,3 种颜色荧光质粒热稳定表达水平较高(图 16-1)。

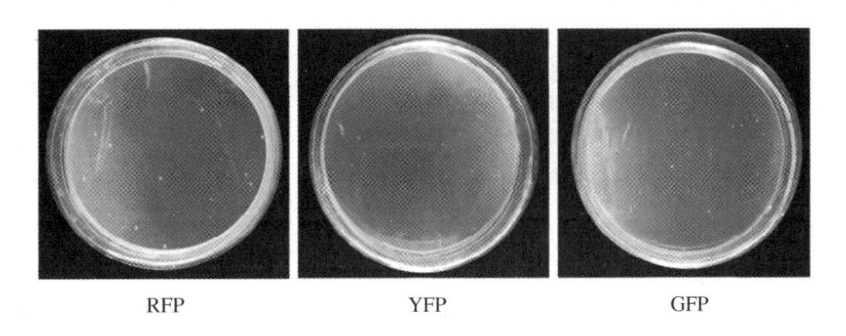

图 16-1　红、黄、绿 3 种颜色蛋白质粒热激转导培养的单菌落

2. 利用 RNAi 抑制*SbeⅡa* 表达提高小麦籽粒直链淀粉含量(秦丽燕,2009)

该研究为了构建小麦 *SbeⅡa* 基因的 RNAi 表达载体,提取小麦灌浆期总 RNA,通过 RT-PCR 扩增得到了 980 bp 的目标片段,如图 16-2(a)所示,从琼脂糖胶回收后连到 T-easy 载体上,热激转化大肠杆菌 DH5α 菌株,经蓝白斑筛选,将白斑摇菌提取质粒进行电泳分析,如图 16-2(b)所示,取图 16-2(b)中 2、7、8、10 泳道的重组质粒进一步酶切鉴定和双向测序。

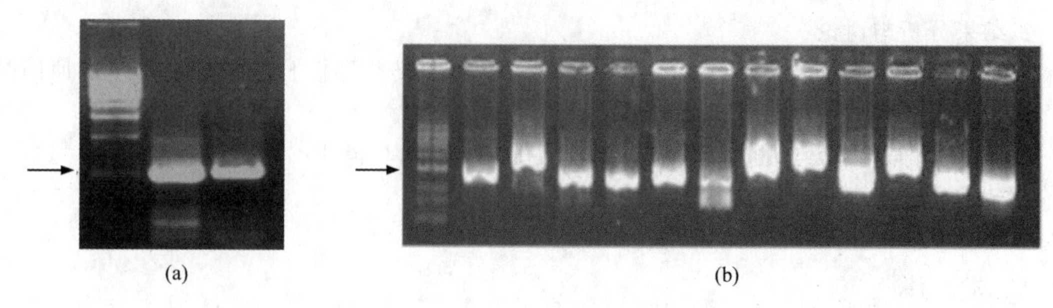

图 16-2 *Sbe* Ⅱ*a* 目的基因片段获得和连接

(a)RT-PCR 获得 *Sbe* Ⅱ*a* 片段(约 1 kb);(b)目的片段与 pGEM- T easy 连接验证

十、附录

1. 氨苄西林(Amp)贮液(100 mg/mL)

配制方法:100 mg Amp 溶于 1 mL 0.4 mol/L NaOH 中,抽滤除菌,－20℃保存备用。

2. X-gal 贮存液(50 mg/mL)

配制方法:用二甲基甲酰胺溶解 X-gal 配制成 50 mg/mL 的贮存液,过滤除菌,包以铝箔或黑纸以防止受光照被破坏,贮存于－20℃。

3. IPTG 贮存液(100 mg/mL)

配制方法:在 800 μL ddH_2O 中溶解 100 mg IPTG 后,用 ddH_2O 补至 1 mL,用 0.22 μm 滤膜过滤除菌,分装于离心管并贮存于－20℃。

4. LB 液体培养基(1 L)

成分	用量	成分	用量
酵母提取物	5 g	蛋白胨	10 g
NaCl	5 g	ddH_2O	补至 1 L(用 NaOH 调至 pH 7.0)

5. LB 固体培养基(1 L)

配制方法见实验二。

6. LB 固体培养基(1 L,含氨苄西林)

配制方法:将 15 g 琼脂加入 1 L LB 液体培养基中,高压灭菌后,冷却至 60℃左右,加入 Amp 贮存液,使终浓度为 100 μg/mL,摇匀后铺板。

7. 含 X-gal 和 IPTG 的 LB 筛选培养基

配制方法:在事先制备好的含 50 μg/mL Amp 的 LB 平板表面加 16 μL X-gal 贮存液和 8 μL IPTG 贮存液,用无菌玻棒将溶液涂匀,置于 37℃下放置 3～4 h,使培养基表面的液体完全被吸收,备用。

8. SOC 培养基(1 L)

配制方法:配制 1 L 培养基,应在 1 L 容量瓶中加入 950 mL ddH_2O ,并按照下表添加其他成分。

成分	各成分用量/g	成分	各成分用量/g
酵母提取物(细菌用)	5	蛋白胨(细菌用)	20
NaCl	0.5		

摇动容器使溶质完全溶解，然后加入 250 mmol/L KCl 溶液 10 mL，用 5 mol/L NaOH 调至 pH 7.0。然后加入 ddH_2O 补至 1 L，高压蒸汽灭菌。灭菌后降温至 60℃或 60℃以下，然后加入 20 mL 经过滤除菌的 1 mol/L 葡萄糖溶液。该溶液在使用前加入 5 mL 经灭菌的 2 mol/L $MgCl_2$。

十一、拓展知识

1. 感受态细胞的特点

能进行转化的受体细胞必须是感受态细胞，即宿主细胞最容易接受外源 DNA 片段并实现转化的一种生理状态，由受体菌的遗传性状所决定，同时也受细菌生长时间及环境因子的影响。细胞的感受态一般出现在对数生长期，新鲜的细胞是制备感受态细胞和进行成功转化的关键。人工转化是通过人为诱导的方法使细胞具有摄取 DNA 的能力，或人为地将 DNA 导入细胞内，该过程与细菌自身的遗传控制无关，常用热激法、电穿孔法等。能否实现质粒 DNA 的转化还与受体细胞的遗传特性有关，所用的受体细胞一般是限制修饰系统的缺陷变异株，即不含限制性内切酶和甲基化酶的突变株。除自然转化外，细胞经过一些特殊方法处理后，细胞膜的通透性发生变化，也可以成为易于接受并转化外源 DNA 的感受态细胞。

2. 感受态细胞制备方法

目前常用的感受态细胞制备方法是 $CaCl_2$ 法，简便易行，且其转化效率完全可以满足一般实验要求，制备的感受态细胞暂不用时，可以加入终浓度为 15%的无菌甘油，－70℃可保存半年至 1 年。具体方法如下。

(1)取大肠杆菌菌株(DH5α)在 LB 平板上划线，37℃条件下，倒置培养 14～16 h。

(2)从 LB 培养基上挑取大肠杆菌菌株单菌落接种于 5 mL LB 液体培养基中，37℃条件下，250 r/min 振荡过夜(14～16 h)。

(3)取菌液 500 μL 接入含 50 mL LB 液体培养基的 250 mL 三角瓶中，37℃条件下，250 r/min 振荡培养 2～3 h，使 OD_{260} 为 0.4～0.5。

(4)将菌液冰浴 30 min 后，平均分装入预冷的 50 mL 离心管中，5 000 r/min，4℃离心 2 min 收集菌体。

(5)菌体用预冷的 20 mL Ca^{2+} 溶液(80 mmol/L $CaCl_2$、10 mmol/L Tris-HCl pH 8.0)悬浮，冰浴 20～30 min。

(6)与(4)同样的条件收集菌体，然后用 2 mL 预冷的 Ca^{2+} 溶液(80 mmol/L $CaCl_2$，10 mmol/L Tris-HCl，pH 8.0)悬浮，如在 12～14 h 内使用，可置于冰浴中。若长期保存，加入甘油，使其浓度为 15%，然后分装于 1.5 mL 离心管中(每管 100 μL)，－70℃保存备用。

十二、参考文献

1. 李冰冰，单林娜. 生化与分子生物学实验指导. 中国矿业大学出版社，2014.

2. 陈蔚青. 基因工程实验. 浙江大学出版社，2014.

3. 杨晓玫，师尚礼. 红、黄、绿三种颜色荧光质粒导入大肠杆菌中的稳定性表达. 甘肃农业大学学报，2018，53(3)：193-198.

4. 秦丽燕. 利用 RNAi 抑制 *Sbe Ⅱa* 表达提高小麦籽粒直链淀粉含量. 中国农业大学硕士学位论文，2009.

（郭新梅）

实验十七　重组质粒的酶切验证

一、背景知识

随着现代分子生物学的快速发展，分子生物学实验技术渗透到生命科学的各个领域。DNA 重组技术的发展，使定向地改造生物及其品种成为可能。然而，重组质粒 DNA 是否达到预期成为科研人员共同思考的问题。因此，对于重组质粒的验证成为 DNA 重组技术的关键环节。

目前，对于重组质粒的验证方法主要有以下 3 种。

1. 酶切鉴定：酶切技术是基因操作的基本工具之一，通过限制性核酸内切酶切割 DNA 片段，由于酶具有专一性，可以切割 DNA 片段的特定位点，达到定向切割的目的。通过酶切，可以初步鉴定是否有重组基因片段插入。

2. PCR 鉴定：聚合酶链式反应（polymerase chain reaction）是一种用于放大扩增特定的 DNA 片段的分子生物学技术，PCR 技术最大特点就是可以将 DNA 片段大量扩增。通过对所挑取的菌落中的质粒进行 PCR 扩增，以鉴定是否有重组基因片段插入。

3. DNA 序列测序：DNA 测序技术是重组质粒验证的关键一步，酶切初步鉴定的重组质粒只有通过测序正确后，才能用于下一步实验。DNA 测序技术可以读出 DNA 的核苷酸序列，从而验证重组质粒。

二、实验原理

限制性核酸内切酶能识别双链 DNA 中特定碱基顺序，并对双链 DNA 进行切割。绝大多数限制性核酸内切酶识别长度为 6 个核苷酸，不同的酶具有不同的切割位点。一些酶切割 DNA 双链产生平端的 DNA 片段，另一些酶则切割产生带有单链突出末端（即黏性末端）的 DNA 片段。

因为不同的酶所要求的最适反应条件不同，所以一定要使用与酶相匹配的缓冲系统。多数生物技术公司的产品目录中均有关于何种限制性内切酶适合何种缓冲液的资料可供查阅。绝大多数酶的反应温度是在 37℃。酶切反应时间有 30 min、60 min，以至 2 h 以上甚至过夜。

酶单位：一个单位限制性内切酶是指在最合适条件下，在 50 μL 体积 1 h 内完全切开 1 μg λ 噬菌体 DNA 所需的酶量。影响核酸限制性内切酶活性的因素有：①DNA 的分子结构、纯度和甲基化程度；②酶切消化反应的温度；③缓冲液的 pH、离子浓度及种类。

将酶切完的 DNA 片段进行凝胶电泳检测，通过对比 DNA marker 条带，粗略地估计酶切 DNA 片段的大小，从而鉴定重组质粒。限制酶切反应后进行电泳时，有时会发生电泳带无法确认、电泳带扩散、电泳带移动距离异常等问题，这是由于酶蛋白自身或其他杂蛋白与DNA结合在一起，使DNA没有进入电泳凝胶中，或DNA难以被溴化乙啶染色而造成的。发生这些现象时，在试样中加入一些蛋白质变性剂（如SDS，终浓度0.1%左右），便可改善电泳效果。实验中使用的10×loading buffer就含有SDS成分。

三、实验目的

1. 掌握限制性核酸内切酶消化DNA的原理。
2. 掌握重组质粒DNA的酶切鉴定方法和流程。
3. 掌握琼脂糖凝胶电泳分析酶切结果。

四、实验材料

重组质粒DNA。

五、试剂与仪器

限制性内切酶（*Bgl* Ⅱ、*Hind* Ⅲ、*Xho* Ⅰ）、ddH_2O、10×cut smart buffer、6×loading buffer、50×TAE、溴化乙啶(EB)、ddH_2O。

微量移液器、灭菌1.5 mL离心管、灭菌枪头、锥形瓶、量筒、电子天平、微波炉、台式离心机、恒温水浴锅、电泳仪及电泳槽、凝胶成像仪。

六、实验步骤及其解析

（一）酶切体系的配制

1. 在1.5 mL离心管中依次加入以下相应试剂（20 μL反应体系）。

单酶切

试剂	用量
ddH_2O	13.7 μL
10×cut smart buffer	2.0 μL
质粒DNA	4.0 μL
酶	0.3 μL

双酶切

试剂	用量
ddH_2O	13.4 μL
10×cut smart buffer	2.0 μL
质粒DNA	4.0 μL
酶1	0.3 μL
酶2	0.3 μL

其中限制性内切酶最后加入，轻轻混匀，稍加离心。

限制酶在一些特定条件下使用时，对于底物DNA的特异性可能降低。即可以把与原来识别的特定的DNA序列不同的碱基序列切断，这个现象叫Star活性。Star活性出现的频率，根据酶、底物DNA、反应条件的不同而不同，可以说几乎所有的限制酶都具有Star活性。为防止Star活性的产生，要将反应体系中的甘油含量尽量控制在10%以下。

因为不同的酶所要求的最适反应条件不同，所以一定要使用与酶相匹配的缓冲系统。

使用两种酶同时进行DNA切断反应(double digestion)，是实验操作中常用的手段之一。为了节省反应时间，通常希望在同一反应体系内进行。此时酶切缓冲液的选用就非常重要了。

限制性内切酶在-20℃是最稳定的，为防止酶活性降低，应先将其他试剂加好后，最后加入内切酶，确保酶活性。

酶切体系一定要混匀，可用微量移液器反复吹打几次或用手指轻弹管壁，使酶切体系中所有成分混匀。离心是将管壁上的液滴沉底。

2. 计算酶切后片段大小的理论值。

(二)酶切反应

提前打开水浴锅，将温度设置为37℃，恒温水浴1 h。

绝大多数酶的反应温度是在37℃。酶切反应时间有30 min、60 min，以至2 h以上甚至过夜。

应将酶切体系处于水面以下，确保酶切温度。

(三)琼脂糖凝胶水平电泳检测

1. 取250 mL锥形瓶，用电子天平称取琼脂糖1.5 g。

2. 加入1 × TAE电泳缓冲液80 mL(即1.2%琼脂糖)，摇匀。

通过酶切后DNA片段大小选择合适的琼脂糖浓度，一般用0.8%～1.2%的琼脂糖凝胶电泳。

3. 用微波炉融化，混匀。

忌猛火过长时间加热，避免暴沸和溢出。

加热过程中可暂停，戴厚线手套小心摇匀。融化好的琼脂糖溶液澄清透明。

4. 准备胶板，插入梳子。待溶液冷却至60℃左右时，向锥形瓶中加入2 μL EB(或其他荧光染料)，摇匀，酌情将胶倒入制胶架。冷却凝固30 min后，拔出梳子。

5. 置胶板于电泳槽后，倒入1 × TAE电泳缓冲液。

电泳缓冲液刚好没过凝胶表面1 mm为宜。

6. 取质粒酶切产物15 μL，加适量6×loading buffer混匀上样，以未经酶切的质粒做对照。每组有一个泳道点加5 μL的1 kb DNA marker。采用5 V/cm的电压电泳。

取DNA溶液时，要混匀DNA溶液，可以用枪头轻轻搅拌均匀。

注意琼脂糖凝胶的点样孔一侧靠近黑色的负极。

7. 紫外成像并分析。

七、实验结果与报告

1. 预习作业

查阅资料，了解重组质粒酶切的相关知识。

2. 结果分析与讨论

(1)附上琼脂糖凝胶电泳检测图(应标注 marker 的名称及其片段大小);

(2)根据电泳图谱,判断重组质粒是否满足后续实验要求。

八、思考题

1. 酶切体系中质粒 DNA 的量应为多少?应占体系总量的多少?

2. TAE 电泳缓冲液的主要成分有哪些?它们的作用分别是什么?

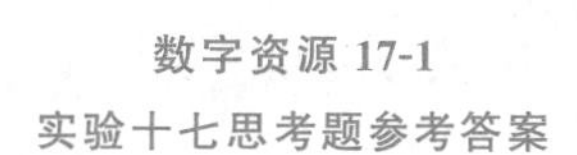

数字资源 17-1
实验十七思考题参考答案

九、研究案例

1. 中国春小麦 *puroindoline a* 基因的克隆及其真核表达载体的构建(陶红梅等,2007)

该研究为研究 *puroindoline a*(*pina*)基因在控制麦类作物的籽粒硬度中的作用,通过利用 PCR 方法从中国春小麦基因组中克隆了 *pina* 基因,将该基因插入真核表达载体 pcDNA3.1(+)-*gfp*,用 PCR 和酶切鉴定重组质粒。结果表明,构建了 *pina* 基因真核表达载体 pcDNA3.1(+)-*pina*-*gfp*(图 17-1),经酶切鉴定(图 17-2),片段大小与预期值相符,为 *pina* 基因在哺乳动物细胞中的表达提供了基础。

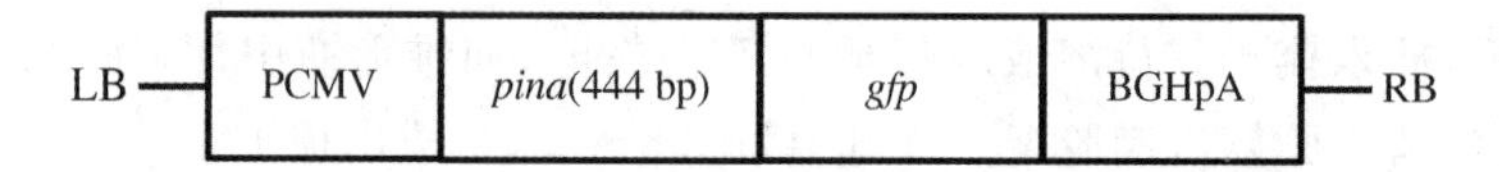

图 17-1 pcDNA3.1(+)-*pina*-*gfp* 真核表达质粒图谱

PCMV 为巨细胞病毒启动子;*pina* 为不含终止密码子的 *pina* 基因;*gfp* 为绿色荧光蛋白基因;BGHpA 为牛生长激素多聚腺苷酸

2. 玉米特异启动子驱动下结核 *hsp*65 基因植物表达载体构建及鉴定(李君武等,2009)

该研究以实验室构建的 pEghle 为模板经聚合酶链反应(PCR)扩增出 *Hsp*65 基因,连接到含有玉米特异性启动子 globulin-1 的 pCR2.1 载体上;将 globulin1-Hsp65 联合片段切下连到含有抗除草剂基因 *bar* 的 pCambia1300 载体中;电击法将重组质粒转化到农杆菌 LBA4404 中。结果表明:成功构建了 pC1300GHsp65 质粒,酶切鉴定得到 3 kb 和 8.6 kb 两条带(图 17-3)。通过测序分析表明,克隆的 Hsp65 与 NCBI 上公布序列一致;成功转化到农杆菌中,酶切从农杆菌中所提的质粒条带大小与预期结果相符合。

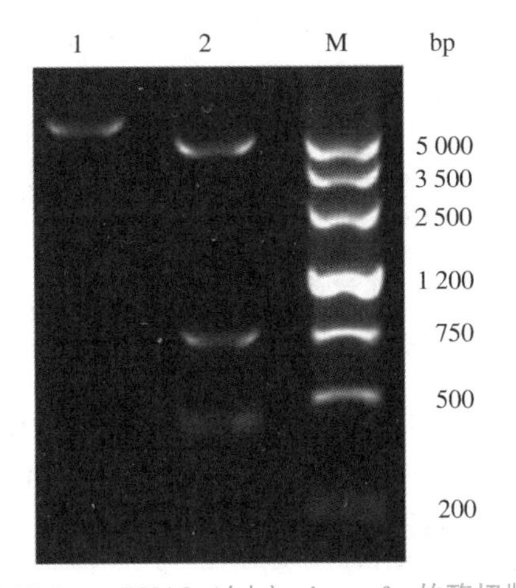

图 17-2　pcDNA3.1(+)-*pina-gfp* 的酶切鉴定

1. pcDNA3.1(+)-*pina-gfp*，*Bam*H Ⅰ单酶切；
2. pcDNA3.1(+)-*pina-gfp*，*Bam*H Ⅰ、*Hin*dⅢ和 *Eco*R Ⅰ三酶切；M. DNA marker

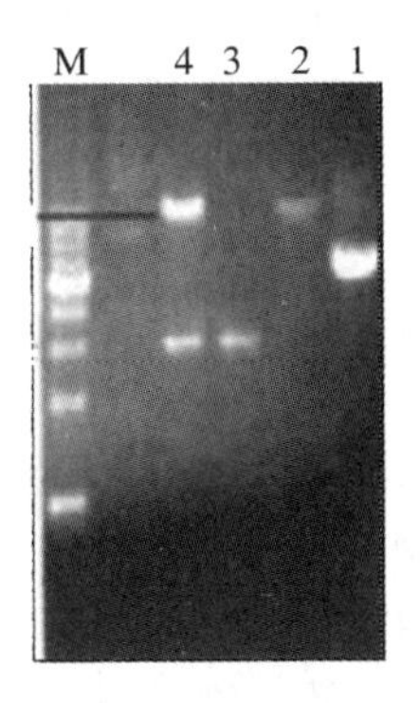

图 17-3　pC1300GHsp65 的双酶切鉴定

1. pC1300GHsp65 双酶切；2. pCambia1300 双酶切；
3. G-Hsp65 回收目的片段；4. pC1300GHsp6 *Hin*d Ⅲ和 *Xba* Ⅰ双酶切；M. DNA marker

十、附录

1. 50 × TAE 电泳缓冲液：配制方法见实验一。
2. 6×上样缓冲液(室温贮存)：溶液成分和配制方法见实验一。
3. 0.5 mol/L 的 EDTA(pH 8.0)1 L：配制方法见实验一。

十一、拓展知识

1. 关于限制性内切酶及其应用

限制性核酸内切酶(restriction endonuclease)是一类能识别双链 DNA 中特定碱基顺序并在识别位点剪切双链 DNA 的核酸水解酶。主要存在于原核生物中，它们的功能犹如高等动物的免疫系统，用于限制外源 DNA，保护内源 DNA。在分子生物学和基因工程等方面，限制性内切酶占有举足轻重的地位。根据限制酶的识别切割特性、催化条件及是否具有修饰酶活性可分为Ⅰ、Ⅱ、Ⅲ型三大类。Ⅰ型酶属于复合功能酶，兼有修饰和切割 DNA 两种特性。但因没有固定的切割位点，对分子生物实验意义不大。Ⅲ型酶虽有固定的切割位点，但为数不多。Ⅱ型酶由于其酶的活性和甲基化作用是分开的，且又具有序列特异性，所以在分子生物实验中有着广泛的应用。

限制性内切酶酶谱分析往往用于对构建的重组质粒进行初分析，所获得的信息将有助于确定构建载体是否成功及其插入片段的方向。在选择限制性内切酶时，应选择在插入片段中单独存在和在插入片段与质粒序列中均含有的限制性内切酶酶切位点，这样可保证酶切片段大小能满足进一步分析的需要。有些情况下，需进行双酶切分析和应用。在进行双酶切时，为使两种酶达到最好活性，应根据供应商提供的目录选择最适缓冲液。如果没有使两种酶都适合的缓冲液，应分别酶切，先用一种内切酶酶切，乙醇沉淀后再选择好合适的缓冲液用另外一种内切酶酶切。

2. 几个与限制性内切酶相关的概念

(1)黏性末端：是交错切割，结果形成两条单链末端，这种末端的核苷酸顺序是互补的，可形成氢键，所以称为黏性末端。如 *Eco*R Ⅰ的识别顺序为：

5′……G′AA|TT C……3′
3′……C TT|AA′G……5′

垂直线表示中心对称轴，从两侧“读”核苷酸顺序都是 GAATTC 或 CTTAAG，这就是回文顺序(palindrome)。′表示在双链上交错切割的位置，切割后生成 5′……G 和 AATTC……3′、3′……CTTAA 和 G……5′两个 DNA 片段，各有一个单链末端，两条单链是互补的，其断裂的磷酸二酯键以及氢键可通过 DNA 连接酶的作用而“粘合”。

(2)平头末端：Ⅱ型酶切割方式的另一种是在同一位置上切割双链，产生平头末端。例如 *Eco*R Ⅴ的识别位置是：

5′……GAT′|ATC……3′
3′……CTA′|TAG……5′

切割后形成平头末端。这种平头末端同样可以通过 DNA 连接酶连接起来。

(3)同裂酶：有时两种限制性内切酶的识别核苷酸顺序和切割位置都相同，其差别只在于当识别顺序中有甲基化的核苷酸时，一种限制性内切酶可以切割，另一种则不能。例如 *Hpa* Ⅱ和 *Msp* Ⅰ的识别顺序都是 5′……G′CG_G……3′，如果其中有 5′-甲基胞嘧啶，则只有 *Hpa* Ⅱ能够切割。这些有相同切点的酶称为同裂酶(同切酶或异源同工酶)。

(4)同尾酶：有时两种酶切割序列不完全相同，但却能产生相同的黏性末端，这类酶被称为同尾酶，可以通过 DNA 连接酶将这类酶末端连接起来，但原来的酶切位点将被破坏，有时可能会产生一个新的酶切位点。如 *Xba* Ⅰ、*Nhe* Ⅰ、*Spe* Ⅰ以及 *Sty* Ⅰ切割的 DNA 序列不同，但均给出相同的“CTAG”黏性末端。这些黏性末端连接后，以上的酶将不能再切割，但却产生了一个新的 4 核苷酸的酶切位点，即 Bfa1 的酶切位点。

3. 双酶切反应注意事项

同步双酶切是一种省时省力的常用方法。选择能让两种酶同时作用的最佳缓冲液是非常重要的一步。每家公司每一种酶都随酶提供相应的最佳酶切缓冲液，以保证 100%的酶活性。

酶切缓冲液的组成及内切酶在不同缓冲液中的活性，可以查阅对应公司网页中的相关介绍和所用酶的说明书。能在最大程度上保证两种酶活性的缓冲液即可用于双酶切。

由于内切酶在非最佳缓冲液条件下的切割速率会减缓，因此使用时可根据每种酶在非最优缓冲液中的具体活性相应调整酶量和反应时间。

如果找不到一种可以同时适合两种酶的缓冲液，就只能采用分步酶切。分步酶切应从反应要求盐浓度低的酶开始，酶切完毕后再调整盐浓度直至满足第二种酶的要求，然后加入第二种酶完成双酶切反应。

使用配有特殊缓冲液的酶进行双酶切也不复杂。在大多数情况下，采用标准缓冲液的酶也能在这些特殊缓冲液中进行酶切。这保证了对缓冲液有特殊要求的酶也能良好工作。由于内切酶在非最佳缓冲液中进行酶切反应时，反应速度会减缓，因此需要增加酶量或延长反应时间。通过《内切酶在不同缓冲液里的活性表》可查看第二种酶在特殊缓冲液相应盐浓度下的作用活性。

只要其中一种酶需要添加BSA，则应在双酶切反应体系中加入BSA。BSA不会影响任何内切酶的活性。

注意将甘油的终浓度控制在10%以下，以避免出现星号活性，详见《星号活性》。可通过增加反应体系的总体积的方法实现这一要求。

某些内切酶的组合不能采用同步双酶切法，只能采用分步法进行双酶切。

十二、参考文献

1. 卢圣栋. 现代分子生物学实验技术. 北京：协和医科大学出版社，1999.

2. 熊江霞，朱华庆，王雪，等. 限制性内切酶酶切及限制性内切酶酶切图谱分析. 安徽医科大学学报，2003，38(2)：157-159.

3. 李萍. 浅析“凝胶电泳图谱”典型高考试题. 生物学教学，2017，42(4)：47-49.

4. 陶红梅，罗立廷，朱婷婷，等. 中国春小麦 *puroindoline a* 基因的克隆及其真核表达载体的构建. 生物技术通讯，2007，18(3)：398-400.

5. 李君武，黄清华，王珊，等. 玉米特异启动子驱动下结核 hsp65 基因植物表达载体构建及鉴定. 玉米科学，2009(5)：14-18.

（邓志英）

实验十八　农杆菌蘸花法转化拟南芥

一、背景知识

拟南芥(*Arabidopsis thaliana*)是一种小型的十字花科双子叶草本植物,特别适合于开展分子生物学及分子遗传学的研究,成为高等植物的模式生物,并被誉为植物王国的果蝇。在2000年完成全基因组测序工作,为高等植物的第一例,2001年美国又开始实施"拟南芥功能基因组研究计划",确定其全部基因的功能。拟南芥作为模式生物的主要特点有:①植株个体小,实验室常用品系成熟个体株高仅15~30 cm。只需一间不大的培养室,便可在人为控制的实验条件下大量种植拟南芥群体,可以容易地筛选到具有罕见表型特征的突变体;②世代时间短,约为8个星期。极大地缩短了实验周期,有效地加速了研究工作的进度;③种子数量多,容易获得庞大的遗传杂交后代群体,有利于遗传统计分析和突变体种子繁殖;④基因组比较小,总长度仅119 Mb,编码的基因总数为25 498个(种),同时拟南芥基因组结构比较简单,重复DNA序列的含量相当稀少,利于基因定位及染色体步移;⑤具有自花和异花授粉的双重功能特性。在天然的情况下严格自花授粉,通过人为操作又可以进行异花授粉,从而既可保持自交系和遗传稳定性,又可获得杂种后代进行杂交分析。

在植物拟南芥的转化方法中蘸花法(或称花序浸泡法,flower-dipping)是Beehtold等开创的。利用蘸花法不仅可以导入特定的基因结构到植物中,而且还可以作为一种随机突变基因的方法。最初报道的此方法仅适用于拟南芥,但现在已有不少使用蘸花法转化其他植物的报道。

二、实验原理

根癌农杆菌和发根农杆菌细胞中分别含有Ti质粒和Ri质粒,其上有一段可转移的DNA(T-DNA),在农杆菌感染植物伤口时T-DNA进入受体细胞之后,直接插入并整合到受体细胞的基因组中,并且能够通过减数分裂稳定地遗传给后代。这一特性成为农杆菌介导植物转基因的理论基础。因此,农杆菌是一种天然的植物遗传转化体系。

农杆菌转化植物细胞涉及一系列复杂的生化反应,其中受伤的植物细胞为修复创伤部位,会释放出一些糖类、酚类等信号分子。在这些信号分子的诱导下,农杆菌细胞向受伤组织集中,并吸附在植物受伤部位的细胞表面。同时农杆菌细胞中Ti质粒上的毒性基因被激活表达,之后形成T-DNA的中间体。T-DNA进入植物细胞,并整合到植物细胞基因组中。这样,人们就将目的基因插入到经过改造的T-DNA区,借助农杆菌的感染过程实现外源基因向植物细胞的转移与整合,然后通过细胞和组织培养技术,再生出转基因植株,因而实现农杆菌介导的植物转基因。

农杆菌侵染花序遗传转化(flower-dipping)方法是用农杆菌侵染拟南芥花序,利用授粉受精的过程,将农杆菌导入胚珠,从而结出含有目的基因的转基因种子。拟南芥开花期使用真空渗透法,农杆菌感染的是生殖细胞。因该方法不需要愈伤组织培养过程,所以周期短可节省大量的时间。

三、实验目的

学习通过农杆菌浸泡花序转化拟南芥的方法,了解抗生素筛选获得转基因拟南芥植株用于基因功能研究。

四、实验材料

含有目的基因的双元表达载体的农杆菌 GV3101 重组菌株、哥伦比亚(Columbia)生态型的拟南芥种子。

五、试剂与仪器

70%消毒酒精、10%次氯酸钠、漂白消毒剂(50%家用漂白剂、50%无菌 ddH_2O、0.05% Tween-20)、6-BA 贮备液(用 DMSO 配制 10 mg/mL 的贮备液)、Silwet L-77、蔗糖(化学纯级)、葡萄糖(化学纯级)、食用蔗糖、甘露醇等。

1 L 重悬渗透培养液、含抗生素的 LB 培养基、YEP 培养基(配制成固体培养基倒平板备用,添加 0.1%卡那霉素;配制成液体 YEP 培养基 1 200 mL,添加 0.2% 利福平)、2-(N-Moropholino)ethane sulfonic acid、2-(N-吗啡啉)乙磺酸(MES)、灭菌 Top agar。

培养皿、保鲜膜、营养土(泥炭土∶蛭石∶牛粪=1∶1∶1)、灭菌试管、2 个 400 mL 细长烧杯、4~6 个 250 mL 三角瓶、剪刀、恒温光照培养室、振荡培养箱、台式离心机、分光光度计等。

六、实验步骤及其解析

(一)拟南芥受体材料栽培

1. 将哥伦比亚(Columbia)生态型的拟南芥种子表面消毒:装在 2 mL 的离心管中,加入 70%酒精摇匀处理 2~3 min,之后弃去酒精。

2. 在超净台中,用 10%次氯酸钠消毒处理 10 min,之后用无菌 ddH_2O 冲洗 5~6 次,去掉多余的水。将种子与 0.1% Top agar 混匀,均匀平铺于 1/2 MS 培养基上。

事先从冰箱中取出 1/2 MS 培养基的培养皿,室温放置 30 min。

尽可能去掉培养基表面多余的水分,可以在超净工作台将培养皿开盖吹一会儿风。

播种后用封口膜密封好培养皿。

3. 培养皿放在4℃冰箱中黑暗处春化2 d，之后转移到2 000～3 000 μmol/(m^2·s)、16 h光照/8 h黑暗条件、温度20～22℃、相对湿度70%的条件下培养。

4. 移苗：7～10 d后，挑选生长在培养皿里的健壮的幼苗，用小镊子移栽到配备好而且吸水饱和的培养土里。

移栽前一天配备土壤。按照营养土：蛭石＝1：1混匀，装入小盆，放在托盘上，从托盘底部浇水，过夜使得小盆中土壤吸水饱和。

培养土高压灭菌，是防止营养土中含有其他种子污染。若是移栽小苗，可以不必灭菌土壤。

5. 拟南芥移栽后2～3周进入花期，在苗花序生长到3～4 cm时(约5周)，去掉顶端花序，促使长侧花序尽可能多开花(如果剪去主薹，侧薹需要1～2周进入花期)。待其刚刚开花，只形成1～2个角果时，此时花蕾刚刚露白的状态最佳，即可用于转化。

移栽后每周浇一次营养液，保证拟南芥苗生长健壮。

转化时，需要将已经形成的荚果和已经完全开放的花朵剪去，仅仅留下刚刚露白以及幼嫩的花蕾。

(二)农杆菌转化液制备

1. 将低温冻存的农杆菌菌株划线于YEP固体培养基(含有利福平和卡那霉素)上，活化农杆菌。

2. 挑选生长较大的农杆菌单菌落，接种于3 mL的液体YEP培养基中，置于28℃ 220 r/min的摇床中培养直到菌液浑浊。

接种时，要将克隆打散，这样利于农杆菌繁殖。

3. 将上述菌液1：100转接到装有300 mL含有相应抗生素的液体YEP培养基的三角瓶中，继续培养直到菌液的OD_{600}为0.8～1.0。

4. 室温，5 500 r/min离心10 min收集菌体沉淀。

5. 将菌体沉淀重悬于新鲜配制的重悬渗透培养液中，菌液OD_{600}为0.6～0.8。

重悬渗透培养液要现用现配，里面含有0.02%～0.04%的表面活性剂SilwetL-77。

将农杆菌沉淀悬浮于约3倍体积的渗透培养液中。

(三)农杆菌花序浸泡法转化拟南芥

1. 在拟南芥植株即将进行花序浸泡转化的前2～3 d，从盆底部给植株浇透水，以便植物气孔在转化时充分张开。

托盘底部不留积水，防止倒置时小盆土太松掉下来。

2. 将上述新鲜配制的含有相应农杆菌细胞的重悬渗透或转化培养液倒入400 mL的细长烧杯中，将处理好的拟南芥花序的培养小盆倒扣放置在烧杯上。将整个花序全部浸没于转化菌液中，(可抽真空)维持浸泡2～5 min。

小盆的盆口大小应该比烧杯口径略大，这样保证整个花序连同植株基部的莲座叶片都全部浸没于转化菌液中。

也可以用胶头滴管吸取农杆菌悬浮液一滴一滴地对每朵花进行侵染。

3. 将浸泡之后的拟南芥小盆取出，使得拟南芥植株侧卧并排放于托盘湿纸巾上面，用保鲜薄膜覆盖于生长室温 22℃的条件下避光保湿恢复 12～24 h。第二天将拟南芥植株直立(继续保持避光保湿 12～24 h),2 d 后向花序用喷壶喷水雾去掉侵染液。3～5 d 后培养液浇透,放在正常光照下培养,让转化后的植株(T_0 代植物)正常开花生长。待 3～4 周后荚果完全枯黄、欲开裂时,即可收种子(T_1 代)。

事先准备干净的塑料托盘,里面垫一层用水浸湿的纸巾(废旧报纸也可)。

可用黑色塑料袋封盖避光。

可以根据实际情况在培养大约间隔 1 周之后,再次侵染新露白的小花 1 次。

转化后拟南芥的培养恢复正常管理,一旦再出现侧蘖或主薹出现分枝,及时剪除。

生长环境尽可能远离其他正在开花的植株群体,防止其他来源的花粉互相影响。也可竖立透明隔板防止其他来源的花粉污染。

可将鲜湿角果剪下放于培养皿内干燥。收取全部种子存于 1.5 mL 的离心管中(在盖上扎一小孔以便干燥)。种子完全干燥后,放于 1.5 mL 新离心管中 4℃短期保存。如需要可放于−20℃冰箱内长期保存。

(四)转化子的筛选

1. 将收获的转化种子(T_1 代)先用 70%乙醇浸泡 1 min,水洗 1 次后再用 10%的次氯酸钠表面消毒 10～12 min;然后在超净台内用无菌 ddH_2O 洗 5～6 次,每次约 2 min。

用乙醇浸泡的时间不宜过长。

在上述处理时要不时颠倒使种子悬浮。

2. 清洗后的种子用灭菌 Top agar(0.1%琼脂水溶液)均匀涂布在含有抗性选择标记(如潮霉素、卡那霉素或除草剂)的固体筛选培养基表面。4℃暗培养 2～3 d 进行春化,然后移入 22℃恒温光照培养室 16 h 光照/8 h 黑夜光周期培养。

筛选剂浓度:卡那霉素浓度通常为 50 mg/L,潮霉素则通常为 20～30 mg/L。

一块直径 150 mm 的培养皿最多播种 1 500 粒种子。

3. 观察种子在固体筛选培养基上生长情况,筛选出阳性转化子时,将阳性转化子移栽至浇过营养液的人工土壤培养,按株分别收获种子(T_2 代)。

转化子可正常生长出绿色叶与根,而非转化子则不能生长或叶色淡且根不能正常生长。如 Kan 抗性筛选时,转基因阳性苗表现良好、长势正常,而阴性植株不萌发或不久死亡。

为了排除抗生素筛选过程中的假阳性,需要对抗生素初步筛选的抗性植株做进一步的分子检测,如目标基因的 PCR 检测。

七、实验结果与报告

1. 预习作业:什么是蘸花法? 遗传转化的机理是什么?
2. 结果分析与讨论:记录当代转基因种子在固体筛选培养基上的生长表现。

八、思考题

1. 乙酰丁香酮在单子叶植物和双子叶植物遗传转化中的作用?

2. 植物农杆菌介导法转化效率的影响因素？

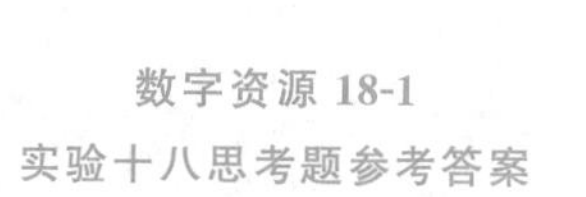

数字资源 18-1
实验十八思考题参考答案

九、研究案例

1. 玉米 *ZmPti*1 在转基因拟南芥中的亚细胞定位（邹华文等，2010）

该研究参照 Steven 介绍的浸花法转化拟南芥，收集转化当代的种子，在含卡那霉素 50 mg/L 的 MS 抗性筛选培养基上初步筛选出阳性株系。能够在卡那抗性培养基上存活并保持旺盛生命力的植株初步认为是转基因株系，未转基因的株系在卡那抗性筛选培养基上不能正常生长，并逐渐黄化老去。卡那抗性培养基上的筛选情况如图 18-1 所示，共筛选得到 62 个转 *ZmPti*1 融合基因株系。为了排除抗生素筛选过程中的假阳性，需要对抗生素初步筛选的抗性植株做进一步的分子检测。

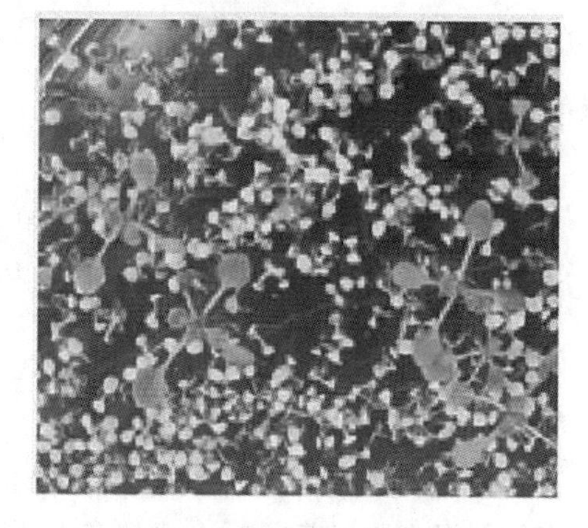

图 18-1 抗生素筛选获得的转基因阳性拟南芥株系

2. 农杆菌蘸花法侵染拟南芥的研究（许红梅等，2010）

该试验利用蘸花法对不同发育时期的花序进行侵染：去除初生花序后，次生花序 1～5 cm（无开放的花朵）；去除初生花序后，次生花序 2～10 cm（有极少开放的花朵）；去除初生花序后，许多开放的花开始结果荚；许多果荚已形成。在去除初生花序后，次生花序 2～10 cm 时最适宜侵染（图 18-2）。

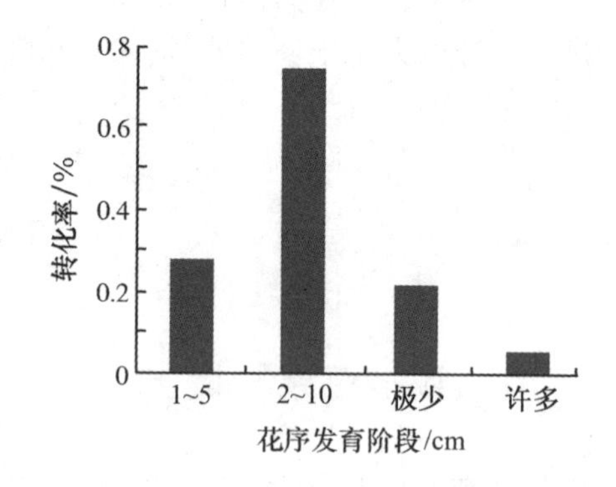

图 18-2 花序的发育阶段对转化率的影响

十、附录

1. 重悬渗透培养液（1 L）：1/2 MS 培养基中添加 20 g 蔗糖、0.5 g MES、500 μL Silwet L-77，KOH 调 pH 至 5.8。Silwet L-77 在室温贮存。

2. YEP 培养基：beef extract（牛肉浸膏）5 g/L、yeast extract（酵母膏）1 g/L、peptone（蛋白胨）5 g/L、Sucrose（蔗糖）5 g/L、$MgSO_4 \cdot 7H_2O$ 0.4 g/L、Agar（琼脂）15 g/L，pH 7.4。配制成固体培养基倒平板备用，配制成液体 YEP 培养基 1 200 mL（每 500 mL 的三角瓶装 300 mL 用于摇菌，共 4 瓶），其中添加卡那霉素和利福平

(Kan 1∶1 000,Rif 1∶500)。

3. MES:2-(N-Moropholino) ethanesulfonic acid、2-(N-吗啡啉)乙磺酸,用于配制细胞培养和酶学测定生物缓冲液。有效 pH 范围:5.5~6.7。

十一、拓展知识

1. 农杆菌侵染拟南芥花器的部位

Desfeux 研究表明,胚珠是农杆菌转化的靶细胞。在胚珠发育时,敞开结构一直保持到开花前 3 d,小室才被柱头封上。因此,应用农杆菌渗透侵染含苞未放的花蕾而不是开放的花朵是重要的。另外,利用滴入法侵染获得较高转化效率可能是由于侵染选择的是花蕾,而且还避免了表面活性剂的伤害。

2. 转基因拟南芥的鉴定——GUS 染色法

gus 基因(β-葡萄糖苷酸酶基因)是目前转基因植物中应用最为广泛的报告基因。β-葡萄糖苷酸酶是一个水解酶,以 β-葡萄糖苷酸酯类物质为底物,其反应产物可以用多种方法检测出来。绝大多数植物没有葡萄糖苷酸酶的背景活性,因此 *gus* 作为报告基因广泛应用在植物基因工程中。若农杆菌表达载体中含有 *gus* 基因,可用 GUS 染色法对转基因植株进一步检测,步骤如下。

(1)选取拟南芥叶片(避免夹伤)。

(2)在培养皿中用 ddH_2O 漂洗 2~3 次。

(3)将叶片放入 2 mL 离心管,加入 GUS 染色液,充分浸没叶片,抽真空 5 min。37℃放置 12~24 h 观察叶中是否有蓝色出现。

(4)将 GUS 染色液倒出,先后用 50%、70%和 100%的乙醇漂洗样品,每次 5 min。

(5)用 95%乙醇漂洗叶片数次,直至阴性对照完全脱掉色素(37℃效果快);也可用快速脱色液代替 95%乙醇。

(6)用 70%乙醇漂洗 1 次(目的是让材料在接近生理浓度时恢复形状)。

(7)将叶片放入 70%乙醇(或透明液)中,观察,照相。

十二、参考文献

1. Bechtold N, Jolivet S, Voisin R, et al. The endosperm and the embryo of *Arabidopsis thaliana* are independently transformed through infiltration by *Agrobacterium* tumefaciens. Transgenic Research, 2003, 12: 509-517.

2. Bent A F. Arabidopsis in planta transformation. uses, mechanisms and prospect for transformation of other species. Plant Physiology, 2000, 124: 1540-1547.

3. Desfeux C,Clough S J,Bent A F. Female reproductive tissues are the primary target of Agrobacterium-mediated transformation by the *Arabidopsis* floral-dip method. Plant Physiology, 2000, 123: 895-904.

4. Wiktorek-Smagur A, Hnatuszko-Konka K, Kononowicz A K. Flower Bud Dipping or

Vacuum Infiltration -Two Methods of Arabidopsis thaliana Transformation. Russian Journal of Plant Physiology, 2009, 56(4): 560-568.

5. 许红梅,张立军,刘淳. 农杆菌蘸花法侵染拟南芥的研究. 北方园艺,2010(14):143-146.

6. 邹华文,肖雪,李翠花. 玉米 *ZmPti*1 在转基因拟南芥中的亚细胞定位. 中国农学通报, 2010, 26(14):74-77.

(叶建荣,梁荣奇)

实验十九　根瘤农杆菌介导的玉米遗传转化

一、背景知识

转基因技术为生物定向改良和分子育种提供了一种非常有效的方法，并使其成为基因工程和分子育种的最佳途径。目前，应用广泛的植物转基因技术有农杆菌介导法、基因枪法、花粉通道法、显微注射法等，其中农杆菌介导的转基因法以其费用低、材料范围广、转基因拷贝数低、转化率高、基因沉默现象少、转育周期短、转化子稳定及能转化较大片段等独特优点而备受科学工作者的青睐，应用前景广阔。农杆菌介导法主要以植物的分生组织或生殖器官作为外源基因导入的受体，通过浸蘸法、真空渗透法及注射法等使农杆菌与受体材料接触，以完成可遗传细胞的转化，然后利用组织培养的方法培育出完整转基因植株，并通过抗生素筛选和分子检测鉴定转基因植株后代。自然界中，农杆菌感染只发生在双子叶植物中，因为双子叶植物受伤处细胞会分泌大量酚类化合物，吸引农杆菌移动并靠近这些细胞，发生感染过程。近年来，通过在体外侵染过程中添加一些酚类化合物如乙酰丁香酮，农杆菌介导转基因在单子叶植物，尤其是水稻和玉米中也得到了广泛的应用。

二、实验原理

农杆菌是普遍存在于土壤中的一种革兰氏阴性细菌，在自然条件下，它能趋化性地感染大多数双子叶植物和裸子植物的受伤部位，并诱导该部位产生冠瘿瘤或发状根。根癌农杆菌和发根农杆菌中细胞中分别含有 Ti(tumor inducing)质粒和 Ri 质粒，其上有一段可转移的 DNA(T-DNA)，在农杆菌感染植物伤口时 T-DNA 进入受体细胞并直接整合到受体细胞的基因组中，之后通过减数分裂稳定地遗传给后代。这一特性成为农杆菌介导植物转基因的理论基础。人们将目的基因插入到经过改造的 T-DNA 区，借助农杆菌的感染过程实现外源基因向植物细胞的转移与整合，然后通过细胞和组织培养技术，再生出转基因植株。

农杆菌介导植物转基因的机理已研究清楚。根癌农杆菌的 Ti 质粒上的 T-DNA，具有向植物细胞转移外源基因的能力，在这个过程中，农杆菌细菌本身并不进入受体细胞。自然界中，野生型根癌农杆菌能够将自身的一段 DNA 转入植物细胞，因转入的这段 DNA 含有一些激素合成基因，因而导致转化细胞内的激素平衡被破坏从而产生冠瘿瘤。这些致瘤菌株都含有一个大小约为 200kb、被称为 Ti 的环状质粒。该质粒上面有 4 个主要区，即毒性区(Vir 区)、接合转移区(Con 区)、复制起始区(Ori 区)和 T-DNA 区。其中与冠瘿瘤生成有关的是 Vir 区和 T-DNA 区，Vir 区大小为 30 kb，分 virA～J 等至少 10 个操纵子，起着 T-DNA 的加工和转移作用。T-DNA 可将其携带的任何基因整合到植物基因组中，而且这些基因与 T-DNA 的转移与整合过程无关，T-DNA 左右两端各 25 bp 的同向重复序列为其加工所必需，其中 14 bp 是完全保守的，两边界中以右边界更为重要。VirA 作为受体蛋白接受损伤植物细胞分泌物的诱导，自身磷酸化后进一步磷酸化激活 VirG 蛋白；VirG 是一种 DNA 转录活化因子，被激活后可特异性结合到其他 vir 基因启动子区的一个叫 vir 框（vir box）的序列，启动这些基因的转录。*virD* 基因产物对 T-DNA 进行剪切，产生 T-DNA 单链，然后以类似于细菌接合转移的方式将 T-DNA 与 VirD2 组成的复合物转入植物细胞，之后与许多 VirE2 分子（为 DNA 单链结合蛋白）相结合，形成 T 链复合物（T-complex）。这个复合物在 VirD2 和 VirE2 核定位信号（NLS）引导下以 VirD2 为先导被转运进入细胞核。转入细胞核的 T-DNA 以单或多拷贝的形式随机整合到植物染色体上，T-DNA 通常优先整合到转录活跃区。

近期对农杆菌转化完全不同的生物如真菌、裸子植物和单、双子叶被子植物的研究表明，农杆菌感染不同生物时，其自身细胞内的转录调控过程没有显著差异。因此，发生在被感染宿主细胞中的分子过程就成为决定农杆菌转化能否成功的决定因素，不少植物因子直接参与了 T-DNA 在植物细胞中的转移和整合过程。所以对其进行研究对扩大农杆菌宿主范围具有重要意义。虽然单子叶植物不是农杆菌的天然宿主，不能合成起诱导作用的信号分子，但是随着人们对农杆菌感染植物细胞机理认识的加深，近年来，通过体外侵染过程中添加自然感染中的一些酚类和糖类等信号分子，使得农杆菌介导法在单子叶植物中也得到广泛应用。近年来，大量成功转化的研究表明，植物、真菌、哺乳动物甚至人类细胞都可以作为农杆菌的受体。

双元表达载体（binary vector）系统其实是一个质粒，它包含两个部分，一部分是能够被转移的 T-DNA，另一部分是能够帮助 T-DNA 转移的 Vir 区。T-DNA 转移区是有左右边界的，在转基因时会在左右边界处断裂，只将左右边界以内的 T-DNA 区域整合到植物基因组中。常用的双元载体是一种能在大肠杆菌和根癌农杆菌中进行复制的广谱宿主载体。这类载体所使用的复制起点来自细胞质粒 RK2，携带着两个 T-DNA 边界顺序和各种标记基因。当外源基因插入后，重组质粒可在辅助质粒的帮助下从大肠杆菌转移到根癌农杆菌。选择一种合适的双元表达质粒载体系统（如 pCambia1301 载体），其上要求含有 T-DNA 边界序列，在序列之间含有复制原点、抗性基因、报告基因、一些常用限制性内切酶的识别位点。先通过双酶切空质粒载体和目的基因，再通过酶连反应连接经过相同内切酶消化的空质粒载体和目的基因，从而构建成完整的包含目的基因的重组质粒。农杆菌转化用的双元表达载体系统，由来自两种不同质粒的成分组成，其一是来自于大肠杆菌中的质粒，其二是农杆菌中的 Ti 质粒。将重组质粒电转化到农杆菌感受态细胞中后，用含有重组质粒的农杆菌去侵染植物细胞或组织，从而将目的片段整合到植物细胞基因组中。

三、实验目的

1. 熟悉组织培养的要求和操作。
2. 掌握农杆菌介导的玉米遗传转化的原理与方法。

四、实验材料

1. 农杆菌和载体

农杆菌菌株 EHA105 或 LBA4404，普通双元载体 pBCXUN（11.479 kb，含有 Bialaphos 抗性 Bar^R）。双元载体 pBCXUN 用 *Xcm* Ⅰ单酶切线性化产生 T-末端，用高保真酶 PCR 扩增得到带有 A-末端的目的基因（TG）编码区 DNA 片段，将二者在 T4 DNA 连接酶的作用下通过 A-T 连接法构建得到重组双元载体 pBCXUN-TG。转化到农杆菌 EHA105 中。

农杆菌 EHA105 选用的抗生素为 25 mg/L 氯霉素、50 mg/L 利福平；LBA4404 选用的抗生素为 100 mg/L 链霉素、50 mg/L 利福平。

在大肠杆菌和农杆菌中载体 pBCXUN 的筛选抗生素为 50 mg/L Kan，在玉米转化过程中的筛选标记为除草剂。

2. 玉米材料

玉米转基因受体自交系 B73-329 种子每隔 1 周播种一批，在授粉后 9～15 d 取幼穗，幼胚大小为 1.2～2 mm 较佳。

五、试剂与仪器

75%酒精、无菌 ddH_2O、杀菌溶液、农杆菌感受态细胞、无菌侵染培养基（含 AS）、AB 基本培养基、YEP 培养基、50 mg/L Rif、50 mg/L Kan、共培养培养基（MS 盐减半，含有 DTT）、侵染培养基、双丙氨膦、选择培养基Ⅰ、选择培养基Ⅱ、再生培养基Ⅰ、再生培养基Ⅱ。

微量移液器、灭菌离心管、灭菌枪头、解剖刀、培养皿、接种针、接种环、紫外分光光度计、封口膜、台式离心机、水浴锅、恒温培养箱、光照培养室。

六、实验步骤及其解析

（一）农杆菌制备

1. 农杆菌活化

将保存的农杆菌菌株在固体 YEP 培养基上划线（加抗生素，若是 EHA105 加 Rif 或 Str），28℃培养 3 d。

如果不加抗生素就有可能造成这些菌株的 Ti 质粒丢失，导致农杆菌缺乏侵染性，抗生素浓度根据菌株确定。

2. 农杆菌感受态细胞的制备

（1）挑取单菌落接种于 3 mL YEP 液体培养基（含相应抗生素）中，160 r/min 28℃振荡培养。

（2）吸取过夜培养菌液 0.5 mL，加入 50 mL YEP 液体培养基（含相应抗生素）中，160 r/min 28℃振荡培养至 OD_{600} 为 0.5 左右。

(3)5 000 r/min 离心 5 min,弃去上清液。

(4)沉淀用 10 mL 0.15 mol/L NaCl,冰浴 20 min。

(5)加 1 mL 预冷的 20 mmol/L $CaCl_2$ 悬浮液,冰浴,每管 200 μL 分装于无菌离心管中,于 4℃保存 24 h 内使用。

长期贮存时必须在液氮中速冻 1 min 后转−70℃保存。使用时从−70℃取出,置冰上融化后使用。

3. 重组质粒载体 DNA 转化农杆菌感受态

(1)200 μL 农杆菌感受态细胞中加入质粒 DNA 1 μg(5～10 μL),放入液氮中 1 min,然后立即放入 37℃水浴锅中水浴 5 min。

(2)取出离心管,加入 1 mL YEP 液体培养基,28℃ 缓慢振荡培养 4 h。

(3)8 000 r/min 离心 1 min,弃去上清液,加入 0.1 mL 液体培养基重新悬浮细胞,取出菌液于含相应抗生素的 YEP 平板上涂板,在培养箱中 28℃条件下倒置培养,2 d 左右可见菌落。

4. 重组农杆菌鉴定

(1)挑取单菌落,接种于含相应抗生素的 YEP 液体培养基中,28℃振荡培养过夜。

(2)小量提取质粒 DNA,加 GTE 同时加 5 μL 50 μg/mL 溶菌酶。

(3)质粒酶切或 PCR 扩增鉴定。

溶菌酶贮藏浓度为 50 mg/mL 或 10 mg/mL,用前稀释成 50 μg/mL。

提取质粒时,要加溶菌酶,最好对质粒做酶切鉴定。

(二)幼胚准备

1. 幼胚供应植株

(1)每周按时种植玉米自交系作为受体植株,要保证肥水正常、植株健壮。

(2)取幼胚玉米材料花丝完全吐出,自交或杂交只能授粉 1 次,记录授粉日期。

(3)在授粉后 9～15 d 取幼穗,此时幼胚大小为 1.2～1.8 mm。

2. 幼胚杀菌和剥离

(1)剥穗:切除穗顶端 1 cm,在上部顶端轴心插入镊子尖端,有助于无菌条件下处理幼穗。

取雌穗剥去苞叶,每剥去一层苞叶喷洒一次 75%酒精。

在超净台上把插有镊子的穗放入无菌的广口瓶内。如果必要可以在 1 个广口瓶内 1 次处理 4 穗。

(2)加 700 mL 杀菌溶液浸没玉米穗,杀菌 15～20 min。握住镊子末端,将幼穗取出,使消毒溶液流出,再用大量无菌 ddH_2O 清洗幼穗 3 次,然后等待幼穗上无菌 ddH_2O 流净晾干。

杀菌液为 50%商业漂白剂(5.25%次氯酸钠)和 1～3 滴表面活性剂。

杀菌期间要偶尔轻动幼穗,驱除空气气泡,从而使玉米穗表面彻底除菌。

(3)在超净台上,把幼穗放在一个较大的培养皿中,用解剖刀切除穗籽粒的表面 1～2 mm,每次切除 4 行。

在此过程,使用酒精灯间歇地杀菌器具。

(4)利用解剖刀插入果穗的细末端于胚乳和果皮间,暴露胚乳种子表面,由上而下剥离籽粒幼胚(面向玉米轴的底部)。这样不易触坏幼胚,使幼胚位于籽粒顶部,靠近籽粒底部。细心地、轻轻地附在刀片顶端，剥离 50～100 个幼胚到含有无菌侵染培养基（含 AS）的 2 mL 离心管中。

剥离幼胚时，要仔细认真，保证幼胚不受损伤。幼胚在无菌侵染培养基放置不超过 2 h。

（三）农杆菌侵染转化玉米幼胚

1. 农杆菌活化

含目的基因载体的重组农杆菌菌株 EHA105 在含有 50 mg/L Rif 和 50 mg/L Kan 的 AB 基本培养基上。28℃培养 3 d，单菌落出现。

农杆菌培养在培养皿每月继代或保存在 4℃ 1 个月，也可以－80℃甘油长期保存。

2. 农杆菌侵染

（1）用接种针挑取重组农杆菌菌株的单菌落在含相应抗生素的 YEP 培养基划板，20℃培养 3 d。

平板划线时，使农杆菌逐步一一分散开，经培养后可在平板表面得到更多的单菌落。

（2）用细菌接种环（5 mm）刮取培养 3 d 的菌落，悬浮在 5 mL 的无菌侵染培养基中（含有 100 μmol/L 乙酰丁香酮 AS），分光光度计测定吸光值 OD_{600} 为 0.3～0.4。

使菌落完全悬浮在侵染培养基中，要用分光光度计多次测定，确保吸光值在 0.3～0.4。

将 15 mL 离心管固定在水平涡旋器上或混匀平台上，23℃低速（100～120 r/min）摇动 4 h。该步骤（预培养）应在其他实验前进行。

（3）将上述用无菌侵染培养基浸泡 50～100 个幼胚的 2 mL 离心管，颠倒数次，然后用侵染培养基再洗涤 3～4 次幼胚。倒净侵染培养基后，加入 1～1.5 mL 农杆菌悬浮液到幼胚中，轻轻颠倒离心管 20 次，浸没幼胚、垂直静止离心管 10 min，幼胚侵染完成。

幼胚在侵染培养基放置不要超过 2 h，同时要间隔颠倒离心管。

在幼胚侵染过程中，不要摇动或涡旋幼胚。

3. 共培养

（1）侵染完成后，将幼胚和侵染液转移到共培养培养基（MS 盐减半，含有 DTT）上。

共培养培养基，新鲜配制，可贮存 1～3 d。

将幼胚和侵染液转移到共培养培养基动作要轻柔。

用灭菌的滤纸吸去多余的农杆菌悬浮液菌液。

幼胚的胚轴面要与培养基表面接触（角质鳞片面朝上）。

（2）用封口膜密封培养皿，20℃暗培养 3 d。

4. 静息培养

共培养 3 d 后，此时适宜瞬时表达检测，幼胚被转到静息培养基上 28℃暗培养 7 d。

用封口膜密封培养皿。所有的共培养幼胚均转到静息培养基上。

5. 稳定转化选择

（1）在静息培养基上幼胚 28℃暗培养 7 d 后，所有幼胚被转到含有 1.5 mg/L 双丙氨膦的选择培养基Ⅰ上，开始选择 2 周。

（2）2 周后，幼胚被转到提高到 3 mg/L 双丙氨膦的选择培养基Ⅱ上，隔 2～3 周，继代 1 次。

(3)在侵染6周后,能够观察到转化的幼胚中有少数迅速生长出Ⅱ型愈伤组织,而大多数是没有生长、颜色变成褐色的幼胚。

每一个生长出Ⅱ型愈伤组织的幼胚通常是单独的转化(克隆出现率由载体决定)。

(4)单个生长出的抗性Ⅱ型愈伤组织要命名编号,按时间先后转入再生培养基。

此时可对抗性Ⅱ型愈伤组织进行分子生物学检测,如PCR、Southern或Northern blot杂交、GUS染色检测等。

稳定转化效率根据每百个侵染愈伤抗双丙氨膦出现的数目计算。

(四)转基因植株再生

1. 抗性Ⅱ型幼胚愈伤组织转到再生培养基Ⅰ(2.5 mg/L双丙氨膦),25℃暗培养2～3周。

2. 在此阶段,多数体细胞胚变成膨胀、不透明、白色,出现胚芽鞘。转移成熟的幼胚愈伤到再生培养基Ⅱ,光照培养(26℃光照强度80～100 μmol/(m^2·s),16 h光照、8 h黑暗培养)。

3. 一周内,体细胞愈伤长出幼苗和根,大约10 d后可以转到培养瓶中促根壮苗。

(五)转基因植株移栽

1. 幼苗在培养瓶中长至5 cm高、长出3～5个主根后,取出,用清水清洗幼苗根部。同时挂牌,标明来源。

幼苗的根部培养基应该全部清除,小心别弄断叶片和根。

2. 幼苗要轻轻放到土壤小坑内,覆盖土。用少量水彻底浸透土壤。4 d内避免浇水,其后定期少量浇水。日间26℃、350 μmol/(m^2·s)光照强度,晚间22℃。注意通风。

土壤的蛭石:营养土是2:1。16 h光照、8 h黑暗培养。

3. 幼苗成活后,长出新叶,尽快移到大盆或大田。

幼苗移栽前要先浇透水,移栽后要浇透水,施足底肥。

全生育期注意浇水施肥,避免钙、镁元素缺乏,做好病虫害防治(如蚜虫和红蜘蛛)。

当代转基因植株自交或与非转基因受体植株杂交,注意挂牌标记。

提供花粉的玉米受体自交系每周种植2次,每次播种2行。

按时收获,注意挂牌标记,晾干贮存。

七、实验结果与报告

1. 预习作业:农杆菌介导的遗传转化方法有哪些?转化过程有哪些异同点?

2. 记录农杆菌侵染玉米幼胚后愈伤组织的形态变化。

八、思考题

1. 农杆菌介导遗传转化的宿主范围及其影响因素?

2. 真核细胞遗传筛选标记有哪些?各有哪些优缺点?

数字资源19-1

实验十九思考题参考答案

九、研究案例

1. 根癌农杆菌介导的玉米幼胚遗传转化体系（李金红等，2018）

该研究为建立以潮霉素为选择标记的农杆菌介导的玉米高效遗传转化体系，利用携带pMDC141-CYP79A1（含GUS基因）质粒的农杆菌侵染玉米A188幼胚，共培养7 d后通过GUS基因瞬时表达率，结果发现：不同OD_{600}菌液浓度对玉米幼胚的GUS瞬时表达率有很大影响（图19-1），GUS瞬时表达率呈现先升高后下降的趋势，当菌液OD_{600}为0.6时，GUS瞬时表达率为16.7%；OD_{600}为0.8时，GUS瞬时表达率最高，达46.8%；随着菌液浓度的继续增加，GUS瞬时表达率逐渐减少，当OD_{600}为1.0时，GUS瞬时表达率仅为24.1%。这种现象的原因是当把幼胚侵染到农杆菌菌液中，幼胚表面吸附大量的农杆菌，随着菌液浓度增大，幼胚表面吸附的数量也随之增多，其侵染能力也随之增强，但过多的农杆菌对幼胚的细胞产生毒害，进而使幼胚无法正常生长，甚至腐烂、死亡。

将玉米幼胚置于OD_{600}为0.8的侵染液中，侵染时间分别为3 min、5 min、7 min、9 min。如图19-2所示，侵染时间为3 min时，GUS瞬时表达率最低，仅为26.6%；侵染时间为5 min时，GUS瞬时表达率最高，达到46.4%。随着侵染时间的继续延长，遗传转化效率逐渐降低，当侵染时间为9 min，GUS瞬时表达率降低至28.6%。

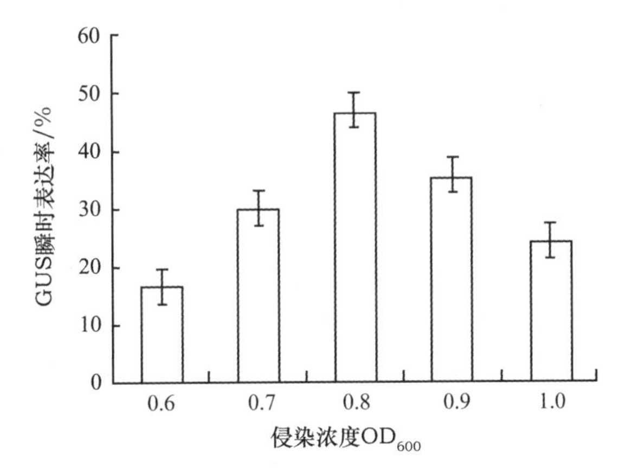

图19-1　菌液浓度对玉米幼胚GUS瞬时表达率的影响

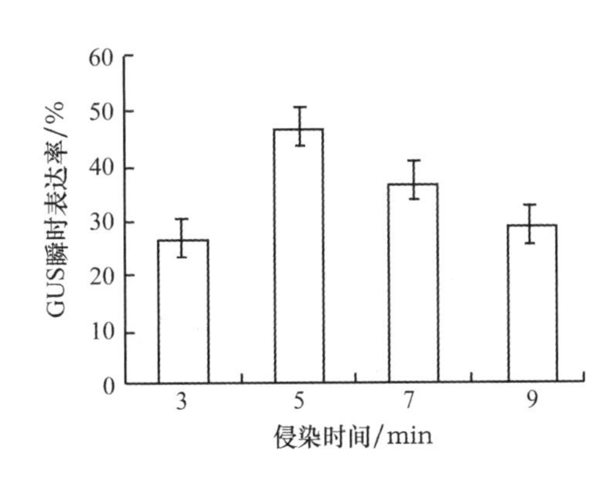

图19-2　侵染时间对玉米幼胚GUS瞬时表达率的影响

将染色后幼胚置于体式显微镜下，分析其GUS表达的部位：从幼胚腹面观察发现，GUS基因表达多集中在胚根和胚芽交界等生长旺盛的部位及边缘（数字资源19-2左图）；从幼胚的正面观察，GUS表达多靠近幼胚的边缘（数字资源19-2右图），这些结果说明农杆菌比较容易侵染生长迅速且幼嫩的部位。

数字资源19-2
体式显微镜下幼胚腹面和正面的GUS表达

2. 根癌农杆菌介导的玉米幼胚遗传转化体系(李金红等,2018)

该研究以玉米 HiⅡ的幼胚为外植体,β-葡萄糖苷酸酶基因(GUS)为报告基因,通过农杆菌介导转化法对影响遗传转化体系的外植体大小、农杆菌浓度、热预处理温度、侵染时间、共培养及恢复培养时间、抗生素、筛选剂等因素进行优化,以建立农杆菌介导玉米幼胚遗传转化体系。该研究以 40℃水浴热处理 3 min 后,立刻冰浴 1 min,然后用 OD_{600} 为 0.5 的菌液侵染幼胚大小为 1.0~1.5 mm 的外植体 8 min,21℃共培养 1~5 d 后直接进行 GUS 检测或再恢复培养 4 d 后进行 GUS 检测,考察共培养时间和恢复培养对遗传转化的影响,结果如图 19-3 所示,共培养 3 d 的 GUS 瞬时表达率最高,恢复培养 4 d 比无恢复培养的瞬时表达率明显升高,因此选择共培养 3 d 和恢复培养 4 d。这说明:在遗传转化过程中共培养 3 d 后采取 4 d 的恢复培养,让转化材料尽早适应筛选环境,可明显提高 GUS 瞬时表达率。

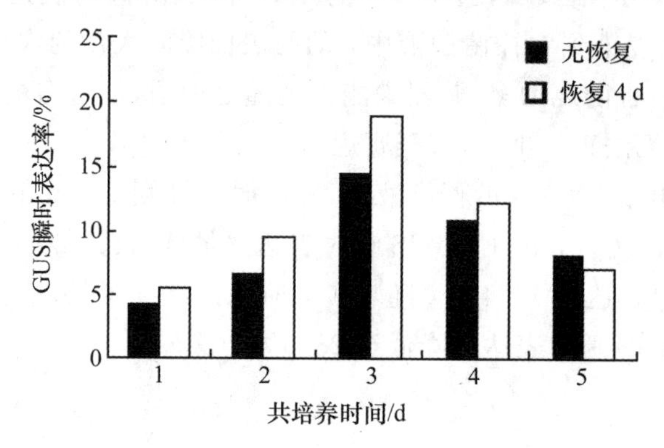

图 19-3 共培养时间和恢复培养对遗传转化的影响

十、附录

1. 利福平:贮存液浓度 50 mg/mL。配制方法:①称取 2.5 g 利福平置于 50 mL 塑料离心管中。②加入 40 mL 甲醇,振荡充分混合溶解之后定容 50 mL,可以涡旋。③小份分装(每管 1~2 mL)后,置于-20℃保存。④配制时每毫升可加入 200~250 μL 10 mol/L NaOH 以助溶。若以 DMSO 做溶剂,可不滴加 NaOH。

2. 乙酰丁香酮贮存液浓度(100 mmol/mL):称取 0.392 g 乙酰丁香酮,先用 10 mL 甲醇配成浓度 200 mmol/mL,然后再加 10 mL 水稀释成浓度 100 mmol/mL,过滤灭菌,-20℃贮存。

3. 硝酸银贮存液:用水溶解,终浓度 17 mg/mL,过滤灭菌,避光保存,贮存在 4℃半年。

4. 半光氨酸、DTT 使用方法:先用 10 mL N6 维生素贮存液(100×)溶解,过滤灭菌后加到共培养培养基。

5. 侵染培养基:1/2 MS 盐+1/2 MS 维生素+100 mg/L 肌醇+500 mg/L 水解酪蛋白+200 μmol/L AS+36 g/L 蔗糖+68 g/L 葡萄糖,pH 5.2;过滤灭菌,4℃贮存。

6. 共培养培养基:MS 盐+MS 维生素+100 mg/L 肌醇+500 mg/L 水解酪蛋白+500 mg/L L-脯氨酸+200 mg/L L-天门冬酰胺+1.5 mg/L 2,4-D+100 μmol/L AS+850 mg/L $AgNO_3$+30 g/L 蔗糖+8 g/L 琼脂,pH 6.0;新鲜配制,可贮存 1~3 d。

7. 静息培养基:MS 盐+MS 维生素+100 mg/L 肌醇+500 mg/L 水解酪蛋白+500 mg/L

L-脯氨酸+200 mg/L L-天门冬酰胺+1.5 mg/L 2,4-D +0.5 g/L MES+100 mg/L Car+30 g/L 蔗糖+8 g/L 琼脂,pH 6.0。

8. 选择培养基Ⅰ:MS 盐+MS 维生素+100 mg/L 肌醇+500 mg/L 水解酪蛋白+500 mg/L L-脯氨酸+200 mg/L L-天门冬酰胺+1.5 mg/L 2,4-D+1.5 mg/L bialaphos 或 glufosinate+100 mg/L Car+30 g/L 蔗糖+8 g/L 琼脂,pH 6.0。

9. 选择培养基Ⅱ:MS 盐+MS 维生素+100 mg/L 肌醇+500 mg/L 水解酪蛋白+500 mg/L L-脯氨酸+200 mg/L L-天门冬酰胺+1.5 mg/L 2,4-D+2.5 mg/L 双丙氨膦(或 3.0 mg/L bialaphos 或 glufosinate)+100 mg/L Car+30 g/L 蔗糖+8 g/L 琼脂,pH 6.0。

10. 再生培养基Ⅰ:MS 盐+MS 维生素+100 mg/L 肌醇+500 mg/L 水解酪蛋白+500 mg/L L-脯氨酸+200 mg/L L-天门冬酰胺+1.5 mg/L 2,4-D+0.5 mg/L KT +30 g/L 蔗糖+8 g/L 琼脂,pH 6.0。

11. 再生培养基Ⅱ:MS 盐+MS 维生素+100 mg/L 肌醇+500 mg/L 水解酪蛋白+500 mg/L L-脯氨酸+200 mg/L L-天门冬酰胺+1.5 mg/L 2,4-D +0.5 mg/L IBA+5 g/L 活性炭+30 g/L 蔗糖+8 g/L 琼脂。

12. AB 基本培养基:50 mL/L 贮存液 A、50 mL/L 贮存液 B、5 g/L 葡萄糖、15 g/L 琼脂、适当的抗生素。贮存液 A: 60 g/L K_2HPO_4,20 g/L NaH_2PO_4,pH 7.0;贮存液 B: 20 g/L NH_4Cl, 6 g/L $MgSO_4 \cdot 7H_2O$,3 g/L KCl,0.2 g/L $CaCl_2$,0.05 g/L $FeSO_4 \cdot H_2O$。

13. YEP 培养基(pH 7.0):10 g/L 酵母提取物、10 g/L 蛋白胨、5 g/L 氯化钠、pH 7.0;固体培养基加琼脂 15 g/L。加入相应的抗生素。转化含有重组双元载体的农杆菌 EHA105/pBCXUN 抗生素为 25 mg/L Chl、50 mg/L Rif 和 50 mg/L Kan。

14. 杀菌溶液:50%商用漂白剂(5.25%次氯酸盐),2 滴/L Tween-20 表面活性剂。

15. Bialaphos:70 mL 水加 2 mL Bialaphos(18%)溶解,终浓度 5 mg/mL,过滤灭菌,贮存在 4℃。

十一、拓展知识

玉米具有“高产之王”“饲料之王”“工业原料之王”的美誉。玉米种植需水量较少，所以成为半干旱地区不可替代的主要作物。中国是发展中的农业大国，也是全球仅次于美国的第二大玉米生产国和消费国。时下世界人口日益增多,对玉米种植的研究与推动将会成为一件惠国利民的工程。转基因玉米是利用现代分子生物学 DNA 重组技术,把其他种属来源的基因导入需要改良的玉米基因组中,使其后代表现出人们所追求的可以稳定遗传的性状的玉米。转基因玉米和普通玉米相比在产量、营养含量、口感、外形等方面更具有可控性。

1986 年 Fromm 等首次成功将转基因技术应用在玉米上，将目的基因转入玉米原生质体中。1988 年 Rhodes C A 等首次利用电击法转化玉米获得转基因玉米植株。1990 年 Gordon-Kamm W J 等利用转基因技术首次成功培育出能稳定遗传的可育的转基因玉米植株。1995 年转基因玉米在美国获得商业化生产许可。此后,从 1996 年到 2011 年,美国不断地批准转基因玉米商业化，开始大规模种植 Bt 抗虫玉米到耐寒转基因玉米等。转基因玉米作为四大转基因作物之一，自从 1996 年商业化种植以来,截止到 2010 年,全球商业化种植转基因玉米的国家共有 16 个，种植面积已达到 4 680 万 hm^2,商业化种植的转基因作物主要为玉米、大豆、棉花、油菜。已经商业化种植的转基因玉米主要是抗虫和抗除草剂(主要抗草甘膦即农达,也有少量是抗草铵膦)两个主要目的。大多数玉米都是不抗玉米螟的,如果是转入了抗虫基因,那鳞翅目的害虫如玉米螟、黏虫是吃了就死的,因而不用喷施农药就可达到环保的目的。玉米对除草剂没有抗性,如果玉米中转入了抗草甘膦或抗草铵膦的基因,就可以通过直接在玉米田里喷施草甘膦或草铵膦达到除草的目的,因而节省大量劳力。玉米转基因技术得到了快速发展,全世界转基因玉米种植面积在不断扩大。

十二、参考文献

1. Somleva M N, Tomaszewski Z, Conger B V. Agrobacterium-mediated genetic transformation of switchgrass. Crop Sci, 2002, 42:2080-2087.

2. 李金红,付莉,关晓溪,等. 根癌农杆菌介导的玉米幼胚遗传转化体系. 沈阳农业大学学报,2018, 49(3):266-271.

3. 孙传波,郭嘉,袁英. 农杆菌介导玉米幼胚遗传转化体系的建立. 湖北农业科学,2014, 53(12):2743-2746, 2762.

(叶建荣)

实验二十　小麦基因枪转化(瞬时表达)

一、背景知识

基因枪法、农杆菌介导法、花粉管通道法、电击法、PEG 法、激光微束穿孔法、硅碳纤维法、显微注射法和 DNA 浸泡法(DNA 直接吸入法)等是植物转基因的方法,其中前三种方法在小麦转基因研究中使用较为广泛且深入。

基因枪法避免了原生质体再生的困难,受体材料来源广泛,且重复性高、操作方法相对简单,是 20 世纪 90 年代初许多禾谷类作物遗传转化的首选方法。但其转化效率受到多种因素影响,小麦的组培特性是最大的影响因子,另外设备昂贵、转化成本高、转化所用胚性愈伤组织受体受基因型影响大、转化后筛选时间较长、再生分化能力和转化效率都不够理想、转化后嵌合体和转移基因的完整性、多拷贝及其对基因表达的影响(共抑制和基因沉默)等问题相当突出。

瞬时表达技术是在相对短的时间将目标基因转入靶细胞,建立暂时高效表达系统,获得该目的基因短暂的高水平表达的技术,与稳定表达相比,所需时间短,不需要将外源基因整合到宿主植物染色体中,适于基因-蛋白的细胞生物学研究,可以很好地检测转录因子间的相互作用以及特异启动子对基因的调控特性。所用技术与稳定表达技术类似。

报告基因是一种编码易被检测的蛋白质或酶的基因,通常与目的基因融合后的表达产物可以用来标定目的基因的表达调控。GUS(β-葡萄糖醛苷酶)、GFP(绿色荧光蛋白)、LUC(荧光素酶)和 GAL(β-半乳糖苷酶)等是常用的报告基因,报告基因类型不同,观察和检测方法也不同。

二、实验原理

基因枪法是常用的转基因手段,其基本原理是将外源 DNA 包被在微小的金粉或钨粉颗粒表面,然后在高压的作用下直接射入受体细胞或组织,微粒上的外源 DNA 进入细胞后可以整合到植物染色体上并得到表达,从而实现基因转化。

三、实验目的

1. 掌握基因枪轰击的原理和方法。
2. 认识小麦未成熟种子的基本结构和性质。

四、实验材料

小麦花后 10 d 左右籽粒，用 70%乙醇进行表面消毒，然后用灭菌 ddH_2O 洗 4 次。

五、试剂与仪器

MS 基本培养基(Murashige & Skoog basal medium with vitamins)、山梨醇、甘露醇、琼脂、金粉(0.6 μm)、甘油、$CaCl_2$、亚精胺、无水乙醇。

6 cm 一次性培养皿、镊子、1.5 mL 离心管、移液器、涡旋振荡器、台式离心机、Biolistic PDS-1000/He Particle Delivery System(Bio-Rad)、超净工作台、可裂膜、承载膜、奥林巴斯体式荧光显微镜(SEX16)。

六、实验步骤及其解析

(一)小麦胚乳受体的准备

1. 小麦花后 10～18 d 的籽粒用 70%的乙醇进行表面消毒，然后用灭菌 ddH_2O 洗 4 次，在无菌条件下用镊子剥离胚乳。

不同环境条件下的小麦籽粒生长发育速度不同，所用籽粒最好是发育至胚乳水嫩，并且易于剥离的状态，这种状态的胚乳活性最好，有利于基因的表达。胚乳太嫩或者表面已经没有过多水分，都会影响轰击效率。

2. 将胚乳腹沟朝下置于高渗培养基中央，每皿 20 粒左右，预培养 4 h。

在高渗培养基上预培养能够使胚乳细胞渗透失水，使胚乳细胞周围形成一层水膜，在进行基因枪轰击时防止胚乳被高压打飞。

为确保胚乳背面充分高渗处理，也可高渗预培养时腹沟朝上，打枪前再翻转过来。

(二)子弹的制备

1. 涡旋振荡金粉母液 5 min，使之成为悬浮液，吸取金粉母液 20 μL 至 1.5 mL 离心管中。

充分涡旋，保证每枪所取金粉量一致。

2. 依次加入 2 μL 质粒 DNA(1 μg/μL)、20 μL 2.5 mol/L $CaCl_2$ 和 20 μL 0.1 mol/L 亚精胺(现配先用)。

涡旋的同时加入，能够保证溶液充分接触。$CaCl_2$ 能消除金粉颗粒表面的静电，亚精胺使 DNA 与金粉充分结合。

质粒 DNA 的浓度与金粉形成复合体的比例在不同的细胞组织中变化较大，应寻找最佳浓度，常用 1 μg/μL 的浓度。亚精胺最好现用现配，或配成 1 mol/L 母液存于－20℃条件(时间不超过 1 个月)，防止降解，影响 DNA 吸附于金粉颗粒表面的能力。

3. 将上述混匀样品涡旋 1 min，冰上静置 1 min，重复 5 次。

上述操作有助于 DNA 与金粉充分结合。

4. 10 000 r/min 离心 10 s，小心弃去上清液，用 140 μL 现配 70%乙醇冲洗沉淀，不破坏沉淀块，重复 2 次。

DNA 与金粉充分结合后需要将溶液弃去，并用乙醇将金粉颗粒表面的溶液清洗干净。

5. 用 20 μL 无水乙醇，轻弹管壁，重悬颗粒。

金粉颗粒用无水乙醇重悬，在涂抹于基因枪承载膜时易于挥发。

子弹最好在轰击当天包被，包被后的子弹尽快使用。

(三)基因枪轰击

1. 将 70%酒精消毒后的可裂膜和承载膜于超净工作台上吹干备用。

2. 打开 Biolistic PDS-1 000/He Particle Delivery System(Bio-Rad)电源、真空泵及氦气开关，调整压力为 8.963 MPa。

轰击压力是基因枪转化的一个重要参数，较高的轰击压会导致细胞损伤，影响基因表达，小麦胚乳瞬时表达一般采用 8.963 MPa。

3. 将 10 μL 子弹溶液充分重悬后，均匀涂抹于承载膜中央，倒扣至装有阻挡网的固定器中，旋紧固定盖。

子弹溶液应充分重悬，如果金粉颗粒不匀，涂抹后轰击到胚乳上后对组织损伤过大，或者造成 GFP 密集表达，不易于观察。可一滴一滴将子弹溶液滴在承载膜上，待第一滴干燥后再滴，防止溶液扩散面积太大。

4. 将可裂膜放入托座中，并置于气体加速管上拧紧。

可裂膜要放正，防止漏气。

5. 将放有胚乳的培养皿放入样品室，关好舱门。

轰击距离影响转化效率，一方面影响金粉的分布，进而影响效果；另一方面太近的距离会造成细胞损伤，太远会影响金粉颗粒进入细胞的效率。一般小麦胚乳瞬时表达选择 9 cm 的轰击距离。

6. 按下真空键，抽真空至 3 600～3 730 Pa，迅速按下 Hold 键，接着按下 Fire 键，保持不动，直至轰击完成。

7. 按下通气键至真空表回零，打开样品室，取出样品，弃去可裂膜和承载膜。

可在涡旋的同时加入，保证溶液充分接触。

8. 轰击后的小麦胚乳继续在高渗培养基上 25℃暗培养 24 h。即可检测报告基因活性。

暗培养有助于报告基因的表达。

(四)报告基因 GFP 的观察

1. 打开电脑和奥林巴斯体式荧光显微镜(SEX16)开关，运行 Cellsens Standard 软件，将样品置于载物台上。

2. 先将荧光滤块转盘转到空的位置，再打开荧光激发器电源开关，预热 15 min。

荧光激发器需要预热一定的时间才能达到最亮。另外，GFP 荧光对眼睛伤害较大，不要用眼直接观察，应在滤光片后观察。

3. 等待期间打开显微镜光源，找到样品位置，选择合适物镜，调整焦距。

4. 关闭显微镜光源，将荧光光路挡板推出，将荧光滤块转盘转到 GFP 位置，调节曝光时间，选取合适视野，点击软件上的拍照按钮进行拍照。

曝光时间一般根据样品 GFP 表达情况选择，使荧光图像上的 GFP 清晰可见且噪点较少。

5. 观察结束后，关闭荧光激发器，将明场光强调至最小再关闭，取出样品，将变倍比调到最小。关闭软件和电脑。

荧光激发器使用半小时以上方可关闭，关闭半小时后才可再次开启。

七、实验结果与报告

1. 预习作业

植物瞬时表达技术的主要方法有哪些？

2. 结果分析与讨论

(1)附上 GFP 显微镜观察结果，观察 GFP 的表达情况；

(2)小麦胚乳上的 GFP 点大小不一，亮度不一，为什么？

(3)如何减少植物瞬时表达的实验误差？

八、思考题

1. 植物瞬时表达技术可以用来做什么研究？

2. 植物稳定表达和瞬时表达的优缺点是什么？

数字资源 20-1
实验二十思考题参考答案

九、研究案例

1. 小麦 *Glu-1* 启动子保守顺式调控模块及转录因子 TaNAC100 的功能解析（李吉虎，2018）

该研究将 *Glu-1Dx2* 启动子区的 3 个保守顺式调控模块（CCRM）采用逐段缺失的方式逐个去除并将截短的启动子插入 pUbi-GUS 载体 GUS 报告基因上游，利用农杆菌转化获得小麦稳定转基因株系，通过检测 GUS 表达活性和组织特异性验证 3 个 CCRM 的功能，得到以下结论：含 CCRM1 的 300 bp 启动子足以保证 *Glu-1* 在胚乳特异表达。CCRM1-1 不仅调控基因表达水平，而且是维持 *Glu-1* 胚乳特异表达的核心区段，而 CCRM1-2 仅控制 *Glu-1* 的表达水平。在此基础上，对 208 bp 启动子上 POA、AACA 和(CA)*n* 进行定点突变，并将 208 bp 启动子进一步缺失至 125 bp，将启动子片段插入 pBI 121 载体，通过基因枪介导的方式瞬时转化 20 d 后的 Fielder 种子（数字资源 20-2），结果发现所有片段均可控制 GUS 在胚乳表达。

数字资源 20-2
小麦种子瞬时转化验证启动子功能

2. 小麦高分子质量麦谷蛋白 *1By15* 和 *1Dx1.5′* 基因高效表达载体的构建及转化研究（徐涛，2006）

该研究通过分析 *1Bx14*、*1By15*、*1By8*、*1Dx2* 和 *1Dy12* 基因的启动子，发现 *1Bx14* 的启动子序列具有明显的特异性，因此通过 GUS 的表达活性来分析启动子的活性（数字资源 20-3),其中 pC1391-P2(*1Dx2* 启动子)的点数最多,pC1391-P14 的点数是 pC1391-P15 的 1.7 倍,与之前的结果一致;pC1391-P14 与 pC1391-PL14 无显著差异,可见即使将 *1Bx14* 的启动子延长至 1 kb,包含部分的 GLM4 元件,其活性也无明显改变。

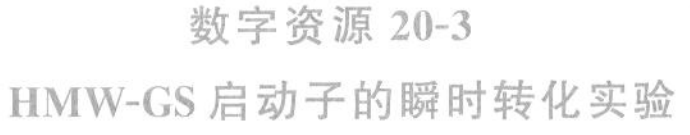

数字资源 20-3
HMW-GS 启动子的瞬时转化实验

3. GUS 基因瞬时表达检测小麦 *1Ay* 基因启动子功能(Ravel et al.,2014)

该研究通过分析 22 个 HMW-GS 基因启动子序列,鉴定到一个保守的顺式调控模块(CCRM),包含已知的能够调控 SSP 基因表达的 5 个 motif,这个保守的调控模块含有一个由 GATA motif 和 GCN4-like motif(GLM)组成的复合 box。为了探索 GLM-GATA 这个 box 是否能够调控 HMW-GS 基因的表达,构建了缺失-747 bp 至-597 bp 的启动子与 GUS 融合的载体,并与 Action 和 GFP 融合的载体同时轰击小麦胚乳(数字资源 20-4 和数字资源 20-5),通过 pAct-GFP 载体检测轰击效率,以 GUS 点除以 GFP 点的个数对表达结果进行归一化处理。结果表明缺失 GLM-GATA box 的启动子使 GUS 表达降低了 59%。

数字资源 20-4
Bx7 启动子在小麦胚乳瞬时表达中的 GUS 和 GFP 活性

数字资源 20-5
Bx7 启动子在小麦胚乳瞬时表达中的活性

十、附录

1. 高渗培养基:按下表称取药品,不加琼脂,加入 300 mL ddH_2O 充分溶解,调节 pH 至 5.8,定容至 500 mL,然后加入琼脂,121℃高温高压灭菌 15 min。

试剂	用量/g	试剂	用量/g
MS 基本培养基	2.15	甘露醇	18.22
山梨醇	18.22	琼脂	2.9

琼脂常温条件下不易溶解,应在调节 pH 定容后加入。

待溶液冷却至 60℃左右时,在无菌条件下,倒入 6 cm 一次性培养皿,充分冷却后密封。

2. 金粉母液的配制

(1)称取 60 mg 金粉(0.6 μm)加入离心管,加入 1 mL 新鲜配制的 70%乙醇,充分涡旋 3~5 min,静置 15 min;10 000 r/min 离心 10 s,弃上清液。

金粉颗粒的大小影响转化效率,0.6 μm 相比 1 μm 对细胞的损伤更小,且能获得较好的效果。乙醇能够洗去金粉颗粒表面的杂质。离心后上清液小心吸取,防止金粉颗粒重悬浮造成损失。

(2)加入 1 mL 无菌 ddH_2O,充分涡旋 1 min,静置 1 min,10 000 r/min 离心 2 min,弃上

清液，重复3次。

(3)加入1 mL灭菌后的50%甘油，涡旋，−20℃保存。

十一、拓展知识

1. 关于GFP蛋白的发现与开发历史

2008年，瑞典皇家科学院将诺贝尔化学奖授予对GFP的发现、表达和开发做出了杰出贡献的三位科学家：下村修(Osamu Shimomura，1928—2018)、马丁·查尔菲(Martin Chalfie，1947—　)和钱永健(Roger Yonchien Tsien，1952—2016)。

1962年，下村修和约翰森从维多利亚多管水母(*Aequorea victoria*)中分离生物发光蛋白-水母素(aequorin)时，意外地得到了一个副产物。它在阳光下呈绿色、钨丝下呈黄色、紫外光下呈强烈绿色。之后他们仔细研究了其发光特性。1974年，他们得到了这个蛋白，当时称绿色蛋白，之后称绿色荧光蛋白(GFP)。GFP在水母中之所以能发光，是因为水母素和GFP之间发生了能量转移。水母素在钙刺激下发光，其能量可转移到GFP，刺激GFP发光。这是物理化学中已知的荧光共振能量转移(FRET)在生物中的发现。

研究者们并没有意识到GFP的应用前景，慢慢就将其遗忘了。这一晃就是30年。直到1992年，道格拉斯·普瑞舍克隆并测序了野生型的GFP。但具有讽刺意味的是，基金评审委员会认为普瑞舍的工作没有意义，不愿提供经费。普瑞舍一气之下，离开了科学界，将GFP的cDNA送给了几个实验室。很多人尝试用GFP的基因来表达蛋白，但都失败了。马丁·查尔菲考虑只用它的编码区域来表达。他用PCR的方法扩增了GFP的编码区，将它克隆到表达载体中，通过UV或蓝光激发，在大肠杆菌和线虫细胞内均产生了很美妙的绿色荧光，这才是GFP作为荧光指示剂的真正突破。

尽管野生型GFP发出很绚丽的荧光，但它还是有不少缺点，比如有两个激发峰、光稳定性不好、在37℃不能正确折叠。

1995年钱永健通过基因点突变的方式首先改造了GFP，单点突变(S65T)显著提高了GFP的光谱性质，荧光强度和光稳定性也大大增强。突变后的GFP激发峰转移至488 nm，而发射峰仍保持在509 nm，这和常用的FITC滤光片匹配，提高了GFP的应用潜力。而F64L点突变则改善了GFP在37℃的折叠能力，综上就产生了增强型GFP，也就是我们常见的EGFP。

随后，钱永健等又完成了多种突变，将GFP进一步改造，包括颜色的改变，改造出一系列不同颜色的荧光蛋白，包括蓝色荧光蛋白(EBFP，EBFP2，Azurite，mKalama1)、青色荧光蛋白(ECFP，Cerulean，CyPet)和黄色荧光蛋白(YFP，Citrine，Venus，Ypet)等，人们习惯称之为水果荧光蛋白。

荧光蛋白广泛应用于生物学研究。通过常规的基因操纵手段，将荧光蛋白用来标记其他目标蛋白，这样可以观察、跟踪目标蛋白的时间、空间变化，提供了以前不能达到的时间和空间分辨率，而且可以在活细胞、活体动物中观察到一些分子。荧光蛋白技术也使得人们可以研究某些分子的活性，而不仅仅是其存在与否。

2. 常用报告基因的优缺点比较

(1)绿色荧光蛋白(GFP)：适用于体内荧光检测，不常用于体外分析。优点：报告或细胞内基因表达和细胞内定位，荧光发射无种属依赖性，不需要配附加基因产物、底物或辅助因子，高的抗荧光漂白特性。缺点：对某些应用来说信号可能太弱，对细胞正常活动有一定的影响，例如 GFP 可以抑制由 RING 类 E3 介导的多聚泛素化作用。

(2)β-葡萄糖醛酸酶(β-GUS):适用于体外比色分析、荧光或化学发光分析,也适用于体内 X-Gluc 为底物的组织化学染色分析。优点:非放射性,GUS 蛋白稳定,化学发光检测的灵敏度和线性范围均较高。缺点:需要用较昂贵的荧光计等检测仪器。

(3)萤火虫荧光素酶(Luc):适用于体外的生物发光检测或者体内的活细胞生物发光检测。优点:非放射性,灵敏性好,线性范围宽,哺乳动物中内源性活性极小,相对价廉。缺点:蛋白半衰期短,需要特殊的检测仪器,常规分析的重复性差。

(4)β-半乳糖苷酶(β-gal):适用于体外的比色分析、荧光或化学反光分析,也适用于体内的生物发光检测(荧光素-β-半乳糖吡喃糖苷(FDG)为底物)、X-gal 组织化学染色。优点:非放射性,对于不同用途有不同的分析方法,化学发光灵敏度和线性范围好,适用于作为校正其他报告因子的内参。缺点:需要特殊的检测仪器,许多细胞有内源性的 β-半乳糖苷酶活性。

十二、参考文献

1. 药物筛选中常用的报告基因优缺点比较. http://blog. sciencenet. cn/blog-83379-200516. html.

2. 奥林巴斯体视荧光显微镜 SZX16 使用操作说明. http://blog. sciencenet. cn/blog-890410-674380. html.

3. 基因枪操作步骤. https://wenku. baidu. com/view/8616dcc3551810a6f5248647. html.

4. 奥林巴斯荧光显微镜使用说明和注意事项. https://www. docin. com/p-226055299. html.

5. 生命科学研究必修知识点——GFP(绿色荧光蛋白). https://www. meipian. cn/1c073h40.

6. Ravel C, Fiquet S, Boudet J, et al. Conserved cis-regulatory modules in promoters of genes encoding wheat high-molecular-weight glutenin subunits. Frontiers in Plant Science, 2014, 5: 621.

7. 李吉虎. 小麦 *Glu-1* 启动子保守顺式调控模块及转录因子 TaNAC100 的功能解析(博士学位论文). 中国农业大学,2018.

8. 徐涛. 小麦(*Triticum aestivum* L.)高分子质量麦谷蛋白 *1By15* 和 *1Dx1. 5'* 基因高效表达载体的构建及转化研究(硕士学位论文). 中国农业科学院,2006.

9. 杨宇,李江江,王硕,等. 报告基因及其应用研究进展. 生命科学研究,2011(3):277-282.

10. 赵文婷,魏建和,刘晓东,等. 植物瞬时表达技术的主要方法与应用进展. 生物技术通讯,2013, 24(2):294-300.

11. 朱建楚,布都会,于新智,等. Biolistic PDS-1000/He 基因枪的使用方法. 陕西农业科学,2003,6:81-82.

(郭丹丹,邓志英)

第五部分

分子杂交和互作相关技术

蛋白质相互作用贯穿于生命活动的各个方面，例如基因表达调控、细胞信号转导、抗原和抗体结合、配体和受体结合、病毒的侵入和细胞代谢调节等。因此，蛋白质相互作用的研究已成为生命科学领域的热点，研究蛋白质的相互作用常见的方法有酵母双杂交以及融合蛋白免疫沉降技术(pull-down)等。

酵母双杂交系统主要应用于快速、直接分析已知蛋白之间的相互作用，以及分离新的与已知蛋白互作的蛋白及其编码基因。pull-down 通常是在酵母双杂交实验得到互作蛋白后进行的验证实验，该实验主要用于体外鉴定目的蛋白和预测蛋白是否互作以及筛选与目的蛋白互作的未知蛋白两个方面。

很多细胞的生命活动涉及转录因子等蛋白质与特定 DNA 分子之间的相互作用。蛋白质与 DNA 的互作是研究基因表达调控的重要组成部分，是阐明基因表达调控网络的基础。传统的研究 DNA 与蛋白质相互作用的方法有酵母单杂交系统、凝胶阻滞实验(EMSA)和后来发展起来的染色质免疫沉淀(ChIP)等。

酵母单杂交技术不仅可以发现和识别新的 DNA-蛋白质相互作用，确认和证实已知的 DNA-蛋白质相互作用，还可以确定 DNA-蛋白质相互作用的蛋白质结构域和 DNA 同源序列。凝胶阻滞实验是一种用于蛋白与核酸相互作用的技术，可用于定性和定量分析。常用于转录因子与启动子相互作用的验证性实验，目前，也可应用蛋白-RNA 互作研究。

染色质免疫沉淀技术是一种研究生物体内生理状态下 DNA 与蛋白质之间相互作用的理想方法。目前，ChIP 技术应用于染色质结构动力学研究、转录因子的调节和辅助调节因子及其他表观遗传变化的研究。它不仅可以检测体内反式作用因子与 DNA 的动态作用，还可以用来研究组蛋白的各种共价修饰与基因表达的关系。

本部分包含 5 个实验：利用酵母双杂交技术筛选靶蛋白的互作蛋白、融合蛋白沉降技术分析蛋白质的相互作用、酵母单杂交系统及其应用、电泳迁移率实验——检测蛋白质-DNA 结合相互作用和染色质免疫共沉淀。

(胡兆荣)

实验二十一　利用酵母双杂交技术筛选靶蛋白的互作蛋白

一、背景知识

研究蛋白质的相互作用首先需要找到相互作用的蛋白质。寻找蛋白质相互作用的分子有很多方法，最常见的有酵母双杂交以及质谱分析。

酵母双杂交（yeast two-hybrid，Y2H）由 Fields 在 1989 年提出。它的产生是基于对真核细胞转录因子特别是酵母转录因子 GAL4 性质的研究。GAL4 包括两个彼此分离的但功能必需的结构域：位于 N 端 1～147 位氨基酸残基区段的 DNA 结合域（DNA binding domain，BD）和位于 C 端 768～881 位氨基酸残基区段的转录激活域（transcription activation domain，AD）。BD 能够识别位于 GAL4 效应基因（GAL4-responsive gene）的上游激活序列（upstream activating sequence，UAS），并与之结合。而 AD 则是通过与转录中的其他成分之间的结合作用，以启动 UAS 下游的基因进行转录。BD 和 AD 单独分别作用并不能激活转录反应，但是当二者在空间上充分接近时，则呈现完整的 GAL4 转录因子活性并可激活 UAS 下游启动子，使启动子下游基因得到转录。

酵母双杂交系统也经历了不断完善的过程。和第二代系统相比，第三代系统将诱饵蛋白表达质粒进行了改进，即将其质粒中在大肠杆菌中的筛选标记基因由氨苄（Ampicillin）抗性改为卡那（Kanamycin）抗性，便于对文库质粒（氨苄抗性）进行分离；同时，在酵母 AH109 细胞中插入了 *MEL 1* 报告基因，该基因编码 β-半乳糖苷酶，该酶能够分泌至细胞外，非常有利于检测：只需将酵母细胞在涂布了其底物 X-α-gal 的琼脂平板上划线，观察颜色变化即可。此外，还添加了 *Ade* 报告基因，其编码腺嘌呤合成酶，当其被激活后，宿主细胞能够在不含腺嘌呤的营养缺陷型培养基中生存，而不能够激活该报告基因表达的酵母 AH109 细胞不能合成腺嘌呤，不能在腺嘌呤的营养缺陷型培养基中生存。这样，大大降低了筛选过程中出现的假阳性。

酵母双杂交系统最主要的应用是快速、直接分析已知蛋白之间的相互作用，以及分离新的与已知蛋白作用的配体及其编码基因。酵母双杂交系统检测蛋白之间的相互作用具有以下优点：①作用信号是在融合基因表达后，在细胞内重建转录因子的作用，省去了纯化蛋白质的烦琐步骤；②检测在活细胞内进行，可以在一定程度上代表细胞内的真实情况；③检测的结果可以是基因表达产物的积累效应，因而可检测存在于蛋白质之间的微弱的或暂时的相互作用；④酵母双杂交系统可采用不同组织、器官、细胞类型和分化时期材料构建 cDNA 文库，能分析细胞质、细胞核及膜结合蛋白等多种不同亚细胞部位及功能的蛋白。

传统酵母双杂交系统仍存在一些局限性：①双杂交系统分析蛋白间的相互作用定位于细胞核内，而许多蛋白间的相互作用依赖于翻译后加工如糖基化、二硫键形成等，这些反应在核内无法进行。另外,有些蛋白的正确折叠和功能有赖于其他非酵母蛋白的辅助,这限制了某些细胞外蛋白和细胞膜受体蛋白等的研究;②酵母双杂交系统的一个重要的问题是“假阳性”。由于某些蛋白本身具有激活转录功能或在酵母中表达时发挥转录激活作用,使 DNA 结合结构域杂交蛋白在无特异激活结构域的情况下可激活转录。另外,某些蛋白表面含有对多种蛋白质的低亲和力区域,能与其他蛋白形成稳定的复合物,从而引起报告基因的表达,产生“假阳性”结果。

二、实验原理

酵母双杂交的基本原理是基于转录因子对其下游靶基因的激活依赖于其分子内部的两个

数字资源 21-1
酵母双杂交示意图

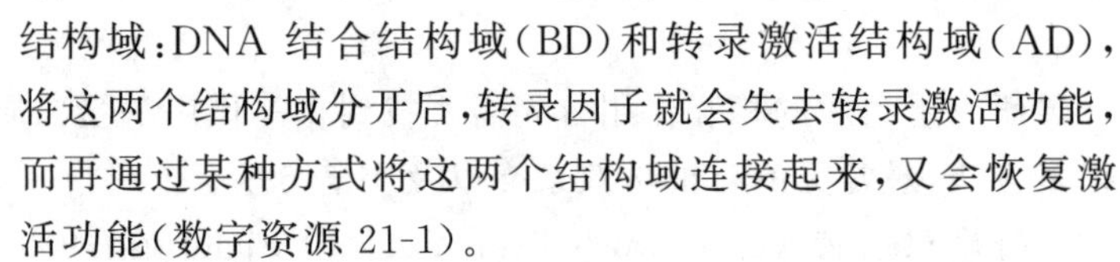

结构域:DNA 结合结构域(BD)和转录激活结构域(AD),将这两个结构域分开后,转录因子就会失去转录激活功能,而再通过某种方式将这两个结构域连接起来,又会恢复激活功能(数字资源 21-1)。

Fields 建立了一个双杂交系统,BD 与 X 蛋白融合,AD 与 Y 蛋白融合,如果 X、Y 之间形成蛋白-蛋白复合物,使 GAL4 两个结构域重新构成,则会启动特异基因序列的转录。一般地,将 BD-X 的融合蛋白称作诱饵(bait),X 往往是已知蛋白,AD-Y 称作猎物(prey),能显示诱饵和猎物相互作用的基因称报告基因,通过对报告基因的检测,反过来可判断诱饵和猎物之间是否存在相互作用。

在 GAL 介导的酵母双杂交系统中,“诱饵”蛋白与 GAL4 的 BD 区域融合表达,文库的“猎物”蛋白与 GAL4 的 AD 融合表达。在 GAL4 介导的酵母双杂交系统中,当“诱饵”和“猎物”蛋白发生互作,BD 和 AD 就会接近,共同激活下游 4 个报告基因(AUR1-C、ADE2、HIS3 和 MEL1)的表达。采用酵母双杂交的方法,验证蛋白之间的互作关系,通过酵母文库筛选,找到了新的互作蛋白。因此,该方法是寻找与已知转录因子互作的蛋白,揭示转录因子的调控机理有效手段。

三、实验目的

1. 熟悉和掌握酵母双杂实验的原理、步骤和注意事项。
2. 寻找与已知靶蛋白质相互作用的新蛋白质。

四、实验材料

Matchmaker^{TM} Gold Yeast Two-Hybrid System 酵母菌株 Y2H Gold、质粒 pGBKT7-BD、pGADT7-AD、pGBKT7-p53、pGADT7-T 和 pGBKT7-Lam 均购自 Clontech 公司。

五、试剂与仪器

酵母全营养培养基 YPDA、单营养缺陷型培养基(SD/-Trp、SD/-Leu、SD/-Trp 和 SD/-

Ura)、二营养缺陷型培养基(SD/-Leu-Trp)、四营养缺陷型培养基(SD/-Ade-His-Leu-Trp)的液体培养基及其固体培养基(添加琼脂)、抗生素 AbA 和 X-α-gal。

酵母转化试剂盒(包含 Yeastmaker Carrier DNA,50% PEG3350,1 mol/L LiAc,10× TE buffer 和 YPDA plus 液体培养基)、Matchmaker Insert Check PCR Mix 2,均购自 Clontech 公司。

限制性核酸内切酶(如 *EcoR* Ⅰ和 *Pst* Ⅰ等)、ddH_2O、鲑鱼精 DNA、1 × TE/LiAc、DMSO、0.9% NaCl、细胞裂解缓冲液、酸性玻璃微珠、上样缓冲液、1 × TE/LiAc-PEG 溶液、1 × TE、氯仿、Tris 饱和酚、洗柱液。

微量移液器、灭菌离心管、灭菌枪头、培养皿、三角瓶、涂抹棒、台式离心机、恒温培养箱、水浴锅、pH 计、摇床、涡旋振荡器、封口膜等。

六、实验步骤及其解析

1. 诱饵蛋白表达载体的构建

(1)分析诱饵蛋白 cDNA 序列的限制性酶切图谱,结合公司提供的诱饵蛋白表达空载体的多克隆酶切位点(multiple clone sites,MCS)和 GAL BD 编码序列,设计特异引物,如在上游引物加 *EcoR* Ⅰ 酶切位点和保护碱基,下游引物加 *Pst* Ⅰ 酶切位点和保护碱基。

商业化的酵母双杂交系统一般都提供相应配套的酵母表达质粒和阳性、阴性对照质粒。

(2)使用该特异性引物扩增出诱饵蛋白(如靶转录因子)CDS 片段,纯化回收后,连接到克隆载体(如 pMD19-T simple)上,将重组载体热激转化,铺平板,经菌液 PCR 验证后,摇菌,提取质粒。

(3)将含诱饵蛋白 CDS 片段的重组质粒和诱饵蛋白表达空载体(如 pGBKT7 质粒)同时用 *EcoR* Ⅰ 和 *Pst* Ⅰ 双酶切,回收前者 CDS 片段和后者载体片段,连接获得重组质粒,热激转化,铺平板,经菌液 PCR 验证和测序验证后,即获得酵母双杂交的诱饵蛋白表达载体。

也可将 PCR 扩增出诱饵蛋白 CDS 片段直接连到诱饵蛋白表达空载体 MCS 上。

在酵母双杂中,所用到的蛋白都是融合蛋白,基因本身的起始密码子 ATG 是不起作用的,所以特别要考虑到移码问题。无论是 AD 基因,还是 BD 基因,都是如此。在融合蛋白之间可以有一段连接序列,但必须是 3 的倍数,确保目的基因在表达时不会移码。

2. 诱饵蛋白表达载体的转化

(1)将－80℃保存的酵母菌株 Y2H Gold 取出,用灭菌的枪头(或无菌接种环)蘸取少量酵母菌在 YPDA 固体培养基上反复 Z 字形划线,倒置 30℃ 培养 2～3 d;直到菌落直径达到 2 mm,需 3～5 d,密封平板,4℃保存。

不同公司的酵母双杂交系统均有与之配套的酵母菌株可供选择。

提前 1～2 d,配制 YPDA 琼脂并于高压消毒后倒板。

此步骤为活化酵母菌。划线时,动作要轻柔,不要划破琼脂胶表面。倒置培养前让冷凝水挥发干净。

直径小于 2 mm 的菌斑,不能用于正常的接种,重新划板活化之后再行接种。

挑取 3～4 个菌落置于不同培养平板上(SD/-Trp、SD/-Leu、SD/-His、SD/-Ura、YPD),培养 4～6 d,核对其不同的生长情况,进行表达型验证。

(2)挑取生长正常的 2～3 mm 的酵母单菌落，接种到含有 3 mL YPDA 液体培养基的 15 mL 离心管中，30℃ 220 r/min 振荡培养 8～12 h，直到稳定期(OD_{600}＞1.5)。

离心管(或锥形瓶)体积应是培养基体积的 5 倍，以便很好地起到扩增酵母细胞的作用。

(3)取 5 μL 培养物加入含有 50 mL YPDA 培养基的 250 mL 三角瓶中，30℃ 220 r/min 培养至 OD_{600} 0.15～0.3。

YPDA 的使用量根据转化的规模而定，小量转化 150 mL YPDA；大量转化 250 mL YPDA。

样品总的 OD＝测得的 OD×样品的总体积(mL)。

(4)700 g 离心收集菌体，弃上清液，将菌体重悬在含有 100 mL 新鲜 YPDA 培养基中 30℃ 220 r/min 培养 4 h 左右，取出少量检测，使 OD_{600} 为 0.4～0.5。

培养 3 h 左右时测定一次，防止培养过度，影响转化效率。

(5)分装 2 个离心管，700 g 室温离心 5 min 收集菌体。弃上清液，加入 30 mL 无菌 ddH_2O 重悬酵母。

建议 4℃ 离心。弃上清液时，可用灭菌枪头伸进离心管吸干培养液。

(6)室温 700 g 离心 5 min，弃上清液，用 1.5 mL 1 × TE/LiAc 重悬。将重悬液分至 2 个 1.5 mL 离心管，快速离心 15 s。

1 × TE/LiAc 的体积根据铺板的数目、板的大小而定。通常可以按照每培养皿(ϕ90 mm) 100 μL 的比例加入 1× TE/LiAc。

(7)弃上清液后，每管用 600 μL 1 × TE/LiAc 重悬，即得到酵母感受态细胞，可进行下一步转化。

步骤(2)～(7)为制备感受态酵母细胞。将酵母重悬液分装，每管 100 μL。

酵母感受态的制备是个很重要很精细的过程。感受态的状态不佳，极大地影响到酵母细胞转化的效率。

(8)在预冷的 1.5 mL 离心管中加入沸水浴后冰中冷却的鲑鱼精 DNA 5 μL，诱饵蛋白表达载体(重组诱饵质粒)5 μL，制备好的酵母感受态细胞 100 μL，轻柔混匀。

将保存于−80℃的鲑鱼精 DNA 取出，沸水浴 15 min 后立即放入冰中 3～5 min，使其完全变性。

每管中加入感受态细胞的体积根据酵母细胞的数量以及铺板的大小而定，通常小量转化每管加入 100 μL 的感受态细胞，大量转化每管加入 1 mL 的感受态细胞。如果铺平板以后，克隆斑太密则可适量减少每管中加入的感受态细胞的体积，反之则可适当增加感受态细胞的体积。

所用质粒的浓度和纯度都是很重要的指标。一般认为其浓度应在 200 ng/μL 以上，纯度则是尽可能的高。质粒的总量需要在 1 μg 以上。

为了鉴定诱饵蛋白在酵母中的表达情况，此步需同时转化空载体做对照。

(9)加入 500 μL PEG/LiAc 混匀，30℃培养 30 min。每 10 min 颠倒混匀一次。

小量转化每管加入 500 μL；大量转化每管加入 5 mL。

PEG 浓度影响转化效率。一般的酵母操作手册上，酵母转化用到的 PEG 的浓度是 40%，但也有人认为 35% PEG 转化效率最高。

(10)加入 70 μL DMSO 并混匀。42℃水浴热激 15 min，每 5 min 颠倒混匀一次。

小量转化每管加入 70 μL；大量转化每管加入 10 倍体积。

加入 DMSO 后，温和颠倒混匀，可用移液器轻轻吸打混匀，不能用涡旋器振荡混匀。

(11)高速瞬时离心 5 s，弃上清液，加入 600 μL YPDA Plus 液体培养基重悬。

(12)30℃ 220 r/min 振荡培养 1 h。高速瞬时离心 5 s 收集菌体。

(13)弃上清液，用 200 μL 0.9% NaCl 溶液重悬，涂布 SD/-Trp 筛选培养基，培养箱中 30℃倒置培养 3～4 d。

步骤(8)～(13)为诱饵蛋白表达载体的转化。

一般培养皿(ϕ90 mm)使用 100 μL 体积铺板。

何种营养缺陷应根据酵母克隆中所含载体的报告基因而定。

需要做诱饵蛋白自激活活性检测：将重悬液分别涂布 SD/-Trp/x-α-Gal、SD/-His/-Trp/x-α-Gal 和 SD/-Ade/-Trp/x-α-Gal 平板上(用空载体作对照)，如果转化克隆是蓝色，在 SD/-His/-Trp 和 SD/-Ade/-Trp 上可以生长，说明其自身激活报告基因转录，不能用作诱饵蛋白。

如果诱饵蛋白表达载体的转化菌斑生长速度明显慢于空载体的转化菌株，须进一步检查诱饵蛋白毒性。

3. 诱饵蛋白在酵母中表达的鉴定

(1)用枪头挑取几个克隆于 1 mL SD/-Trp 液体培养基中，涡旋振荡器混匀，接种于 5 mL SD/-Trp 液体培养基中在 30℃生长 3～4 d，待培养液浑浊后，3 000 r/min 离心 5 min，吸弃上清液，得到酵母细胞沉淀。

此步同时挑取几个空载体克隆做阴性对照。

如果诱饵蛋白载体菌斑生长偏慢，从平板上挑一个较大的克隆(2～3 mm)在 50 mL SD/-Trp/Kan(20 μg/mL)培养液中生长。30℃ 250～270 r/min 培养 16～24 h 后，检查培养液的 OD_{600}，它应当>0.8。若<0.8，则诱饵蛋白可能有毒性。如果没有妨碍生长，则是非毒性的，可以用来做双杂交筛选。

(2)加入 50 μL 裂解缓冲液重悬细胞并移入一个 1.5 mL 离心管，向离心管中加入 30 μL 酸性玻璃微珠(glass beads)，70℃ 加热 10 min，剧烈振荡 1 min。12 000 r/min 4℃ 离心 5 min，将上清液转移到一个新的 1.5 mL 离心管中，置于冰上。100℃ 水浴 3～5 min，剧烈振荡 1 min，12 000 r/min 4℃ 离心 5 min，吸取上清液，并将两次上清液合并混匀。

裂解缓冲液含 2% SDS、100 mmol/L DTT 和 60 mmol/L Tris-HCl(pH 6.8)。

(3)取 20 μL 上清液，加入上样缓冲液，100℃ 变性 5 min。SDS-PAGE 后，按照免疫印迹技术鉴定诱饵蛋白在酵母中的表达情况。

4. 文库转化

(1)挑取 1 到几个转有重组诱饵质粒酵母菌，加入 1 mL SD/-Trp 培养基中，涡旋几秒钟。

(2)接种到 30 mL SD/-Trp 培养基中，30℃ 230 r/min 摇菌 20～24 h。

(3)按 6%接种量接种到 300 mL SD/ -Trp 培养基中，其 OD_{600} 为 0.2～0.3。

(4)30℃ 230 r/min 摇菌 3.5 h 左右至 OD_{600} 为 0.4～0.6。

在 3 h 左右时测定 OD，防止摇菌过度。

(5)用 50 mL 离心管收集菌液，3 000 r/min 离心 5 min，弃上清液。

尽量吸干残留培养基。

(6)用 40 mL ddH_2O 重悬沉淀，3 000 r/min 离心 5 min，弃上清液。

(7)用 1 × TE/LiAc 混合液 2 mL 重悬沉淀。

将 200 μL 10× TE 缓冲液、200 μL 10×LiAc 溶液加入 1.6 mL ddH_2O 中，混匀，即为 2 mL 1 ×TE/LiAc 混合液。

上述步骤旨在制备含有重组诱饵质粒的感受态酵母。

(8)将 200 μL 鲑鱼精 DNA 沸水浴 15 min 后，立即放入冰中 3～5 min。将 200 μL 鲑鱼精 DNA、40 μL 文库 DNA 和 2 mL 感受态酵母混合，涡旋 10～15 s。

(9)将 1 × TE/LiAc-PEG 溶液 12 mL 加入上述混合液，涡旋混匀。

将 1.2 mL 10× TE 缓冲液、1.2 mL 10×LiAc 溶液加入 9.6 mL 50% PEG 溶液中，混匀，即为 12 mL 1 × TE/LiAc-PEG 溶液。

(10)30℃ 230 r/min 摇菌 45 min 后，加入 1.4 mL DMSO，混匀。

(11)42℃热激 25 min(每 5 min 混匀 1 次)后，马上冰浴 2 min。

(12)3 000 r/min 离心 5 min，弃上清液，用 15 mL 1 × TE 悬浮。

上述步骤旨在将 AD/文库质粒转化到含有重组诱饵质粒的酵母中。

(13)取上述悬浮液 2 μL 用 1 × TE 稀释至 100 μL，再从稀释液中吸取 2 μL、20 μL 分别稀释至 100 μL 后，涂抹到 SD/-Trp/-Leu/-His/-Ade 琼脂平板上，计算转化效率。

数出稀释平板上的克隆数目：克隆数×1 000＝转化数/3 μg 载体，应该大于 1×10^6 转化数/3 μg 载体。

(14)其余各取 300 μL 涂于 50 块 SD/-Trp/-Leu/-His/-Ade 琼脂平板上，倒置于培养箱中，30℃培养 4 周左右。

筛选到的酵母在 SD/-Trp/-Leu/-His/-Ade 固体培养基中生长缓慢，需要 20～30 d 才能生长为较合适的克隆，在培养箱要放一个水盆，防止培养基中水分蒸发导致阳性克隆干死。

5.假阳性的去除

上述生长在 SD/-Trp/-Leu/-His/-Ade 固体培养基中的酵母细胞中可能含有几个 AD/文库质粒，因此，需要将这几个不同的 AD/文库质粒分离，从而去除假阳性 AD/文库质粒。

(1)从上述平板挑取呈白色、圆润的菌斑，用接种针在 SD/-Trp/-Leu 琼脂平板划线 2～3 次，在 30℃生长 4～6 d 后，通常可以观察到蓝白不一的克隆。

(2)挑取蓝色克隆在 SD/-Trp/-Leu/-His/-Ade/X-a-Gal 平板划线，30℃培养 4～6 d。

(3)挑取生长旺盛且呈蓝色的克隆，继续在 SD/-Trp/-Leu/His/-Ade 平板划线，在 30℃培养 4～6 d。

(4)挑取部分克隆于 SD/-Leu 液体培养基中过夜培养，提取质粒，余下部分用封口膜密封，可在 4℃保存 4 周左右。

6.酵母质粒的提取

(1)取上述过夜培养的酵母菌 2 mL，13 000 r/min 离心 10 s，弃上清液。

(2)在冰上加入 20 μL 重悬液，混匀，37℃水浴 20 min。

酵母细胞沉淀的重悬分散对下一步裂解非常重要，必须充分分散。

(3)加入 200 μL 酵母裂解液，涡旋器振荡 2 min。

酵母细胞裂解液主要是稀碱溶液加蛋白酶抑制剂。环境温度低时酵母裂解液中某些去污剂成分会析出，出现浑浊或者沉淀，可在 37℃水浴加热几分钟，轻轻旋摇，即可恢复澄清，不要剧烈摇晃，以免形成过量的泡沫。

商业公司配制的酵母裂解液中加入了常用蛋白酶抑制剂和磷酸酶抑制剂。

(4)再加入适量玻璃珠、100 μL 氯仿、100 μL Tris 饱和酚，涡旋器振荡 2 min。

玻璃珠要略低于液面。有些酵母质粒提取试剂盒并不需要玻璃珠。

(5)14 000 r/min 4℃离心 5 min 后，将上清液移至 1 个干净的 1.5 mL 离心管中，加入等体积的中和液。

中和液用质粒提取试剂盒中的即可，主要成分是稀酸溶液，用于降低溶液中的 pH，增加质粒与吸附柱的结合力。

(6)室温静置 5 min 后，12 000 r/min 离心 1 min，用 700 μL 洗柱液过柱 2 次。

(7) 加入预热的 50 μL 0.1 × TE 缓冲液，更换新的 1.5 mL 离心管，12 000 r/min 离心 2 min。质粒－20℃保存，或用于转化感受态大肠杆菌 DH5α 菌株。

用 50～65℃预热的 TE 缓冲液可以促进质粒溶于 TE 缓冲液，提高洗脱效率。

7. 相互作用在酵母中的验证

(1)将提取的文库质粒与诱饵蛋白表达质粒共转化酵母细胞 AH109 菌株，涂抹于 SD/-Trp/-Leu/-His/-Ade 培养基平板上；同时将提取的文库质粒与空载体 pGBKT7 共转化感受态酵母细胞 Y2H Gold 菌株，涂抹于 SD/-Trp/-Leu 培养基平板上。

(2)30℃培养 4～6 d 后，挑取 SD/-Trp/-Leu 培养基中的克隆，在 SD/-Trp/-Leu/X-a-Gal 培养基平板中划线。

这里所用的显色剂是 x-α-Gal。而在大肠杆菌的蓝白斑筛选时所用的是 x-β-Gal。两者的价格和作用相差很大，不能混用。*mel*1 表达产物是分泌性的，不需处理酵母菌就能在 x-α-Gal 的平板上显蓝；x-β-Gal 需要破碎菌体才能显蓝。

(3)30℃培养几小时后观察颜色变化，在 SD/-Trp/-Leu/-His/-Ade 培养基平板中生长旺盛并在 SD/-Trp/-Leu/X-a-Gal 培养基平板中呈蓝色的克隆即为阳性克隆。

实验中，需要同时共转染 pGBKT7-p53 和 pGADT7-T 作为阳性对照(已经明确 T 蛋白与 53 蛋白能在酵母细胞中结合并启动报告基因表达)，共转染 pGBKT7-Lam 和 pGADT7-T 作为阴性对照(已经明确 T 蛋白和 Lam 蛋白在酵母细胞中不能结合)，以排除试验中的疏忽和干扰，并进一步确认实验结果。

建议设置系统显色对照，即将 pGADT7-Pell 表达质粒转入酵母细胞，引起 β-半乳糖苷酶的合成和分泌，从而检测显色系统是否有问题。

商业化的酵母双杂交系统一般都提供相应配套的酵母表达质粒和阳性、阴性对照质粒。

备检蛋白之间结合的强弱影响蓝斑出现的时间，通常结合越强，蓝斑出现越早且颜色越深。注意双杂系统有最长显色时间，超过该期限的蓝斑没有实验意义。

定量分析 β-半乳糖苷酶更能区分诱饵蛋白和猎物蛋白相互作用的强弱。

(4)将上述单菌落用 SD/-Trp-Leu 液体培养基扩摇。

8. 阳性质粒测序

(1)根据公司提供的文库质粒载体 pGADT7 的序列信息，分别设计上游和下游测序引物，以便对筛选的质粒中插入的靶基因 cDNA 片段进行测序。

(2)将序列在 NCBl 网站进行基因同源性分析(BLAST)后得到某一基因的 GenBank 号并打开该基因的介绍网页，根据测到的基因序列与 GAL4 AD 序列的融合位置并结合其在基因编码区向起始密码子 ATG 后的相位分析得到的基因序列是否与 GAL4 AD 序列进行了正确的融合，剔除错误融合的质粒。

(3)将相位正确的序列进行后续分析,如将其克隆至真核表达载体转染细胞进行免疫共沉淀分析等后续研究。

七、实验结果与报告

1. 详细记录酵母实验的过程;
2. 附上酵母生长图片,并对结果进行描述和分析。

八、思考题

数字资源 21-2
实验二十一思考题参考答案

1. 影响酵母转化效率的因素有哪些?
2. 为什么还要对筛选到的 cDNA 文库质粒进行酵母双杂验证?

九、研究案例

1. 转录因子 TaPpm1 与 TaPpb1 共同调节紫粒小麦花青素的合成(Jiang et al., 2018)

花青素合成往往需要转录因子 MYB、bHLH 互作进行共同调控。为了探究 TaPpm1 基因编码区序列的改变对其蛋白功能的影响,利用酵母双杂交试验,检测了 TaPpm1s(TaPpm1a、TaPpm1b、TaPpm1c 和 TaPpm1d)的 4 种变异类型与酵母细胞中截短的 TaPpb1 蛋白的互作情况,作者将不同构建体转化的酵母克隆涂抹在 DDO(SD/-Leu/-Trp)、QDO(SD/-Leu/-Trp/-Ade/-His)和 QDO/X/A(QDO 含有 AbA 和 X-α-gal)平板上。其中用 AD-T 抗原和 BD-Lam 转化的酵母细胞作阴性对照,而用 AD-T-抗原和 BD-p53 转化的酵母细胞作阳性对照。结果显示,TaPpm1 的序列变异直接影响了其编码蛋白与 TaPpb1 蛋白的互作,即 TaPpm1a 与 TaPpb1 的互作强烈,而 TaPpm1b 与 TaPpb1 的互作减弱,TaPpm1c/d 则不能够与 TaPpb1 发生互作(数字资源 21-3)。

由此证明了 TaPpm1 的突变会影响其编码蛋白与 TaPpb1 的结合,从而使得 MYB-bHLH 复合体不能产生而阻止花青素的合成,也即从序列变异的角度解释了 TaPpm1 基因对花青素合成的影响。

数字资源 21-3
用酵母双杂检测 TaPpm1s 与截短的 TaPpb1 蛋白的互作效应

2. 茉莉酸响应转录因子 AaMYC2 分别与 AaJAZ 和 AaDELLA 互作正调控青蒿素的生物合成(Shen et al., 2016)

因为喷施外源 MeJA 和 GA_3 能提高黄花蒿中青蒿素含量,作者推测这两个激素信号途径通过 AaMYC2 调控青蒿素的合成。因此,作者首先从黄花蒿 cDNA 文库中克隆了 4 个 *AaJAZ* 基因和 3 个 *AaDELLA* 基因,再经酵母双杂,发现共转化 *AaMYC2* 和 *AaJAZs*(或

AaDELLAs)的酵母细胞能在选择培养基上生长，说明了 AaMYC2 能与 AaJAZs 或 AaDELLAs 互作(数字资源 21-4)。双分子荧光互补实验(BiFC)的实验结果也进一步证实它们的互作。综上所述，作者证明了黄花蒿中存在 JA 和 GA3 信号传导途径，并通过转录因子 MYC2 调控青蒿素的合成。

数字资源 21-4
转录因子 AaMYC2 和 AaJAZs(或 AaDELLAs)互作的酵母双杂实验验证

十、附录

1. 1.1 × TE/LiAc 配制：7.8 mL H_2O + 1.1 mL 10× TE buffer +1.1 mL 1 mol/L LiAc。

2. LiAc/PEG：8 mL 50% PEG 3350 + 1 mL 10× TE buffer+ 1 mL 1 mol/L LiAc。

3. 0.9% NaCl：0.9 g NaCl + 100 mL ddH_2O，121℃ 高压灭菌 15 min。

十一、拓展知识

1. 酵母转化效率太低

用新鲜活化的酵母细胞：尽量使用新鲜的培养基以及新鲜且直径为 2～3 mm 的酵母克隆，以确保酵母的活力。将感受态细胞热休克和冰浴之后，离心、去除上清液、加入 YPA 培养基、30℃ 230 r/min 振荡培养 1 h、3 000 r/min 离心 5 min 后去除上清液，再加入 TE 溶解后铺平板。这样，酵母细胞经过回复后转化效率会提高。感受态酵母转化空载体对照的效率应在 1×10^5 菌落/mg 质粒 DNA。

重新提取待转化质粒：将用于转化的质粒在使用前进行乙醇纯化，以提高质粒的浓度和纯度。试剂盒提取质粒转化效率比碱裂解粗提质粒高。

2. 诱饵蛋白具有自激活活性

可将诱饵蛋白进行缺失突变，将产生自激活的一段氨基酸编码序列敲除再进行筛选；或者筛选时在 SD/-Trp/-Leu/-Ade/-His 营养缺陷型琼脂平板加入适量 3-AT(3-amino-1,2,4-triazole,25 mmol/L)，使诱饵蛋白自身转化的酵母细胞不能在此培养基中生长，而只有当诱饵蛋白与候选质粒编码的蛋白发生相互作用后才能激活 HIS3 报告基因，使酵母细胞生长。

3. 诱饵蛋白对酵母细胞有毒性

将诱饵蛋白表达载体换为表达水平较低的载体，或者进行缺失突变分析，去除对细胞有毒性的片段。

4. 背景过高或筛选到的阳性克隆特别多

培养基可能不正确；诱饵蛋白有微弱的自激活活性；报告基因 HIS3 具有一定程度的泄漏表达，可能会使背景过高，应增加更严格的报告基因 *Ade*；可以在 SD/-Trp/-Leu/-Ade/-His 营养缺陷型琼脂平板加入合适浓度的 3-AT 以降低背景。

5. 酵母菌种的保存和使用问题

长期不用的酵母的菌种保存在－80℃冰箱中。但经常要使用的菌种保存在 4℃冰箱的平板上最好。把克隆长到 3 mm 大小的酵母菌种平板保存在 4℃冰箱里，要用时就可以随时挑克隆了。但平板的保存时限为 1 个月，每个月需要重新划线转移 1 次平板，以保证其活性。直到酵母相关实验全部完成为止。

6. 酵母的划线问题

酵母双杂最后得到的结果，是要在平板划线拍照的。划线的质量好坏，严重地影响结果的美观，同时也会使结果的可靠性受到质疑。

划线使用的酵母菌液需要测量 OD，OD_{600} 在 0.5 时划线最合适。低于 0.5 的菌液往往造成划线的不连续，太高的菌液会使克隆长成一团，看不到清晰的酵母菌落。

十二、参考文献

1. 叶棋浓. 现代分子生物学技术及实验技巧. 北京：化学工业出版社，2018.

2. 郑玉才，伍红. 蛋白质分析技术. 北京：中国农业出版社，2013.

3. 李玉花. 蛋白质分析实验技术指南. 北京：高等教育出版社，2011.

4. 王玉飞，张影，贾雷立. 蛋白质互作实验指南. 北京：化学工业出版社，2010.

5. Jiang W, Liu T, Nan W, et al. Two transcription factors TaPpm1 and TaPpb1 co-regulate anthocyanin biosynthesis in purple pericarps of wheat. Journal of Experimental Botany, 2018, 69(10): 2555-2567.

6. Shen Q, Lu X, Yan T, et al. The jasmonate-responsive AaMYC2 transcription factor positively regulates artemisinin biosynthesis in Artemisia annua. New Phytologist，2016，210(4)：1269-1281.

（安春菊）

实验二十二　融合蛋白沉降技术分析蛋白质的相互作用

一、背景知识

蛋白质间的相互作用在细胞生命活动中扮演着非常重要的角色，融合蛋白免疫沉降技术(pull-down)广泛应用于验证体外蛋白质间的相互作用。该技术以构建适当标签与目标基因融合表达作为“诱饵”蛋白，通过吸附亲和获取与“诱饵”蛋白互作的“捕获”蛋白。在pull-down实验中，不同的亲和纯化柱会特异结合不同标签的“诱饵”蛋白，根据亲和标签的不同，可分为谷胱甘肽-S-转移酶融合蛋白沉降技术（GST pull-down）、麦芽糖结合蛋白沉降技术（MBP pull-down）、多聚组氨酸标签沉降技术（His-tag pull-down）等。在pull-down过程中，与“诱饵”蛋白特异结合的蛋白称为“捕获”蛋白，“捕获”蛋白由细胞裂解、表达系统或纯化蛋白获得。pull down应用最多的是GST pull-down和His pull-down两个系统。

带GST标签的融合蛋白首先在1988年由Smith及其研究团队提出，随后GST pull-down逐渐成为体外研究蛋白间相互作用的主要手段，人们利用这种技术，在体外证明蛋白间存在直接作用关系。该实验将目的蛋白和GST融合作为“诱饵”蛋白，能够吸附在谷胱甘肽亲和纯化柱上。将预测的互作蛋白或细胞裂解液过柱，进而捕获与目的蛋白相互作用的“捕获”蛋白，洗脱结合物后通过SDS-PAGE电泳、Western blotting等方法分析验证两种蛋白的相互作用。该实验操作相对简单，且融合蛋白容易大量制备，能避免同位素应用危险等，可在多种动植物表达系统中进行研究，因此在蛋白质功能领域研究中得到广泛应用。GST pull-down通常是在酵母双杂交得到互作蛋白后进行的验证实验。该实验主要用于体外鉴定目的蛋白和预测蛋白是否互作以及筛选与目的蛋白互作的未知蛋白两个方面。该实验成功的前提需要获得大量带有GST标签并具有活性的重组蛋白，并且不能有内源性“诱饵”蛋白干扰。尽管GST pull-down技术在体外验证蛋白间是否存在直接作用关系时有较强的特异性，但在下结论时仍需慎重。本节主要介绍利用GST pull-down技术鉴定蛋白质之间相互作用的方法。

二、实验原理

GST pull-down的实验原理就是将要研究的目的蛋白基因与GST标签基因重组后转入原核表达载体中。通过原核表达细胞表达出带有GST标签的融合蛋白。把GST融合蛋白过柱吸附在谷胱甘肽亲和纯化柱上。在获得可能与融合蛋白互作的蛋白后，将其过柱吸附在纯化柱上。由于谷胱甘肽亲和纯化柱能够吸附GST融合蛋白，如果发生相互作用就会形成GST-目的蛋白-互作蛋白复合物。这一复合物与谷胱甘肽亲和纯化柱结合在一起，然后洗脱复合物，经 SGS-PAGE 分离后进行下一步的放射自显影、蛋白质染色及质谱检测来进行鉴定。

三、实验目的

1. 掌握 GST pull-down 的原理和方法。

2. 学习 GST pull-down 的具体实验步骤和注意事项，如原核表达、吸附亲和、SGS-PAGE 电泳、Western blotting、放射自显影等。

四、实验材料

A-GST 重组融合蛋白，B-His 重组融合蛋白。

五、试剂与仪器

LB 液体培养基、IPTG、PBS（含 5 mmol/L DTT）、NaCl、GST 洗脱缓冲液、重悬液（含 30 mmol/L 咪唑）、Glutathione Sepharose 4B beads、5× SDS 上样缓冲液。

微量移液器、灭菌离心管、灭菌枪头、灭菌 ddH_2O。

PCR 仪、电泳仪、恒温培养箱、大型离心机、多用途旋转摇床、超声波破碎仪、GST 亲和纯化柱、His 亲和纯化柱。

六、实验步骤及其解析

（一）蛋白诱导

（1）挑选带有 GST 标签和 His 标签的原核表达载体，挑选合适的酶切位点后将目的基因 A 和 B 的编码区构建到表达载体后测序鉴定出阳性克隆。

在网站 http://plants.ensembl.org/index.html 上搜索对应作物的基因序列号并获得序列信息，结合载体序列设计相应的引物，PCR 扩增获得 cDNA 序列。可用双酶切连接或重组酶的方法将 PCR 产物连接表达载体。

（2）将测序正确的重组质粒提取后转入蛋白表达大肠杆菌 BL21，取含载体抗性的 LB 液体培养基活化阳性克隆。

（3）将过夜培养的阳性菌液大量培养，当菌液 OD_{600} 为 0.6～0.8 时，根据实验需要，摸索 IPTG 浓度、培养温度、转速和诱导时间诱导融合蛋白的表达。

可取 10 mL 对应抗性的 LB 液体培养基接菌，放置于 37℃ 恒温培养箱，160 r/min 过夜培养。取过夜培养的菌液加到 500 mL 对应抗性 LB 液体培养基中，设置 37℃、160 r/min 培养 1.5 h，当菌液 OD_{600} 为 0.6～0.8 时，加入 IPTG 0.5 mmol/L。恒温培养箱 16℃、110 r/min 摇床过夜培养。

(二)蛋白纯化

1. A-GST 重组蛋白纯化步骤

(1)菌体收集,6 000 r/min 10 min 收集细胞。加入 5 mL 预冷的 PBS 洗沉淀,6 000 r/min 10 min 收集细胞。

(2)加入 10 mL 冰冷的 PBS 重悬菌体(含 5 mmol/L DTT)。冰上超声 ,破碎 5 s、间隔 10 s,共 10 min。

菌液重悬后可放置于−80℃超低温冰箱,然后室温解冻再进行超声波破碎。超声破碎菌体过程中会释放大量热量,要时刻注意添冰。超声波探头应在重悬菌体液面下 1 cm 处且不能碰到瓶壁。超声波破碎的波长和时间会显著影响蛋白纯化效率,应注意条件摸索。

(3)4℃ 10 000 r/min 离心 20 min,取上清液。此时间段可用 5～10 倍 PBS 缓冲液平衡亲和纯化柱。

(4)将上一步获得的上清液加入亲和纯化柱中,依靠重力自然流下, 在 4℃冰箱进行。

(5)洗涤蛋白:10 mL PBS 缓冲液洗第一次,4 mL 含 400 mmol/L NaCl 的 PBS 缓冲液洗涤 1 次。

(6)蛋白洗脱:加入 1 mL GST 洗脱缓冲液洗脱蛋白,将蛋白洗脱下来并用离心管收集,测浓度。

加入 GST 洗脱缓冲液后,在吸附亲和株上的 A-GST 重组融合蛋白会被洗脱下来,这时不能确定蛋白何时被洗脱,应每滴落 1 滴或 2 滴换 1 次离心管。收集完成后可用 Bradford 法检测蛋白浓度。

2. B-His 重组蛋白纯化步骤

(1)菌体收集,6 000 r/min 10 min 收集细胞。加入 5 mL 预冷的重悬液,6 000 r/min 10 min 收集细胞。

(2)加入 10 mL 冰冷的重悬液(含 30 mmol/L 咪唑),混匀。冰上超声,破碎 5 s、间隔 10 s,共 10 min。

(3)4℃ 10 000 r/min 离心 20 min,取上清液。此时间段可用 5～10 倍重悬液平衡亲和纯化柱。

(4)将上一步获得的上清液加入亲和纯化柱,依靠重力自然流下, 在 4℃冰箱进行。

(5)洗涤蛋白。10 mL 重悬液洗第一次,4 mL 含 50 mmol/L 咪唑的重悬液洗涤 1 次。

(6)洗脱蛋白。用含有 100～250 mmol/L 咪唑的重悬液洗脱蛋白,检测浓度。

His 蛋白纯化注意步骤同 GST 蛋白纯化。

3. GST pull-down 步骤

(1)在 1 mL PBS 缓冲液中加入 5 μg A-GST 和 5 μg B-His 纯化蛋白,4℃旋转孵育 2 h。

(2)将 20 μL 相应的 Glutathione Sepharose 4B beads(特异结合 GST 标签的磁珠,与亲和纯化柱原理相同)加入(1)中, 4℃旋转孵育 1 h。

(3)5 000 r/min 离心 5 min,去除上清液,用 PBS 缓冲液清洗 5 次后弃上清液。

(4)加入 40 μL PBS 重悬 beads。

(5)加入 10 μL 5× SDS 上样缓冲液混匀,煮沸 5 min,经蛋白质凝胶电泳后转膜,进行 Western blotting 检测。

七、实验结果与报告

1. 预习作业

了解谷胱甘肽-S-转移酶融合蛋白沉降技术(GST pull-down)的原理及熟悉实验步骤。

2. 结果分析与讨论

(1)指出你认为最重要的实验步骤,并详细记录;

(2)附上 GST 蛋白纯化和 His 蛋白纯化电泳结果,分析是否符合预测。

八、思考题

1. GST pull-down 的原理是什么? 它与免疫共沉淀有哪些异同?

2. 本实验中为什么需要构建两种标签类型的融合蛋白,两种洗脱液为什么能特异洗脱出不同的融合蛋白?

3. 进行融合蛋白表达时,你认为要摸索的最重要的条件是什么?

4. 在蛋白纯化洗脱后,如果蛋白跑胶检测不到目的条带,可能有哪些原因?

5. 在 GST pull-down 过程中,你认为最重要的步骤是什么?

数字资源 22-1
实验二十二思考题参考答案

九、研究案例

1. 水稻孕穗期耐冷基因 *CTB4a* 的功能及机理分析(张战营,2017)

该研究为了探索 *CTB4a* 可能参与的分子作用机制,以 CTB4aKD(激酶域)为诱饵蛋白进行互作蛋白筛选。发现在 SD/-Trp-Leu-His-Ade 培养基上,含有 CTB4aKD-BD 和 AtpB-AD 质粒的酵母克隆能够生长,说明 CTB4aKD 能够与 AtpB 在酵母体内互作。进一步通过构建扩增 CTB4aKD 和 AtpB,分别连接至 pGEX-4T-1 和 pET-28a 载体。测序正确后提取质粒,转化至 *E. coli* BL21 进行融合蛋白表达,并进行 GST-pull down 实验。结果表明 CTB4a 和 AtpB 在体外能够互作(图 22-1)。

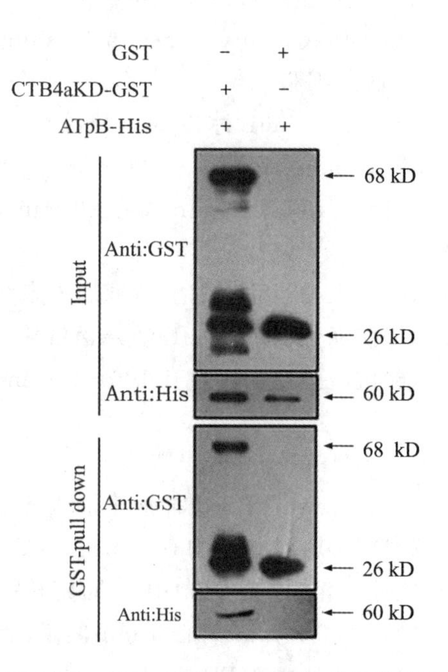

图 22-1 GST pull-down 证明体外互作实验

2. 干旱胁迫下小麦脱水素 WZY1-2、WZY2 互作蛋白的筛选(齐玉红,2018)

为筛选小麦脱水素 WZY1-2、WZY2 互作的未知蛋白,将重组蛋白 GST-WZY1-2 和 GST-WZY2 处理后分别等体积过谷胱甘肽琼脂糖凝胶柱进行纯化，同时将 GST 蛋白（对照）同样处理后过亲和柱 5 号，然后将提取的小麦叶片总蛋白处理后等体积过 2 号柱、4 号柱、5 号柱，进行互作蛋白的筛选。将结合蛋白进行 SDS-PAGE 电泳（图 22-2）。将蛋白溶液进行质谱鉴定。去掉对照所含的蛋白之后，剩余的则是筛选的靶蛋白。根据结果显示，与 WZY1-2 潜在互作的蛋白有 132 个，其中 97 个为未知结构蛋白，35 个为已知结构蛋白；筛选与 WZY2 潜在互作的蛋白 75 个，其中 68 个为未知结构蛋白，7 个为已知结构蛋白。

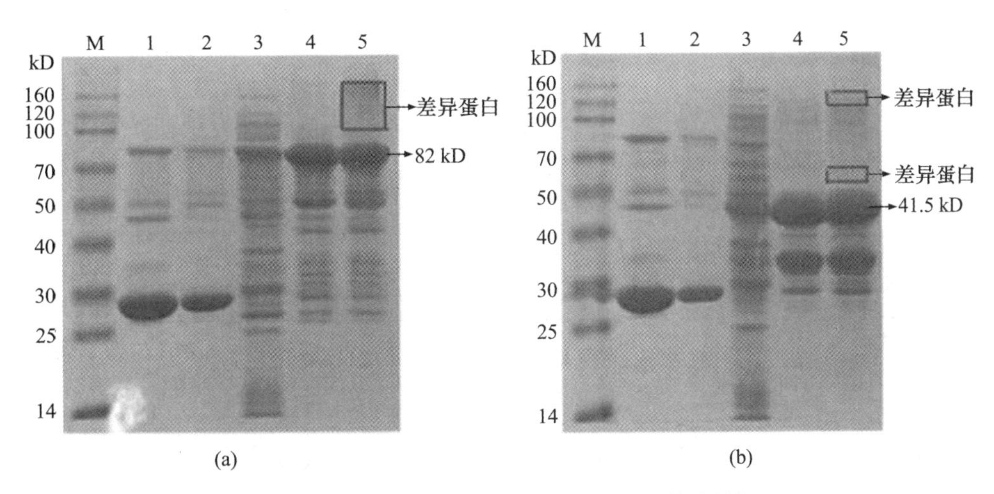

图 22-2　WZY1-2(a)和 WZY2(b)互作蛋白筛选结果

M. 蛋白 marker；1. 纯化后的对照蛋白；2. 筛选的能与纯化后对照蛋白互作的靶蛋白；3. 未纯化的重组蛋白；4. 纯化后的重组蛋白；5. 筛选的能与纯化后重组蛋白互作的靶蛋白

数字资源 22-2

WZY1-2(a)和 WZY2(b)互作蛋白筛选结果

十、附录

1. 原核蛋白纯化试剂

(1)GST 蛋白纯化试剂

1 ×重悬缓冲液（PBS）：配制方法见实验五。

1 ×洗脱缓冲液

试剂	用量/(mmol/L)
1 mol/L Tris-HCl(pH 7.5)	50
还原性谷胱甘肽	10

(2)His 蛋白纯化试剂

1 ×重悬缓冲液

试剂	用量/(mmol/L)
1 mol/L Tris-HCl(pH 7.5)	50
NaCl	150
咪唑	30

1 ×洗脱缓冲液

试剂	用量/(mmol/L)
1 mol/L Tris-HCl(pH 7.5)	50
NaCl	150
咪唑	100～250

2.蛋白染色和脱色液

1 ×考马斯亮蓝染色液 (1 L):配制方法见实验六。

1 ×蛋白脱色液 (1 L):配制方法见实验六。

3.蛋白质免疫印迹实验相关试剂

4 ×蛋白上样缓冲液 (10 mL)

试剂	用量
1 mol/L Tirs-HCl(pH 6.8)	5 mL
SDS	0.8 g
甘油	4 mL
β-巯基乙醇	1 mL
溴酚蓝	5 mg

10 ×甘氨酸蛋白电泳缓冲液 (1 L)

试剂	用量/g
Tris	30.2
甘氨酸	144
SDS	10

1 ×免疫印迹转膜缓冲液 (1 L):配制方法见实验八。

1 ×TTBS 缓冲液 (1 L)

试剂	用量
NaCl	8.8 g
1 mol/L Tris-HCl(pH 8.0)	20 mL
Tween-20	0.5 mL

10%过硫酸铵:配制方法见实验八。

5%的脱脂奶粉封闭液:配制方法见实验八。

十一、拓展知识

1.蛋白互作实验包括体内验证和体外验证两大类。体内验证蛋白互作的方法主要有:①酵母双杂交系统(yeast two-hybrid system, Y2H);②免疫共沉淀(co-immunoprecipitation, Co-IP);③双分子荧光互补(bimolecular fluorescence complementation, BiFC)。

2.该实验可以体外验证与目的蛋白互作的预测蛋白质,也可以体外预测与目的蛋白存在互作的未知蛋白质。通常该实验是在酵母双杂筛选出互作蛋白后进行的体外验证。该实验的优点是外源表达系统简单易用、蛋白表达周期短,且 GST 融合蛋白和谷胱甘肽有很高的亲和性，易分离出大量融合蛋白进行批量实验。但该实验也有缺点，GST 融合诱饵蛋白往往是在外源系统中表达，可能会缺少某些翻译后修饰，并且和靶蛋白的结合发生在体外环境，不能精确反映体内的相互作用。蛋白质与蛋白质相互作用的实验技术较多，但没有哪一个实验能够完全解决蛋白互作问题，因此需要将多个实验结合起来，综合各项实验结果得出结论。

十二、参考文献

1. 齐玉红. 干旱胁迫下小麦脱水素 WZY1-2、WZY2 互作蛋白的筛选. 西北农林科技大学，2018.

2. Smith D B，Johnson K S. Single-step purification of polypeptides expressed in Escherichia coli as fusions with glutathione S-transferase. Gene (Amsterdam)，1988，67(1)：31-40.

3. Einarson M B，Pugacheva E N，Orlinick J R. Identification of Protein-Protein Interactions with Glutathione-S-Transferase(GST) Fusion Proteins. Cold Spring Harbor Protocols，2007：pdb. top11.

4. Zhang Z，Li J，Pan Y，et al. Natural variation in CTB4a enhances rice adaptation to cold habitats. Nature Communications，2017，8：14788.

5. Ding Y，Li H，Zhang X，et al. OST1 Kinase Modulates Freezing Tolerance by Enhancing ICE1 Stability in Arabidopsis. Developmental Cell，2015，32(3)：278-289.

6. Wang Z，Meng P，Zhang X，et al. BON1 interacts with the protein kinases BIR1 and BAK1 in modulation of temperature-dependent plant growth and cell death in Arabidopsis. The Plant Journal：for cell and molecular biology，2011，67(6)：1081-1093.

（胡兆荣，贺　岩）

实验二十三　酵母单杂交系统及其应用

一、背景知识

随着基因组测序的普及，人们逐渐完成了对大量生物体的全基因组测序，掀开了基因序列神秘的面纱。而基因是经过转录翻译最终以蛋白质的形式行使其功能的，于是人们开始将目光转向了核酸与蛋白质之间的联系。酵母单杂交技术由此而生，用来体外分析 DNA 与蛋白质之间的相互作用。依托此技术，我们不仅可以发现和识别新的 DNA-蛋白质相互作用，确认和证实已知的 DNA-蛋白质相互作用，还可以确定 DNA-蛋白质相互作用的蛋白质结构域和 DNA 同源序列。

酵母单杂交技术(yeast one-hybrid，Y1H)是 1993 年 Wang 和 Reed 依托酵母双杂交技术发展衍生而来的，在真核生物中蛋白质的合成受转录因子调控，而转录因子一般具有两个独立的结构域分别是 DNA 结合结构域(DNA-binding domain，BD)和 DNA 激活结构域(activation domain，AD)，前者结合顺式作用元件，后者具有表达调控功能，但只有二者相结合才能启动下游报告基因的表达。酵母杂交系统采用的 GAL4 蛋白是典型的转录因子，其实验过程相对简单，耗时短，能够直接识别并找出与特异顺式作用元件相结合的蛋白质及其编码序列，而不需要通过制备纯化蛋白或抗体，后续基因功能鉴定比较简单，再者酵母作为真核生物，能更大程度上模拟动植物等真核生物的环境。

二、实验原理

在基于 GAL4 媒介的单杂交系统中，诱饵序列(通常为顺式元件或其串联重复)被克隆于 pAbAi 载体中，以线性化方式转入 Y1HGold 酵母菌株中经过同源重组整合到酵母基因组中的 *ura*3-52 位点上，使得其在 SD/-Ura 培养基上生长。猎物序列(通常为转录因子 cDNA)连接在 PGADT7 载体，共转入 Y1H 菌株被表达为含有酵母 GAL4 转录激活域(GAL4 AD)的融合蛋白。当猎物蛋白与诱饵序列结合时，会启动 pAbAi 载体上 *AUR- 1C* 基因的表达，使得 Y1H 酵母菌株具有 aureobasidin A(AbA)抗性。

三、实验目的

1. 学习酵母单杂交系统的实验原理和方法。
2. 掌握酵母单杂交系统中的实验技术。
3. 了解酵母单杂交系统的应用。

四、实验材料

诱饵基因序列、AD 文库、PGADT7 载体(Clontech)、PGADT7-Rec(Clontech)、pAbAi 载体(Clontech)、大肠杆菌 DH5α(TIANGEN)、Y1H 酵母菌株(Clontech)。

五、试剂与仪器

DNA 胶回收试剂盒(TIANGEN)、Advantage 2 PCR Kit(Clontech)、Dynabeads mRNA 纯化试剂盒(ThermoFisher)、Easy Yeast Plasmid Isolation Kit(Clontech)、其余参照 Matchmaker Gold Yeast One-Hybrid Library Screening System(Clontech)说明书。

YPDA 培养基、SD/-Ura 培养基、SD/-Ura/AbA 培养基、YPD Plus Medium(Clontech)。

高保真酶(PrimeSTAR HS DNA polymerase)、限制性内切酶(*Sac* Ⅰ、*Hin*dⅢ、*BstB* Ⅰ)、同源重组酶(vazyme)、引物(AD 通用引物、BD 通用引物、诱饵序列特异引物、带同源臂的诱饵序列引物)、Aureobasidin A、1.1 × TE/LiAc、PEG/TE/LiAc、二甲基亚砜(DMSO)、ssDNA。

微量移液器、灭菌离心管、灭菌枪头、灭菌 ddH_2O。

PCR 机、水浴锅、台式离心机、金属浴、生化培养箱、摇床。

六、实验步骤及其解析

(一)点对点酵母单杂交

1. Y1H 酵母感受态制备

(1)从－80℃取出酵母菌,室温解冻摇匀,用黄枪头蘸取微量菌种于 YPDA 平板上,沿顺时针方向划稀释 4～5 次,每一次换一个枪头,30℃培养 3 d 至单菌落直径 2～3 mm(平板可在 4℃保存＜4 周)。

此步骤为了激活酵母菌,使其恢复活力。

(2)挑取 4 个单菌落分别接种于加入 3 mL 液体 YPDA 培养基的 15 mL 离心管中,30℃ 200 r/min 振荡培养至过夜。

选择 4 个离心管中生长速度最快的那一管,生长速度快意味着更高的活性和转化效率。

(3)取活力最高的一管全部菌液转入 50 mL(1 × YPDA 液体培养基)中,30℃振荡培养,200 r/min,5～6 h 直到 OD_{600} 为 0.6～1.0。

4 h 后每隔 30 min 测定一次。注意不要摇过。OD 超过后须重新培养。

(4)将菌液转入 50 mL 离心管中,8 000 r/min 室温 5 min,弃上清液。

(5)用 30 mL ddH_2O 重悬沉淀,8 000 r/min 室温 5 min,弃上清液。

(6)重复步骤(5)一次。

(7)在 2 个 50 mL 离心管中各加 1.5 mL 1.1 × TE/LiAc 重悬沉淀,转入 2 个 2 mL 离心管中,室温高速离心 15 s。

(8)弃上清液,用移液器吸尽残留上清液,每管加 600 μL 1.1 × TE/LiAc 重悬沉淀即为酵母感受态(酵母感受态现做现用< 1 h)。

LiAc 的作用在于破坏细胞壁的完整性,经过 LiAc 处理的酵母细胞壁会有较大的孔洞出现,同时改变细胞膜的通透性,使酵母细胞产生一种短暂的感受性状态,使它们在此时摄取外源性 DNA。

2. pBait-AbAi/p53-AbAi 质粒转化 Y1H

(1)取 1 个灭菌 1.5 mL 离心管中加入 5 μL ssDNA(yeast maker carrier DNA 浓度为 10 mg/mL,须变性)及 50~100 ng 质粒用枪头轻轻搅匀,再加入 50 μL 感受态混匀。

由于酵母细胞中含有 DNase,能够降解外源 DNA,因此在转化过程中我们要用到"替罪羊"ss DNA,其为短的线性单链 DNA,在转化实验中主要是保护质粒免于被 DNase 降解;另外还可能在酵母细胞摄取外源性环形质粒 DNA 中发挥协助作用。

每次使用 ssDNA 前均须变性,取 1.5 mL 离心管放入适量 ssDNA,在 95~100℃ 金属浴放置 5 min 后立即置于冰上,再重复一遍,使双链打开变为单链。

(2)加入 500 μL PEG/TE/LiAc,轻轻混匀,30℃ 30 min 孵育,每 10 min 颠倒混匀 1 次,轻混 2~3 次。

高浓度 LiAc 改变了酵母细胞膜结构,会对酵母细胞产生损害,因此我们要用到一种高分子聚合物——PEG,它可以在高浓度乙酸锂环境中保护细胞膜,减少乙酸锂对细胞膜结构的过度损伤,同时使质粒与细胞膜接触更紧密,促进转化。

(3)加入 20 μL 100% DMSO 轻轻混匀,42℃ 15 min 孵育,每 5 min 颠倒混匀 1 次,轻混 2~3 次。

转化过程中进行 42℃ 热激,需严格控制热激温度及时间,在热激前加入 DMSO,改变细胞膜通透性提高转化率,但是 DMSO 对酵母细胞也有毒害作用,要注意 DMSO 的使用量,并且加完后不能剧烈斡旋,需轻柔混匀。

(4)室温高速离心 15 s。

(5)弃上清液,加入 1 mL 0.9% NaCl 溶液重悬菌体。

(6)取 100 μL 全部涂于平板,30℃倒置培养 3~5 d(培养基选择:SD/-Ura)。

转化完成之后,在涂板时要注意,需要进行转化效率计算,以便万一实验出现问题进行原因排查,另外第一次进行共转实验时,强烈建议同时做阳性对照。

进行培养时要注意培养箱的温度,Y2HGold 酵母菌株对高温敏感,最适生长温度为 27~30℃;高于 31℃,生长速度和转化效率呈指数下降。

将重悬菌液分别稀释 1/10 和 1/100,各取 100 μL 菌液涂于 2 个 100 mm SD/-Ura 板上,在 30℃倒置培养 3~5 d,计算转化效率。

转化效率=[细胞数×重悬液(mL)×稀释倍数]/[涂板量(mL)×DNA 质量(μg)]

(7)挑取单菌落于 30 μL ddH_2O 中,菌落 PCR 检测是否转入成功。

3. 自激活检测

(1)从诱饵和对照菌株中挑选一个大的健康的菌落。在 0.9% NaCl 中重新悬浮每个菌落,并将 OD_{600} 调节到约 0.002(约 2 000 个细胞/100 μL)。

(2)各取 100 μL 涂于下列板上 SD/Ura AbA(0 ng/mL)、SD/Ura AbA(50 ng/mL)、SD/Ura AbA(100 ng/mL)、SD/Ura AbA(150 ng/mL)、SD/Ura AbA(200 ng/mL)倒置培养 2~3 d。对照:阳性对照为 p53-AbAi ,阴性对照为空载。在没有猎物的情况下,不同诱饵的基础

表达对于 AbA 的最低浓度抗性不同，阳性对照 p53-AbAi 最低抑制浓度为 100 ng/mL。

(3)观察菌落生长情况，如果 AbA 浓度为 200 ng/mL 不能有效抑制，可将浓度提高至 500～1 000 ng/mL，如果仍不能，表明猎物序列可能被内源性酵母转录因子识别，因此猎物序列不适用于酵母系统。

(4)对于文库筛选，使用最低浓度的 AbA，或稍微高(50～100 ng/mL)的浓度，以完全抑制诱饵菌株的生长，清除背景。

4. 点对点单杂交

(1)扩增纯化后的目标诱饵序列，经同源重组直接构入 pGADT7 载体中，构建方法同 pBait-AbAi 载体构建。

(2)将构建的诱饵重组载体次转入含 pBait-AbAi 的 Y1H 中，涂布在 SD/-Ura/-Leu 固体培养基上，30℃倒置培养 3～5 d。

(3)挑取阳性单菌落至 15 mL 装有 3～5 mL SD/-Ura/-Leu 液体培养基的离心管中，30℃ 220 r/min 培养 1～3 h。

(4)用微量移液器取 4 μL 点涂在 SD/-Leu /AbA(最低抑制浓度)固体培养基上，30℃倒置培养 3～5 d，看是否存在互作。

(二)酵母单杂筛库

1. 酵母单杂交 AD-cDNA 文库的构建

1)双链 cDNA 的准备

(1)取小麦叶片等实验材料，放入液氮速冻，置于－80℃冰箱冷冻。

(2)用实验室现有的 RNA 抽提法提取样品的总 RNA。

RNA 提取法在本教材中 RT-PCR 实验中有详细提到。

提取完的 RNA 需跑胶检测，首先要配置好缓冲液，缓冲液的配方为 1.512 g Tris、0.77 g 硼酸、0.7 mL 0.5 mol/L EDTA，用加有 1/1 000 固相的 ddH_2O 补至 140 mL，取 20 mL 配置好的缓冲液制作 1%的琼脂糖凝胶，凝胶中 2 μL DuRed (Fanbo)，取 2 μL 抽提好的 RNA 加入 0.2 μL 10 × loading buffer 进行检测。

(3)对样品的总 RNA 进行纯化，分离出 mRNA 以供后续构建 cDNA 文库使用，步骤如下。

①将之前提取的样品总 RNA 放入 250 μL PCR 管，用水补至 50 μL，在金属浴中 65℃处理 2 min 后置于冰上备用。金属浴需要提前预热使温度达到 65℃。②取一个 250 μL 的离心管，将 Dynabeads mRNA Purification Kit 试剂盒中提供的磁珠充分振荡，取 200 μL 溶液加入离心管中，将离心管置于磁板之上，静置 30 s，直至磁珠全部吸附于磁板内壁上。③小心地用微量移液器将离心管中的上清液吸取出来后，将离心管移出磁板，向离心管中加入 100 μL 的 binding buffer 溶液清洗磁珠后将上清液除去。④将离心管移出磁板，加入与总 RNA 等体积的 binding buffer。⑤将 50 μL 总 RNA 加入离心管中，充分吸打混匀后室温静置 3～5 min。⑥将装有混合液的离心管放入磁板中，直到磁珠全部吸附于磁板内壁溶液变得澄清时，用微量移液器除去上清液。⑦从磁板中移出离心管，加入 200 μL washing buffer 混匀后放回磁板至溶液澄清后去除上清液。⑧重复步骤⑦。⑨吸取 15 μL Tris-HCl 加入离心管，在金属浴中 75～80℃处理 2 min。⑩处理后将离心管立即放回磁板，溶液澄清后，吸取上清液保存于另一

个去 RNase 的离心管中，－20℃保存。⑪跑胶检测 mRNA 的完整性，与 RNA 的检测方法一致。

2)双链 cDNA 第一链的合成，取一个 250 μL 离心管加入以下反应物。

mRNA sample(0.1～2.0 μg)	2 μL
CDSⅢ(oligo-dT)primer	1 μL
DEPC-ddH_2O	1 μL
总体积	4 μL

用 10 μL 微量移液器轻吸打混匀后轻微离心，72℃孵育 2 min 后冰浴 2 min，轻微离心后加入以下反应物到离心管中。

5 × first-stand buffer	2 μL
DTT(100 mmol/L)	1 μL
dNTPs(10 mmol/L)	1 μL
M-MLV reverse transcriptase	1 μL
总体积	5 μL

用 10 μL 微量移液器轻吸打混匀，轻微离心后放入 PCR 仪 42℃孵育 10 min，加入 1 μL SMARTⅢ oligo，接着 42℃孵育 1 h 后 75℃孵育 10 min，待冷却至室温后加入 1 μL RNaseH (2 units)，37℃孵育 20 min。

如果第一链不立即使用，可于－20℃保存 3 个月

3)LD-PCR 扩增 dscDNA(最好使用 the advantage 2 PCR kit)

预热 PCR 仪到 95℃，准备 2 个 250 μL PCR 管，其中之一放对照，在每管中混合以下反应物。

first-stand cDNA	2 μL
ddH_2O	70 μL
10 × advantage 2 PCR buffer	10 μL
50 × dNTP mix	2 μL
3′ PCR primer	2 μL
5′ PCR primer	2 μL
50 × advantage 2 ploymerase mix	2 μL
10 × melting solution	10 μL
总体积	100 μL

用 100 μL 微量移液器轻吸打混匀，轻微离心后，放入已预热的(95℃)PCR 仪中，程序为：95℃ 30 s；循环 15～26 次(95℃ 5 s；68℃ 6 min，每增加一个循环，退火时间增加 5 s，循环数根据 RNA 总量来决定，总量越大，循环数越小；68℃ 5 min)。程序结束后，取 7 μL 产物进行 1.2%凝胶电泳检测，－20℃保存备用。

4)双链 cDNA 纯化，使用 CHROMA SPIN™ TE-400 Column 进行双链 cDNA 的分离纯化，采用垂直滴定法。

(1) 将 2 个 1.5 mL 的离心管摆在管架上。

(2) 准备 CHROMA SPIN™ TE-400 柱，将珠子颠倒摇晃几次，使柱内的填充物完全悬浮；用 1 mL 的微量移液器轻轻吸打悬浮填充物，注意避免气泡的产生，将柱子置于 1.5 mL 离

心管上，打开柱子底部的塞帽，使柱子中的溶液自然下滴，若缓冲液无法自然流尽，可将顶盖打开再盖一次，这种压力可使柱中的溶液流尽。流尽后填充物的顶部应处于 1.0 刻度线处，若达不到，则从其他柱中补充填充物。

(3)当柱中的贮藏液流尽后，吸取 700 μL column buffer 缓缓加入柱中，8 000 r/min 离心 5 min 后放置使柱内变成半干状态。

(4) 柱中的 column buffer 彻底流尽后(20 min 后再无液体流出)，则可进行下一步操作，将吸附柱放入第二个 1.5 mL 离心管内，将扩增出的 100 μL 双链 cDNA 样品小心垂直地加入填充物的顶部。

(5)8 000 r/min 离心 5 min，此时双链 cDNA 被收集在离心管内。

(6) 用微量移液器测量收集液的体积。

(7) 向混合液中加入 1/10 体积的乙酸钠溶液(3 mol/L pH 5.3)混匀，加入 2.5 倍体积的 95%～100%乙醇(在－20℃预冷的)。

(8)将混合液充分混匀后放入－20℃冰箱过夜沉淀。

(9)从冰箱中取出离心管，室温下 14 000 r/min 离心 20 min。

(10)除去上清液，再离心一次后吸干残液。

(11) 室温自然晾干，10 min 后用 20 μL ddH_2O 进行溶解，－20℃保存待用。

2. 双链 cDNA 与 PGADT7-Rec 共转化 Y1H (pBait-AbAi)酵母菌

1)酵母 Y1H(pBait-AbAi)感受态的制作

(1)用黄枪头蘸取微量菌种于 SD/-Ura 平板上，沿顺时针方向划稀释 4～5 次，每一次换一个枪头，30℃培养 3 d 至单菌落 2～3 mm。

平板可在 4℃保存<4 周。

(2)挑取 4 个单菌落分别接种于加入 3 mL 液体 SD/-Ura 培养基的 15 mL 离心管中，30℃ 200 r/min 振荡培养至过夜。

选择 4 个离心管中生长速度最快的那一管，生长速度快意味着更高的活性和转化效率。

(3)全部菌液转入 50 mL (SD/-Ura 液体培养基)中，振荡培养 5～6 h 至 OD_{600} 0.6～1.0 (注意不要摇过)。

(4)将菌液转入 50 mL 离心管中，8 000 r/min 室温 5 min，弃上清液。

(5)用 30 mL ddH_2O 重悬沉淀，8 000 r/min 室温 5 min，弃上清液。

(6)重复步骤(5)1 次。

(7)用 1.5 mL 1.1 × TE/LiAc 重悬沉淀，转入 2 个 2 mL 离心管室温高速离心 15 s。

(8)弃上清液，用移液器吸尽上清液，每管 600 μL 1.1 × TE/LiAc 重悬沉淀即为酵母感受态(酵母感受态现做现用<1 h)。

2)转化及阳性猎物质粒分析

(1)对于酵母文库，将 20 μL SMART-amplified dscDNA(2～5 μg)和 6 μL pGADT7-Rec (3 μg *Sma* Ⅰ 酶线性化)加入 600 μL 感受态中，再加入 2.5 mL PEG/TE/LiAc 和 20 μL ssDNA 轻轻混匀，30℃静置孵育 45 min，每隔 15 min 轻轻敲打一次。

对于阳性对照加 5 μL p53-AbAi 序列(125 ng)和 2 μL pGADT7-Rec(*Sma* Ⅰ 酶线性化 1 μg)，其余步骤按照点对点转化方法进行。

(2)加入 160 μL DMSO，缓慢倒置，混匀，42℃热激 20 min，每隔 10 min 轻轻混匀一次。

(3)8 000 r/min 离心 5 min,弃上清液,加入 3 mL YPD Plus Medium 液体培养基重悬,30℃ 200 r/min 孵育 90 min。

(4)8 000 r/min 室温离心 5 min,弃上清液,加入 15 mL ddH_2O 重悬,取 150 μL 涂布转化产物到直径 15 mm 的 SD/-Leu/AbA(最低抑制浓度)固体培养基上,30℃倒置培养 3~5 d。

转化效率计算:每种转化菌液各取 100 μL 的 1/10、1/100、1/1 000 和 1/10 000 稀释液分布在以下每一个 100 mm 琼脂板上[SD/-Leu、SD/-Leu/AbA(最低抑制浓度)用于文库筛选、SD/-Leu/AbA^{200} 用于阳性对照 p53],放入 30℃ 生化培养箱 3~5 d,通过计算 SD/-Leu 100 mm 板在 3~5 d 后的菌落数来计算筛选克隆的数量:筛选克隆数=[SD/-Leu 上的单菌落数 cfu]×[稀释倍数]×[菌液体积(15 mL)]。

对于文库筛选,一般筛选克隆数须达到 100 万个,而在 SD/-Leu/AbA(最低抑制浓度)生长的菌落则远小于这个数;而对于阳性克隆来说,由于 p53 和其识别部位具有相互作用,理论上 SD/Leu 和 SD/-Leu/AbA^{200} 琼脂板上菌落数量是一样的,而在现实情况中在 SD/-Leu/AbA^{200} 上比 SD/Leu 少 10%~20%。

(5)阳性克隆的筛选和验证,将 SD/-Leu/AbA(最低抑制浓度)上长势良好的单菌落重复点涂到新的 SD/-Leu/AbA(最低抑制浓度)琼脂板上,排除假阳性。

用 0.8% TAE 琼脂糖凝胶电泳分析 PCR 产物。多个条带的存在是常见的,这表明一个细胞中存在不止一个猎物质粒。我们可在 SD/-Leu/AbA^{200} 上重复划线挑阳性单克隆 2~3 次来降低假阳性的可能。

(6)为了鉴定阳性相互作用的基因,我们使用 Easy Yeast Plasmid Isolation Kit 从 SD/-Leu/AbA^{200} 上培养的酵母细胞中提取质粒。

(7)取 5 μL 质粒转化大肠杆菌 DH5α,取适量涂于含有 100 μg/mL Amp 的 LB 固体培养基上来分离猎物质粒。

由于 pGADT 7-rec 含有氨苄西林耐药基因,可以利用大肠杆菌的任何常用克隆株如 DH5α,在 LB + 100 μg/mL Amp 上选择猎物质粒。

(8)菌落 PCR 检测插入序列,将 PCR 产物送去测序,引物为 pGADT7 的通用引物,将结果在 NCBI 网站上使用 Blast 进行同源搜索并进行结构域分析。

(9)克隆全长片段重新来载体转菌验证。

七、实验结果与报告

1. 预习作业

试简述酵母单杂的实验原理;试想一般用于酵母单杂交的基因序列有哪些种类?

2. 结果分析与讨论

(1)附上实验结果图,点对点单杂注明诱饵和猎物序列各是什么?根据实验结果图判断它们是否存在互作;

(2)如果筛库,请写一个大致的实验流程,并寻找可以简化和改进的步骤,加以讨论。

八、思考题

1. 思考一下，为什么在构建完 pBait-AbAi 载体后，需要将其线性化再转入 Y1H 中？

2. 酵母生长周期较长，在实验过程中我们需要注意哪些地方，或者怎样操作能尽可能避免或减少污染？

3. 自激活验证中为什么要设置一个 AbA 的浓度梯度？

数字资源 23-1
实验二十三思考题参考答案

九、研究案例

1. *MeCWINV6* 酵母单杂文库构建及调控基因筛选（郭育强等，2016）

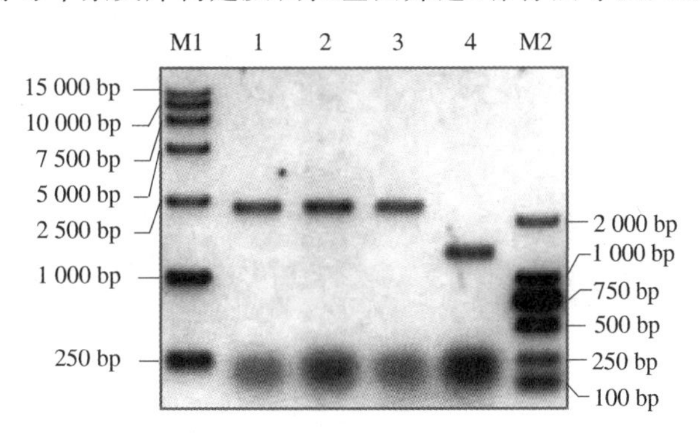

图 23-1　诱饵酵母菌株的 PCR 鉴定

M1. 15 kb DNA marker；1～3. 载体 pAbAi-pCW6 转化菌 PCR；4. 阳性对照 p53-AbAi；M2. 2 kb DNA marker

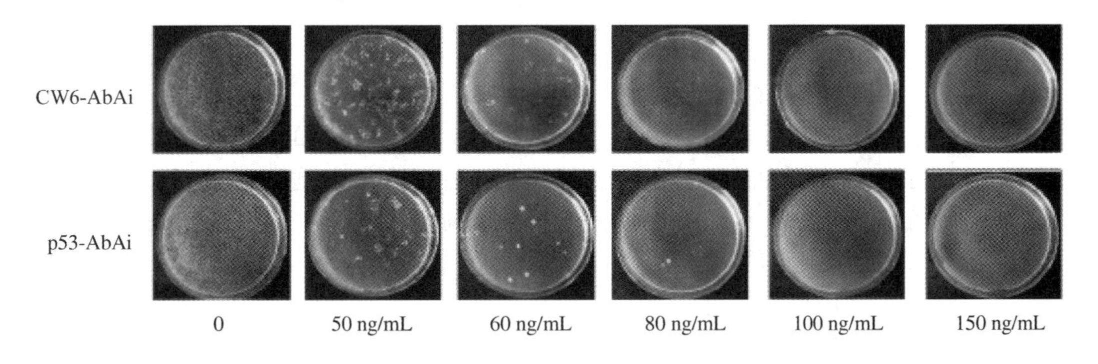

图 23-2　酵母阳性克隆在 SD/-Ura/AbA(0～150 ng/mL)培养基的结果

该研究应用酵母单杂交技术，由 *MeCWINV6* 的启动子构建诱饵融合载体，转化酵母细胞构建诱饵菌株。运用 SMART 技术构建木薯酵母单杂交 cDNA 文库，再共转化诱饵菌株，经同源重组筛选 *MeCWINV6* 启动子的上游转录调节因子。

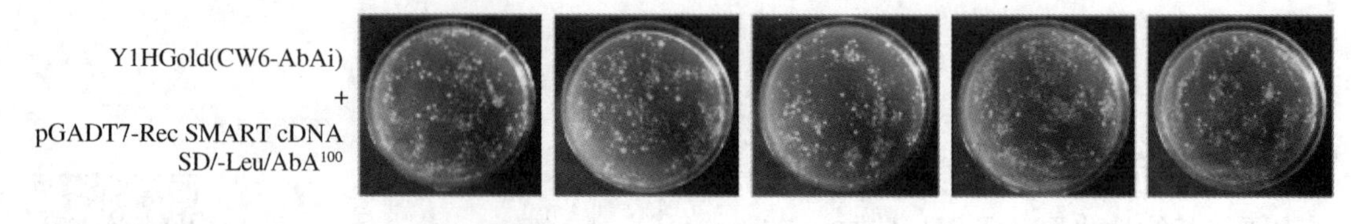

图 23-3 在 SD/-Leu/AbA(100 ng/mL)的筛库结果

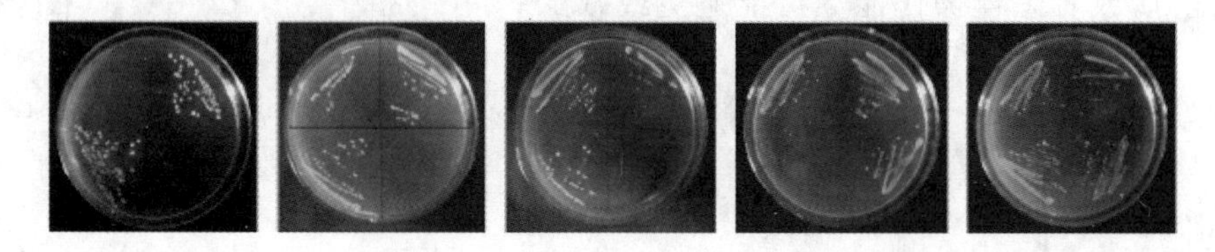

图 23-4 阳性单克隆在 SD/-Leu/AbA (100 ng/mL)的再划线结果

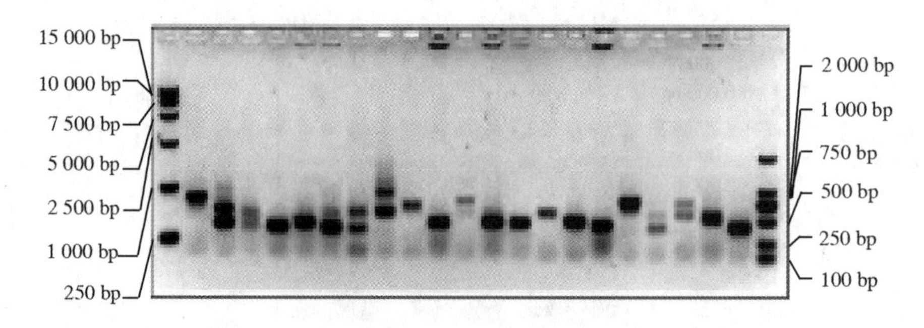

图 23-5 对筛到的阳性单克隆的菌落 PCR 验证

十、附录

1. YPDA 培养基(1 000 mL)

预先准备好 40%的葡萄糖溶液(过滤灭菌)。

20 g 蛋白胨、10 g 酵母提取物、0.03 g 腺嘌呤(即加 3 mL 500×的 10 mg/mL Ade 母液),调 pH 到 6.5(配 200 mL 约加 6 mL 1 mol/L 盐酸溶液),固体培养基需按 20 g/L 的比例加入琼脂。121℃灭菌 20 min。灭菌后加入 50 mL 40%的葡萄糖溶液,终浓度 20 g/L 葡萄糖。

2. SD/-Leu、SD/-Ura 培养基(1 000 mL)

YNB(酵母氮源)	6.7 g
对应的缺粉 Do supplement	0.6 g
葡萄糖,即加 50 mL 40%的葡萄糖溶液,灭菌后加	20 g
琼脂(固体培养基加)	20 g

3. 1.1 × TE/LiAc (10 mL)

1 × TE	1.1 mL
ddH_2O	7.8 mL
10× LiAc	1.1 mL

4. PEG/TE/LiAc (10 mL)

10× TE	1 mL
10× LiAc	1 mL
50% PEG 3350	8 mL

十一、拓展知识

1. pBait-AbAi 载体构建

(1)根据 pAbAi 质粒载体的酶切位点(*Sac* Ⅰ、*Hin*d Ⅲ)设计合成带接头的引物,配置成 10 μmol/L 的浓度,以含目标片段的序列为模板扩增,按以下 PCR 反应体系配制。

5×primer STAR buffer	4 μL
dNTPs	2 μL
引物(上游+下游 5 μmol/L)	1 μL
Primer STAR HS DNA ploymerase	0.2 μL
模板 (150 ng/μL)	1 μL
无菌 ddH_2O	补至 20 μL

PCR 程序:94℃ 1 min,98℃ 10 s,58℃ 10 s,72℃ 2 min(根据片段大小调节),72℃ 5 min,循环 35 次;扩增产物经 1.5%琼脂糖凝胶电泳检测,参照 TIANGEN 说明书纯化回收并测浓度。

设计带接头引物的碱基数一般在 30~38,上下游引物 Tm 相差不大。

引物设计按照上游序列 5′-上游载体末端同源序列+酶切位点(可保留或删除)+基因特异性正向扩增引物序列-3′,下游序列 5′-下游载体末端同源序列+酶切位点(可保留或删除)+基因特异性反向扩增引物序列-3′的方式来设计。

(2)双酶切 pAbAi 载体质粒反应体系配制。

双酶切体系:

Sac 1	1 μL
*Hin*d Ⅲ	1 μL
10×M buffer	2 μL
pAbAi 载体/目标序列	4 μL(≤1 μg)
灭菌 ddH_2O	补至 20 μL

将上述试剂依次加入 250 μL PCR 反应管中低速离心混匀,放入 PCR 仪中 37℃孵育 2 h,经 1.5%琼脂糖凝胶电泳检测,参照 TIANGEN 说明书纯化回收。

电泳回收前,取少量产物进行检测,加未酶切的载体作对照,以确定是否酶切成功。

(3)使用 vazyme 连接体系连接 pAbAi 载体。

具有黏性末端的 pAbAi 载体(150 ng/μL)	1 μL
带接头的目标序列(50 ng/μL)	3 μL
5×CE Ⅱ buffer	2 μL

exnaseⅡ	1 μL
无菌 ddH_2O	补至 10 μL

用 10 μL 微量移液器轻吸打，低速离心混匀，37℃ 孵育 30 min 后立即放于冰上；重组质粒转化 DH5α 大肠杆菌感受态，挑单克隆 PCR 鉴定阳性克隆，送公司测序。

重组反应体系中最适克隆载体使用量为 0.03 pmol，最适插入片段使用量是 0.06 pmol，载体与插入片段摩尔比为 1∶2。这些摩尔数对应的 DNA 质量可由以下公式粗略计算：最适克隆载体使用量=[0.02×克隆载体碱基对数]ng(0.03 pmol)；最适插入片段使用量=[0.04×插入片段碱基对数]ng(0.06 pmol)；线性化克隆载体的使用量应为 50～200 ng，插入片段扩增产物使用量应为 10～200 ng。当使用上述公式计算 DNA 最适使用量超出这个范围时，直接选择最低/最高使用量即可。

(4)将重组好的 pBait-AbAi 质粒酶切线性化。

测序结果正确后，将菌液转入 100 mL 锥形瓶扩大培养，提取质粒，用 *Bst*BⅠ限制性内切酶对获得质粒进行线性化处理，酶切体系如下：

质粒 DNA(0.5～1 μg/μL)	10 μL
10×buffer	10 μL
*Bst*BⅠ	5 μL
ddH_2O	75 μL

将上述试剂依次加入 250 μL PCR 反应管中低速离心混匀，放入 PCR 仪中 37℃孵育 4 h 后，纯化回收。

电泳回收前，取少量产物进行检测，加未酶切的载体作对照，以确定是否酶切成功，如未成功，可继续延长酶切时间。

Y1H 基因组上存在一个断裂的非活性的不可逆转座子 *ura*3-52，其只能通过与线性化 pBait-AbAi 质粒上的野生型 *URA*3 基因进行同源重组而被修复，从而在 SD/-Ura 琼脂板上生长。

2.故障排除指南

(1)筛选到的阳性克隆太少。

①计算转化效率，检查是否筛选了 100 万个以上的独立克隆库，优化转化效率。

②通过观察阴阳性对照生长状况，判断提供给酵母的生长基质是否正常。

③重新测试 AbA 对诱饵菌株的最小抑制浓度。

④尝试增加目标序列的重复次数。一般来说，发现 3 个重复很好。

(2)筛选到的阳性克隆太多。

①重新检查是否确定了 AbA 的最佳浓度，如果 AbA 使用浓度是 100 ng/mL，试着增加到 200 ng/mL 重复实验，观察结果。

②通过观察阴阳性对照生长状况，判断提供给酵母的生长基质是否正常。

③只在 3～5 d 后选择大而健康的菌落进行后续研究。

④诱饵可能与文库存在较多的互作，可以通过菌落 PCR 对阳性克隆进行假阳性和重复的排查和筛选。

十二、参考文献

1. Gstaiger M, Knoepfel L, Georgiev O, et al. A B-cell coactivator of octamer-binding transcription factors. Nature, 1995, 373(6512): 360-362.

2. Shen Q, Lu X, Yan T, et al. The jasmonate-responsive AaMYC2 transcription factor positively regulates artemisinin biosynthesis in *Artemisia annua*. New Phytol, 2016, 210(4): 1269-1281.

3. Wang M M, Reed R R. Molecular cloning of the olfactory neuronal transcription factor Olf-1 by genetic selection in yeast. Nature, 1993, 364(6433): 121-126.

4. 陈峰,李洁,张贵友,等. 酵母单杂交的原理及应用实例. 生物工程进展,2001,21(4):57-61.

5. 郭育强,刘姣,符少萍,等. MeCWINV6 酵母单杂交文库构建及其调控基因筛选. 分子植物种,2016,14(10):2777-2784.

6. 李玉花. 蛋白质分析实验技术指南. 北京:高等教育出版社,2011.

7. 刘强,张贵友,陈受宜. 植物转录因子的结构与调控作用. 科学通报,2000,45(14):1465-1474.

8. 王玉飞,张影,贾雷立. 蛋白质互作实验指南. 北京:化学工业出版社,2010.

9. 叶棋浓. 现代分子生物学技术及实验技巧. 北京:化学工业出版社,2018.

10. 郑玉才,伍红. 蛋白质分析技术. 北京:中国农业出版社,2013.

（张　宏）

实验二十四 电泳迁移率实验——检测蛋白质-DNA结合相互作用

一、背景知识

很多细胞的生命活动涉及特定的DNA区段与特殊蛋白质结合因子之间的相互作用：DNA的复制和重组；mRNA的转录和修饰；病毒的感染与增殖等。核酸与蛋白互作不仅是生物有机体展示其生命活动的基本形式之一，还是核酸和蛋白功能阐释的重要内容。随着不同物种的基因组测序工作的完成，以及大量具有重要生物学意义的基因相继分离，功能基因组学的研究显得尤为重要。而基因表达调控是功能基因组学的一个重要研究领域。深入研究基因表达调控的分子机制，必须要研究蛋白质与核酸的相互作用。核酸-蛋白互作研究按照实验内容可分为两大类，一是验证或筛选某条核酸序列（RNA或DNA）的结合蛋白，二是验证或筛选某个兴趣蛋白的结合RNA或DNA。

电泳迁移率实验（electrophoretic mobility shift assay，EMSA）又称凝胶迁移实验或凝胶阻滞实验，是一种用于蛋白与核酸相互作用的技术，可用于定性和定量分析。最初是用于转录因子与启动子相互作用的验证性实验，现在也可应用蛋白-RNA互作研究。

二、实验原理

EMSA主要基于蛋白-探针复合物在凝胶电泳过程中迁移较慢的原理。通常将纯化的蛋白（或细胞粗提液）和生物素标记的DNA或RNA探针混合孵育，样本中可以与核酸探针结合的蛋白质与探针可以形成蛋白-探针复合物，形成的DNA-复合物或RNA-复合物由于分子质量大，在进行聚丙烯酰胺凝胶电泳时迁移较慢，而没有结合蛋白的探针则较快。孵育的样本在进行聚丙烯酰胺凝胶电泳并转膜后，蛋白-探针复合物会在膜靠前的位置形成一条带，说明有蛋白与目标探针发生互作。其中，实验中的结合蛋白可以是纯化蛋白、部分纯化蛋白或细胞抽提液。实验中需采用特异的含蛋白结合序列的DNA（或RNA）片段和突变（或非特异性）片段，分别通过特异竞争以及非特异结合两方面作为对照，依据复合物的特点和强度来确定蛋白与核酸的特异性结合。

三、实验目的

1. 学习和掌握电泳迁移率实验（EMSA）检测蛋白质-DNA结合相互作用实验操作步骤。
2. 通过对EMSA结果的观察，学习和掌握如何分析EMSA实验结果，若出现问题，可以合理分析产生的原因和解决的方法。

四、实验材料

纯化好的重组蛋白，以及标记与未标记的寡核苷酸探针。

五、试剂与仪器

1 mol/L Tris-HCl、0.5 mol/L EDTA、5 mol/L NaCl、灭菌 ddH_2O、30% Acr/Bis(29∶1)、50% Glycerol(甘油)、TEMED(四甲基乙二胺)、10% APS(过硫酸铵)、硼酸、0.9% NaCl 溶液、0.5× TBE、EMSA 试剂盒(# E33075，购自 Invitrogen 公司)、ECL 发光检测试剂盒、显色液和定影液等。

垂直电泳槽和电泳仪 (Bio-Rad)、微量移液器、灭菌枪头、灭菌离心管、电转仪、紫外交联仪和暗盒等。

六、实验步骤及其解析

1. 实验前准备

(1)合理的实验方案：根据研究目的合理设计特异性探针实验组、特异性核酸竞争组以及突变(非特异性)探针对照组等。

(2)样本制备：可以选择提取样本的总蛋白、核蛋白或者使用纯化好的目的蛋白。对样本蛋白进行定量，实验中等量加入蛋白。

(3)探针制备：根据实验要求设计不同的探针，并对正向探针进行 5′-biotin 标记，同时合成正向和反向非标记探针；突变(非特异性)探针同上处理。合成后，通过退火反应形成双链的标记、竞争以及突变(非特异性)探针。1 mL 10×退火 buffer 配方如下表所示：

试剂	用量/μL	试剂	用量/μL
1 mol/L Tris-HCl(pH 8.0)	200	5 mol/L NaCl	100
0.5 mol/L EDTA(pH 8.0)	20	ddH_2O	680

(4)凝胶制备。

必须是非变性 PAGE 凝胶，一般用 6.5%的非变性胶。制胶很重要，直接影响电泳的效果。

凝胶配方如下(10 mL)：

5× TBE	1.0 mL
30% Acr/Bis(29∶1)	2 mL
50% Glycerol	600 μL
ddH_2O	6.325 mL
TEMED	5 μL
10% APS	70 μL

2. 预电泳

加样前先在预冷的 0.5 ×TBE buffer 中 100 V 预电泳 60 min，电泳完毕后冲洗加样孔。

3. 形成蛋白-探针复合物

(1)根据实验设计，在 0.5 mL 离心管中按顺序将下列组分混匀：

蛋白样本(2～5 μg)	x μL
竞争特异探针	x μL
标记特异探针	2 μL
标记突变(非特异)探针	2 μL
10×binding buffer	2 μL
ddH_2O	补至 20 μL

(2)室温(20～23℃)温育 30 min。

4. 电泳

(1)向样品中加入 loading buffer，并混合样本，点样电泳。

(2)将电泳槽置于冰上或者 4℃环境中，恒压 100 V 进行电泳，直至缓冲液指示带距离凝胶底部 2～3 cm 为止。

经过 50～60 min，根据实际情况调整电泳时间及电压，电泳时间不宜过长。

5. 转膜

(1)在预冷的 0.5× TBE 中浸泡凝胶、膜、滤纸和纤维垫。

(2) 按以下顺序组装“三明治”：纤维垫、滤纸、凝胶、膜、滤纸、纤维垫。

注意电极，确保凝胶位于阴极、膜位于阳极。

(3)在预冷的 0.5× TBE 中进行转膜。转膜装置应置于冰上或者低温室中，恒压 60 V，380 mA，转膜 35 min。

注意根据实际情况调整电压及时间。

6. 紫外交联

在紫外交联仪上将膜正面在 254 nm 紫外光下照射 2 min 即可。

紫外交联仪是一种多用途的 254 mm 紫外辐射系统，主要用于将核酸交联固定在杂交膜上。

7. 洗涤和孵育

(1)用 washing buffer 洗涤。

整个过程避免膜干燥。

(2)倒掉冲洗缓冲液，加入 block buffer 轻微振荡 20 min。

(3)加入适量的 HRP 酶标记的链霉亲和素，室温振荡孵育 45 min。

勿将酶标记物直接加到膜上。

(4)去掉酶联物稀释液，用 washing buffer 洗膜 3 次，每次室温轻微振荡 10 min。

(5)配置反应底物，均匀加至膜上，室温孵育 5 min。

可以在加完底物后，用薄膜轻轻覆盖在膜上，使底物均匀覆盖，注意不要产生气泡。

8. 曝光成像

操作基本和 Western blotting 试验操作相仿。

这个膜是一次性的，不能重复使用，一定保存好图片。

由于使用的是非变性凝胶，条带可能不是像 Western blotting 那样很规整的一条细线，这个很正常。

七、实验结果与报告

1. 详细记录 EMSA 实验的过程及现象；
2. 附上曝光成像图片，并对结果进行描述和分析。

八、思考题

数字资源 24-1
实验二十四思考题参考答案

1. 影响迁移条带的可能原因有哪些？
2. 造成曝光图片实验背景高的原因有哪些？

九、研究案例

1. 利用电泳迁移率实验（EMSA）检测蛋白质-核酸互作（Hellman & Fried，2007）

该研究主要利用 CAP 蛋白和 214 bp 的 *lac* 启动子片段为实验材料，通过设置不同的 CAP 蛋白上样量，优化 EMSA 实验体系（图 24-1）。从图 24-1 中我们可以看出：CAP 蛋白与启动子片段具有清晰的阻滞条带，且随着 CAP 蛋白上样量的增加，阻滞条带越清晰明显，同时下方未结合的游离探针越少。说明在实验中须添加合适的蛋白浓度，保证阻滞条带和游离探针都清晰可见，且分离清楚。

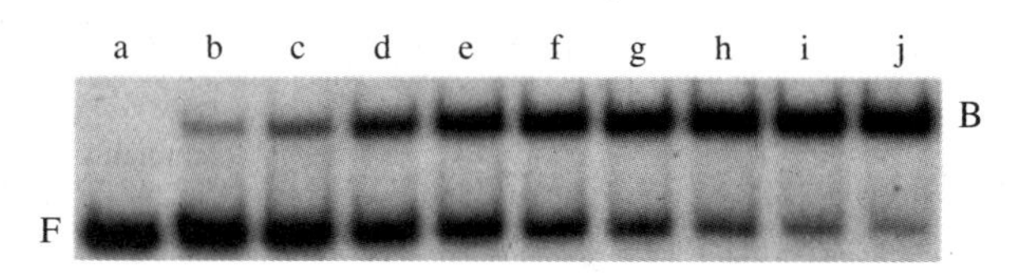

图 24-1　CAP 蛋白与 *lac* 启动子的 EMSA 实验

a～j 分别代表 0 ng、20 ng、40 ng、60 ng、80 ng、100 ng、120 ng、140 ng、160 ng、180 ng CAP 蛋白，每泳道中均加入等量的游离探针；B. 结合复合物；F. 自由探针

2. 非放射性 EMSA 法检测 AP-1 蛋白 DNA 结合活性实验优化（房军帆等，2014）

本研究主要为探索一种方案简便、仪器要求较低、且有效的非放射性凝胶电泳迁移率（EMSA）的检测方法。实验中以 AP-1 蛋白为实验对象，自制退火缓冲液合成生物素标记 AP-1 探针，抽提炎症大鼠脊髓背角处核蛋白（无须纯化），取 10 μg 核蛋白与探针室温反应 30 min。小型聚丙烯酰胺非变性凝胶电泳后将探针湿转置正电子加强尼龙膜上，紫外交联，ECL 显影。通过正常探针与变性探针的竞争实验，证明方法的可靠性。图 24-2 结果表明：自制退火缓冲液成功合成生物素标记 AP-1 探针；炎症大鼠脊髓背角处 AP-1 蛋白与正常探针的结合后产生明显滞后条带，且结合力远高于变异探针；竞争反应明显减弱了阻滞条带，冷竞

争反应无明显影响，证明了蛋白和探针的特异结合，表明 EMSA 体系可以用于蛋白与 DNA 相互作用的验证。

3. 大豆 *GmbZIP*71 基因的克隆及 EMSA 分析（刘晓兵等，2015）

本研究旨在以 His 蛋白纯化系统回收得到 GmbZIP71-His 重组蛋白为材料，利用 EMSA 实验探讨 GmbZIP71 蛋白是否与 ACGT 顺式作用元件结合。图 24-3 结果表明 GmbZIP71 重组蛋白可以在体外与 ACGT 顺式作用元件结合，蛋白浓度的增加明显地增强了阻滞条带。

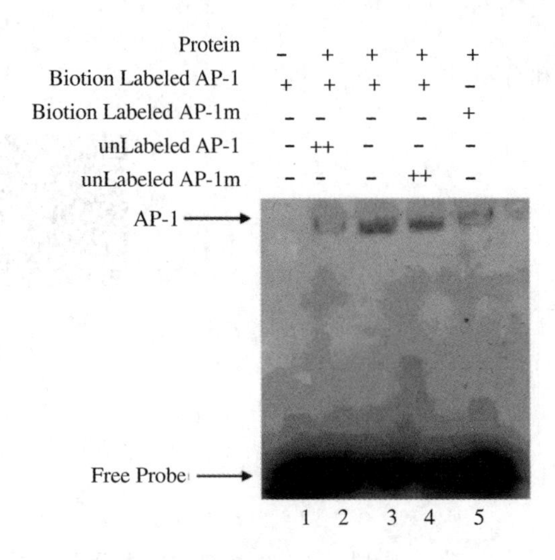

图 24-2 AP-1 探针的特异性检测

1. 蛋白空白对照；2. 竞争反应；3. 正常反应；4. 冷竞争反应；5. 突变反应

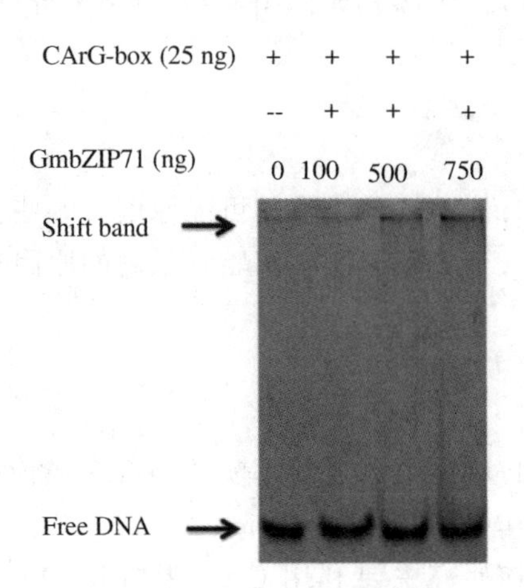

图 24-3 GmbZIP71 蛋白与 CArG-box 的 ACGT 作用元件的结合检测

4. 过表达 MdWRKY9 转录因子可抑制油菜素内酯合成酶 MdDWF4 表达导致苹果 M26 砧木的高度矮化（Zheng et al.，2018）

本研究旨在利用 EMSA 的方法检测 MdWRKY9 蛋白可以特异性地结合 *MdDWF4* 基因启动子中的 W-box 元件。实验中，以 MdWRKY9 的 GST 纯化蛋白、生物素标记的 *MdDWF4* 基因启动子含 W-box 元件的探针、未标记的竞争探针以及突变探针为材料，设计了正常反应、竞争反应和突变反应，从而证明二者的特异结合。EMSA 结果（图 24-4）显示，MdWRKY9 可以结合 *MdDWF4* 启动子的特异性探针；竞争性探针明显减弱了结合条带，并随着竞争探针的增加条带逐渐减弱；另外，MdWRKY9 不与突变探针结合。以上结果综合证明了 MdWRKY9 特异结合 *MdDWF4* 启动子含 W-box 元件的探针。

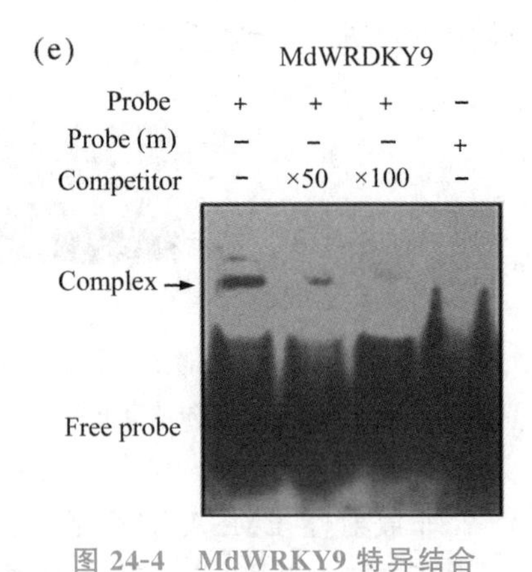

图 24-4 MdWRKY9 特异结合 *MdDWF4* 启动子的检测

Probe. 特异性探针；Probe(m). 突变探针；Competitor. 竞争探针；Complex. 结合复合物

十、附录

1. 100 mL 1 mol/L Tris-HCl (pH 8.0)：配制方法见实验一。

2. 100 mL 0.5 mol/L EDTA (pH 8.0)：配制方法见实验一。

3. 10 mL 5 mol/L NaCl 配制：称取 2.922 g NaCl，加入至 8 mL ddH_2O 中并充分搅拌，直至溶解。最后定容至 10 mL。高压灭菌，室温保存。

4. 5×TBE buffer(pH 8.3)配制 2 L：

试剂	用量	试剂	用量
Tris	108 g	硼酸	55 g
EDTA	7.44 g	ddH_2O	补至 2 L，调 pH 至 8.3

5. 10×binding buffer 配制(1 mL)

试剂	用量/μL	试剂	用量/μL
1 mol/L Tris-HCl (pH 7.5)	100	5 mol/L NaCl	100
0.5 mol/L EDTA (pH 8.0)	20	Glycerol	500
1 mol/L DTT	10	ddH_2O	270

6. 10×loading buffer 配制(1 mL)

试剂	用量/μL	试剂	用量/μL
1 mol/L Tris-HCl (pH 8.0)	250	ddH_2O	350
Glycerol	400		

Loading buffer 里添加溴酚蓝有时会影响 DNA 与蛋白质的结合。

十一、拓展知识

蛋白质与核酸相互作用的验证方法，除了 EMSA 外还有：

1. 染色质免疫共沉淀(chromatin immunoprecipitation assay，ChIP)：是将样品中同抗体靶蛋白相互作用的 DNA 随免疫复合物沉淀，该方法是研究体内蛋白质与 DNA 相互作用的有力工具，利用该技术不仅可以检测体内反式因子与 DNA 的动态作用，还可以用来研究组蛋白的各种共价修饰以及转录因子与基因表达的关系。

2. RNA pull-down / DNA pull-down：蛋白质与核酸的相互作用是许多细胞功能的核心，如 mRNA 转录、组装、蛋白质合成以及细胞发育调控等。pull-down 实验是通过体外生物素标记探针，与胞浆蛋白提取液孵育形成核酸-蛋白质复合物。该复合物可以与链霉亲和素标记的磁珠结合，从而与孵育液中的其他成分分离。复合物洗脱后，通过 Western blotting 实验检测特定核酸结合蛋白是否与核酸相互作用。

3. RNA 免疫共沉淀(RNA binding protein immunoprecipitation assay,RIP):主要是运用针对目标蛋白的抗体把相应的 RNA-蛋白复合物沉淀下来,经过分离纯化就可以对结合在复合物上的 RNA 进行 qPCR 验证或者测序分析。RIP 是研究细胞内 RNA 与蛋白结合情况的技术,是了解转录后调控网络动态过程的有力工具,可以帮助我们发现 miRNA 的调节靶点。

4. 双荧光素酶报告基因系统(dual-luciferase reporter assay,DR):已成为研究转录因子参与基因调控的有效手段,通过对启动子 DNA 片段的分析,验证启动子结合元件的反式激活能力,探讨转录因子在信号转导中的分子机制。报告基因质粒含有两个报告基因,通常一个报告基因作为内对照,使另一个报告基因的检测均一化。构建一个将靶启动子的特定片段插入到荧光素酶表达序列前方的报告基因质粒,将要检测的转录因子表达质粒与报告基因质粒共转染细胞或其他相关的细胞系。如果此转录因子能够激活靶启动子,则荧光素酶基因就会表达,荧光素酶的表达量与转录因子的作用强度成正比。组成型启动子的第二个报告基因,提供转录活力的内对照,使测试不被实验条件变化所干扰。通过这种方法,可减少内在的变化因素所削弱的实验准确性,如培养细胞的数目和活力的差别以及细胞转染和裂解的效率等。

十二、参考文献

1. Hellman L M, Fried M G. Electrophoretic mobility shift assay (EMSA)for detecting protein-nucleic acid interactions. Nature Protocols, 2007, 2(8):1849-1861.

2. Zheng X D, Zhao Y, Shan D Q, et al. *MdWRKY9* overexpression confers intensive dwarfing in the M26 rootstock of apple by directly inhibiting brassinosteroid synthetase *Md-DWF4* expression. New Phytologist, 2018, 217:1086-1098.

3. 房军帆,杜俊英,梁宜,等. 非放射性 EMSA 法检测 AP-1 蛋白 DNA 结合活性实验优化. 长春中医药大学学报,2014, 30(4):600-603.

4. 刘晓兵,南海洋,袁晓辉,等. 大豆 *GmbZIP71* 基因的克隆及 EMSA 分析. 大豆科学,2015, 34(1):32-35,41.

(孔　瑾,陈旭君)

实验二十五　染色质免疫共沉淀

一、背景知识

蛋白质与 DNA 的互作是研究基因表达调控的重要组成部分，为了阐明基因表达调控网络的分子机制，就必须要研究蛋白质与核酸之间的相互作用。传统的研究 DNA 与蛋白质相互作用的方法，如凝胶阻滞、酵母单杂交系统和 DNase Ⅰ足迹法等虽能够阐明 DNA 与蛋白质之间的相互作用，但不能充分反应生理状态下 DNA 与蛋白质之间相互作用的真实情况。因此，在众多学者的努力下建立了一套新的技术，即染色质免疫共沉淀技术。

染色质免疫共沉淀技术（chromatin immunoprecipitation，ChIP）是一种在体内研究 DNA-蛋白质相互作用的理想方法。目前，ChIP 技术应用于染色质结构动力学研究、转录因子的调节和辅助调节因子及其他表观遗传变化的研究。它不仅可以检测体内反式作用因子与 DNA 的动态作用，还可以用来研究组蛋白的各种共价修饰与基因表达的关系。

二、实验原理

染色质免疫共沉淀技术的基本原理是将处于适当生长时期的活细胞用 1%的甲醛进行交联，然后裂解细胞；利用超声波破碎方法将染色体分离并打碎成合适大小的片段，然后通过所要研究的目的蛋白质的特异抗体沉淀目的蛋白与 DNA 交联的复合物，再对特定靶蛋白与 DNA 片段进行富集。采用低 pH 条件反交联，通过对目的片段的纯化与检测，从而获得蛋白质与 DNA 相互作用的信息。

三、实验目的

1. 掌握染色质免疫共沉淀的原理和方法。
2. 进一步了解转录调控的机制是如何发挥作用的。
3. 筛选目的蛋白质（调控因子）相互作用的 DNA 序列，获得蛋白质与 DNA 相互作用的信息。
4. 掌握超声破碎仪的操作及注意事项。

四、实验材料

水培 10 d 的小麦根系和叶片（或根据实验目的选取小麦、水稻和玉米的不同组织）。

五、试剂与仪器

甘氨酸溶液、ddH_2O、1%甲醛、提取缓冲液Ⅰ、提取缓冲液Ⅱ、提取缓冲液Ⅲ、核裂解液、ChIP稀释缓冲液、蛋白A琼脂糖珠、H3K9乙酰化抗体、低盐漂洗液、高盐漂洗液、LiCl漂洗缓冲液、TE、洗脱缓冲液、蛋白酶K、0.5 mol/L EDTA、1 mol/L Tris-HCl、3 mol/L NaAc、无水乙醇、糖原、70%乙醇溶液、10 mmol/L Tris-HCl、琼脂糖、NaCl、苯酚∶氯仿(1∶1)。

微量移液器、灭菌离心管、灭菌枪头、真空泵、水浴锅或恒温培养箱、超声波破碎仪、紫外成像仪、多用途旋转摇床、台式离心机、电泳仪。

六、实验步骤及其解析

(一)材料准备

将水培10 d的小麦根系和叶片剪下分别放入50 mL离心管中,每管中加入37 mL 1%甲醛溶液,让材料完全浸润在溶液中,真空抽滤15 min,处理后的材料呈透明状;向每管中加入2.5 mL 2 mol/L的甘氨酸溶液,真空抽滤8 min。然后用ddH_2O洗涤2次,用吸水纸去除残留水渍,液氮冰冻,置于−80℃保存。

不同植物、不同组织的材料表皮毛数量、蜡质化程度不同,因此交联效果不同。如拟南芥、烟草细胞较容易破碎而普通六倍体小麦则较为困难。通常我们可以通过交联后材料表面透光度来检测是否交联到合适程度。

如交联不够,后续抗体不能拽到足够做Chip-seq的DNA量;而如果交联过度,后续解交联也不能将DNA和蛋白分离进而影响实验效果。

(二)ChIP实验操作步骤(数字资源25-1)

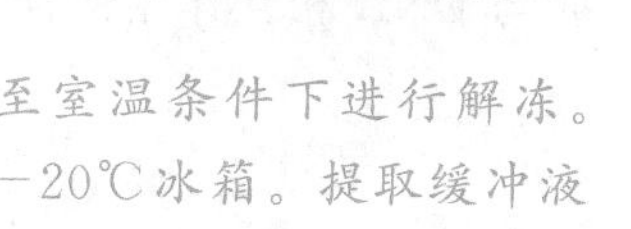
数字资源25-1
ChIP实验操作

1. 在液氮保护下充分研磨样品(样品分别为根系和叶片),同时准备提取缓冲液Ⅰ置于冰上。

苯甲基磺酰氟(PMSF)在低温下极易结冰,因此应在实验前放至室温条件下进行解冻。同时PMSF也会在室温下降解,因此使用后应将其插在冰上或放回−20℃冰箱。提取缓冲液Ⅰ中含有蔗糖极易长菌,因此需要现用现配。

PMSF剧毒,若不慎接触皮肤,应用大量清水冲洗。

2. 在50 mL离心管中加入30 mL预冷的提取缓冲液Ⅰ,将研磨后样品转移至离心管中,冰浴20 min,期间不时混匀,确保样品和提取缓冲液Ⅰ充分接触。

3. 将上述溶液用miracloth滤布过滤至新的50 mL离心管中,4℃ 4 000 r/min离心20 min。

过滤一定要彻底,因为如果滤液中含有杂质会影响后续超声破碎DNA效果,因此可以选择样品进行2次过滤。

4. 离心完毕后,弃上清液,用预冷的1 mL提取缓冲液Ⅱ悬浮沉淀,然后转移至2.0 mL离心管中。

弃上清液的过程需要用枪头将提取缓冲液Ⅰ吸干净而不是直接用手将液体倒掉。

5. 4℃ 13 000 r/min，离心 10 min。

6. 离心完毕后，弃上清液，用预冷的 300 μL 提取缓冲液Ⅱ悬浮沉淀。

7. 在新的 2 mL 离心管中加入 300 μL 预冷的提取缓冲液Ⅲ，将步骤 6 中溶液缓慢转移至提取缓冲液 Ⅲ上面。

注意这步需要利用提取缓冲液Ⅱ和Ⅲ不同蔗糖浓度产生类似“过滤”的效果，因此注意要温柔地用枪头将液体完全打在提取缓冲液Ⅲ的上面，要靠近底部慢慢加，不能有气泡。

8. 4℃ 13 000 r/min，离心 1 h。

9. 离心完毕后，弃上清液，用预冷的 500 μL 核裂解液悬浮(取其中 20 μL 做对照用)。

注意在第 8 步结束后立即进行第 9 步，同时注意弃上清液需要用枪头完全吸干净而不是倒掉上层废液。

核裂解液保存于 4℃冰箱，因为含有一定浓度的 SDS，因此溶液会含有白色絮状沉淀。需要在使用前放入 65℃烘箱，5～10 min，期间不断进行晃动直至白色絮状沉淀消失。

10. 将上述溶液用超声波破碎仪处理(amplitude 20%，pulser/s，每处理 10 s 间隔 1 min)，整个过程在冰上进行，共处理 80 s。

超声时间可根据仪器状态以及破碎程度适当延长。

超声波破碎仪在工作时容易发热，注意保持低温。

11. 4℃ 13 000 r/min，离心 10 min。

12. 吸取上清液转移至新的 2.0 mL 离心管，重复步骤 11，取其中 10 μL，与步骤 9 中样品一起通过 1% 琼脂糖凝胶检测破碎程度。

不同植物、不同组织的材料表皮毛数量、蜡质化程度不同，因此 DNA 破碎速率不同。应根据跑胶效果调整破碎时间。

理想状况下超声波破碎后片段为 200～2 000 bp，主要集中在 500 bp 左右。

13. 根系和叶片每份样品各取 2 个 150 μL 在 2.0 mL 离心管中，分别用预冷的 1 350 μL ChIP 稀释缓冲液稀释。

除了吸出的 150 μL，其余样品可保存好，若后续实验富集的 DNA 量不够，可将其拿出继续进行富集。

14. 准备 40 μL 蛋白 A 琼脂糖微珠在 1.5 mL 离心管中，用 1 mL 预冷的 ChIP 稀释缓冲液悬浮，4℃ 13 000 r/min，离心 30 s，重复洗涤 3 次。

蛋白 A 琼脂糖微珠十分黏稠混浊，因此需要使用前充分吹打混匀。另外，琼脂糖微珠特别容易堵住枪头，可以选择用剪刀将黄枪头剪下一部分，这样可以更加容易吸取琼脂糖微珠。

15. 将步骤 13 溶液与步骤 14 洗涤过的 40 μL 蛋白 A 琼脂糖微珠混匀于 2.0 mL 离心管中，4℃ 旋转 1 h 。

16. 4℃ 13 000 r/min，离心 30 s，沉淀蛋白 A 琼脂糖微珠，吸取上清液，将相同的样品混合在 10 mL 离心管中。

17. 分别吸取根系和叶片样品 60 μL 作为 input control 置于−20℃冰箱；分别取 600 μL 样品于 1.5 mL 离心管中，分别加入组蛋白 H3K9 乙酰化抗体；另外各取 600 μL 样品于 1.5 mL 离心管中，不加抗体，作为 mock，与加抗体样品一起，4℃旋转过夜。

input control 是对照的一种，指在细胞裂解物离心之后、加入抗体 IP 之前吸出来的细胞裂解液。可以在杂交曝光时显示目的条带的位置以及比较不同泳道之间用于 IP 反应的细胞蛋白量。

mock 此处指空白对照。针对“预期结果”而言，也是阴性对照。

抗体的用量可以参考抗体说明书，若未给出用于 ChIP 的用量，可以参考普通的免疫沉淀的稀释比例。

18. 同步骤 14 一样准备 40 μL 蛋白 A 琼脂糖微珠。

19. 将步骤 17 中过夜处理的溶液分别加入洗涤过的 40 μL 蛋白 A 琼脂糖微珠，置于 4℃，旋转 3 h。

20. 将上述溶液离心，5 000 r/min，4℃，30 s，收集微珠，弃上清液。

21. 加入 1 mL 低盐漂洗液洗涤微珠，4℃，旋转 5 min。

22. 离心 5 000 r/min，4℃，30 s，收集微珠，弃上清液。

23. 加入 1 mL 高盐漂洗液洗涤微珠，4℃，旋转 5 min，重复步骤 22。

24. 加入 1 mL LiCl 漂洗液洗涤微珠，4℃，旋转 5 min，重复步骤 22。

LiCl 漂洗液的配制需要按照配方顺序加入各溶液，而不能随意变换顺序。

25. 加入 1 mL TE 缓冲液(10 mmol/L Tris-HCl pH 8.0，1 mmol/L EDTA)洗涤微珠，4℃，旋转 5 min，重复步骤 22。

26. 重复步骤 25，收集微珠。

上面依次加入不同盐浓度的缓冲液及其后续 LiCl 和 TE 缓冲液前可以短离心将管盖上溶液甩下来，减少实验误差。

27. 每份样品中加入 250 μL 预热的洗脱缓冲液，涡旋混匀，65℃水浴 15 min，然后离心，13 000 r/min，30 s，小心转移上清液于新的离心管中。

28. 重复步骤 27，总共获得约 500 μL 上清液。

29. 往步骤 17 中预留的 60 μL input control 溶液中加入 440 μL 洗脱缓冲液，这样 input control、mock 以及加抗体的溶液均为 500 μL。

30. 上述溶液各加入 20 μL 5 mol/L NaCl，65℃水浴过夜。

65℃水浴温度较高，应选择质量较好的离心管，同时由于高温可能将管盖顶开，所以可以选择水浴 1 min 后打开管盖几秒再进行后续水浴解交联，同时用封口膜进行管体密封。

31. 第二天往每管中加入 10 μL 0.5 mol/L EDTA，20 μL 1 mol/L Tris-HCl (pH 6.5)，以及 10 μL 2 mg/mL 蛋白酶 K，45℃水浴 3 h。

蛋白酶 K 理想的孵育温度是 55～65℃，可以适当提高孵育温度。

32. 上述溶液中分别加入等体积苯酚：氯仿(1：1) 500 μL，混匀后离心，13 000 r/min，4℃，15 min，离心结束后将上清液转移至新的离心管中。

苯酚在空气中极易氧化失效，因此用前应检查溶液颜色。如已经氧化变色需要使用新的苯酚。

33. 每管中加入 1/10 体积 3 mol/L NaAc(pH 5.2)和 3 倍体积的无水乙醇，各加入 4 μL 糖原，－20℃过夜沉淀。

需要在加入各组分溶液后充分摇匀再放入－20℃冰箱。

34. 过夜沉淀溶液 4℃ 13 000 r/min，离心 15 min，然后弃上清液，用 70％乙醇溶液漂洗，离心，除去乙醇，晾干沉淀，用 50 μL 10 mmol/L Tris-HCl(pH 7.5)溶解，贮存于－20℃，作为后续 PCR 模板待用。

小片段 DNA 不能晾得太干，否则不利于后续溶解。

七、实验结果与报告

1. 预习作业

了解染色质免疫共沉淀的原理并熟悉实验步骤。

2. 结果分析与讨论

(1)将你认为重要的步骤指出，并详细记录过程及注意事项；

(2)附上超声破碎后的电泳检测图。如不符合超声要求，分析原因。

八、思考题

1. 如果在实验步骤第 12 步跑琼脂糖凝胶后胶图中发现在 100 bp 以下存在一条明亮的条带，这个条带是 DNA 吗？如果不是，那这个条带是什么？如何去除？

2. 在配制 chip dilution buffer 后存在少量白色胶状沉淀，这个是什么？应该如何操作再进行后续实验？

3. 染色质免疫共沉淀实验步骤很多，最为关键的步骤是哪一步？如果在实验结束后测序发现得到的是 DNA 片段在 500～1 000 bp 的大片段，那么除了可能超声时间不够，还可能是什么原因呢？

4. 实验最后通过乙醇沉淀的方式，离心后看到了很多白色沉淀。这些白色沉淀是不是都是用抗体拽下来的 DNA 呢？它们是什么？

数字资源 25-2
实验二十五思考题参考答案

九、研究案例

1. 染色质免疫共沉淀超声波破碎条件的研究(张丽丽等，2012)

该研究旨在找出拟南芥幼苗适宜的染色质免疫共沉淀(ChIP)超声波破碎的条件，为后期抗体的沉淀提供适当大小的片段。以哥伦比亚生态型拟南芥幼苗为材料，用 1%浓度甲醛的缓冲液交联 DNA 和蛋白质，利用超声波将其染色质随机断裂成适当大小的片段。结果表明，适用于拟南芥幼苗的最佳 ChIP 试验条件为：用 1%甲醛溶液交联 DNA 和蛋白质的复合物；用 65%功率，每次工作 20 s，间隔 4 min，8 次破碎该复合物，可以得到 400～800 bp 大小的片段(图 25-1)，用于后续的试验。

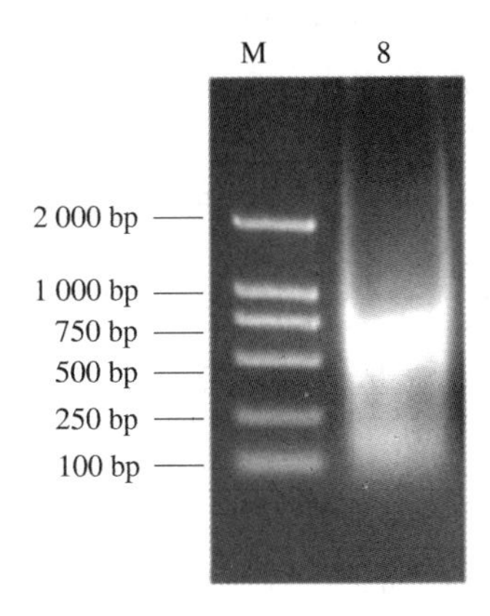

图 25-1　超声破碎后 DNA 片段的电泳检测图

破碎条件为 65%，20 s/次，共 8 次，每次间隔 4 min

2. 植物叶片染色质免疫共沉淀方法的优化(张媛媛等，2018)

以拟南芥成熟叶片为材料，探索 3 种不同型号超声破碎仪器的染色质免疫共沉淀(ChIP)超声破碎条件。根据超声破碎结果推荐使用 Covaris M220 Focused-μLtrasonicator 仪器，并将该仪器破碎条件设置为 10% duty cycle、75 Watts Intensity Peak Incident power、200 cycle per burst、7℃ bath temperature、破碎时间 12 min 时，可获得约 500 bp 的 DNA 片段(图 25-2)。同时，为检测不同 H3K9ac 抗体用量对染色质免疫沉淀效率的影响，通过半定量和实时荧光定量 PCR 检测确定初始量 0.25 g 的拟南芥叶片所需 H3K9ac 抗体的最适用量为 3 μL。此外，以不同衰老程度的水稻旗叶为材料，根据上述破碎条件，进一步优化超声破碎时间，同样可以获得合适的 DNA 片段，根据优化的样品与抗体用量比例，通过免疫沉淀可以获得适用于后期实时定量 PCR(ChIP-qPCR)和高通量测序(ChIP-seq)分析的 DNA 样品。

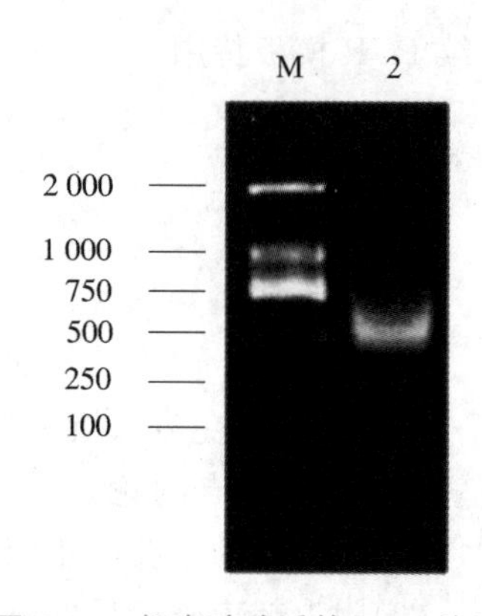

图 25-2 超声破碎后的 DNA 片段

十、附录

1. 1%甲醛溶液

配制 500 mL 的固定液，加入 37 mL 纯度为 36.5%～38.5%的甲醛，然后定容到 500 mL。

2. 提取缓冲液Ⅰ

试剂	母液浓度	用量
0.4 mol/L sucrose		27.366 g
10 mmol/L Tris-HCl(pH 8.0)	1 mol/L	2 mL
10 mmol/L $MgCl_2$	1 mol/L	2 mL
5 mmol/L β-mercaptoethanol(现用现加)	14.3 mol/L	70 μL
100 mmol/L PMSF(现用现加)		2 mL
one cocktail tables/30 mL(现用现加)		6.5 片

3. 提取缓冲液Ⅱ

试剂	母液浓度	用量
0.25 mol/L sucrose		0.855 g
10 mmol/L Tris-HCl(pH 8.0)	1 mol/L	100 μL
10 mmol/L $MgCl_2$	1 mol/L	100 μL
1% Triton X-100		100 μL
5 mmol/L β-mercaptoethanol(现用现加)		3.5 μL
100 mmol/L PMSF(现用现加)		100 μL
one cocktail tables/30 mL(现用现加)		1/3 片

4. 提取缓冲液 Ⅲ

试剂	母液浓度	用量
1.7 mol/L sucrose		5.8 g
10 mmol/L Tris-HCl(pH 8.0)	1 mol/L	100 μL
10 mmol/L $MgCl_2$	1 mol/L	20 μL
0.15% Triton X-100		15 μL
5 mmol/L β-mercaptoethanol(现用现加)		3.5 μL
100 mmol/L PMSF(现用现加)		100 μL
one cocktail tables/30 mL(现用现加)		1/3 片

5. 细胞核裂解液

试剂	母液浓度	用量
50 mmol/L Tris-HCl(pH 8.0)	1 mol/L	5 mL
10 mmol/L EDTA(pH 8.0)	0.5 mol/L	2 mL
1% SDS	5%	20 mL
100 mmol/L PMSF(现用现加)		100 μL
one cocktail tables/200 mL(现用现加)		1/2 片

PMSF 为白色至微黄色针状结晶或粉末，有毒，难溶于水，且在水溶液中非常不稳定，容易分解；可溶于异丙醇、乙醇等有机溶剂。可抑制丝氨酸蛋白酶例如胰蛋白酶和胰凝乳蛋白酶，也可抑制半胱氨酸蛋白酶和乙酰胆碱酯酶。

6. ChIP 稀释缓冲液

试剂	母液浓度	用量
1.1% Triton X-100		1.1 mL
1.2 mmol/L EDTA(pH 8.0)	0.5 mol/L	240 μL
16.7 mmol/L Tris-HCl(pH 8.0)	1 mol/L	1.67 mL
167 mmol/L NaCl	5 mol/L	3.34 mL

7. 低盐洗脱液

试剂	母液浓度	用量
150 mmol/L NaCl	5 mol/L	3 mL
0.1% SDS	5%	2 mL
1% Triton X-100		1 mL
2 mmol/L EDTA(pH 8.0)	0.5 mol/L	400 μL
20 mmol/L Tris-HCl(pH 8.0)	1 mol/L	2 mL

8. 高盐洗脱液

试剂	母液浓度	用量
500 mmol/L NaCl	5 mol/L	10 mL
0.1% SDS	5%	1 mL
1% Triton X-100		1 mL
2 mmol/L EDTA(pH 8.0)	0.5 mol/L	400 μL
20 mmol/L Tris-HCl(pH 8.0)	1 mol/L	2 mL

9. LiCl 洗脱液

试剂	母液浓度	用量
0.25 mol/L LiCl	5 mol/L	5 mL
1% Nonidet P-40		1 mL
1% sodium deoxycholate	1 g	1 g
1 mmol/L EDTA(pH 8.0)	0.5 mol/L	200 μL
10 mmol/L Tris-HCl(pH 8.0)	1 mol/L	200 μL

10. Elution buffer

试剂	母液浓度	用量
1% SDS	10%	10 mL
0.1 mol/L $NaHCO_3$		0.84 g

十一、拓展知识

1. 目的蛋白和 DNA 靶序列特异结合的验证

染色质免疫沉淀的 DNA 的分析方法有很多，如果目的蛋白结合的 DNA 序列是已知的，可以采用狭缝杂交和 PCR 分析，目前较为常用的方法为 ChIP-PCR，通过设计预测靶基因不同的特异引物，以及阴性对照即未富集基因的特异引物，进行序列扩增，最后计算其相对富集量，通过与阴性对照比较判断该基因是否与目的蛋白特异结合。但如果目的蛋白结合的 DNA 序列未知或者需要高通量地研究 DNA 序列，那么，目前最常用的方法就是 ChIP-seq，即将沉淀下来的所有 DNA 进行建库、测序，从而从其中挖掘出大量信息。

2. 染色质免疫共沉淀实验的优点及局限性

与传统的研究蛋白质与核酸互作的方法相比，该技术是一种在体内研究蛋白质与核酸互作的理想方法，其优点在于能够在体内获得转录因子和靶基因的相互作用，能同时快速地提供一种或多种基因的调控机制，因此具有重要的应用价值。但该技术也存在一定的局限性，首先，需要获得目的蛋白或者特殊修饰表现的高度特异抗体；其次，阴性信号可能源于非特异结合以及在交联过程中抗原受到干扰；最后，甲醛固定的时间长短直接影响后续实验的结果，因此，实验条件的摸索过程必不可少。

3. ChIP-seq 及其技术流程

ChIP-seq 是将染色质免疫沉淀与高通量测序相结合的技术，通过蛋白免疫相互作用，用抗体和染色质相互作用的蛋白（如组蛋白、转录因子等）沉淀下来，从而获取与其结合的 DNA 序列，捕捉到细胞内动态的、瞬时的蛋白质与 DNA 间的相互作用，确定各种 DNA 结合蛋白在染色质上的具体位置。也可以一次性得到目的基因在整个基因组上的结合分布，得到目的蛋白精确的结合位点以及结合基序等信息。若同时辅以转录组测序，则可以帮助得到目的蛋白对全细胞基因表达的调控模式，大幅度提高对目的蛋白的功能认识，推动基因表达调控的研究进展（数字资源 25-3）。

数字资源 25-3
ChIP-seq 的技术流程

十二、参考文献

1. 转录因子 ChIP 测序产品简介. http://www.seqhealth.cn/list/22.html.

2. Lawrence R J, Earley K, Pontes O, et al. A concerted DNA methylation/histone methylation switch regulates rRNA gene dosage control and nucleolar dominance. Mol Cell, 2004, 13: 599-609.

3. Lippman Z, Gendrel A V, Black M, et al. Role of transposable elements in heterochromatin and epigenetic control. Nature, 2004, 430: 471-476.

4. Xie Z, Johansen L K, Gustafson A M, et al. Genetic and functional diversification of small RNA pathways in plants. PLoS Biol, 2004, 2: 642-652.

5. 张媛媛，黄冬梅，邓班. 植物叶片染色质免疫共沉淀方法的优化. 福建农林大学学报：自然科学版，2018，47(3)：329-335.

6. 张丽丽，徐碧玉，刘菊华，等. 染色质免疫共沉淀超声破碎条件的研究. 中国农学通报 2012，28(30)：208-212.

（胡兆荣）